Die Evolution
im Liebesrausch

Markus Bennemann

Die Evolution im Liebesrausch

Das bizarre Paarungsverhalten der Tiere

1. Auflage 2010

© Eichborn AG, Frankfurt am Main, Februar 2010
Umschlaggestaltung: Christiane Hahn
unter Verwendung eines Bildes von © Stephen Krasemann/fotonatura.com
Lektorat: Holger Epp
Ausstattung, Typografie: Susanne Reeh
Satz: Fotosatz Amann, Aichstetten
Druck und Bindung: CPI – Clausen & Bosse, Leck
ISBN 978-3-8218-6507-2

Mix
Produktgruppe aus vorbildlich bewirtschafteten
Wäldern und anderen kontrollierten Herkünften
www.fsc.org   Zert.-Nr. GFA-COC-001223
© 1996 Forest Stewardship Council

Eichborn Verlag, Kaiserstraße 66, 60329 Frankfurt am Main
Mehr Informationen zu Büchern und Hörbüchern aus dem Eichborn Verlag
finden Sie unter www.eichborn.de

Inhaltsverzeichnis

Vorwort

Wer im Urlaub gerne am Strand über Felsen klettert oder sich den Rumpf eines angelandeten Fischerbootes schon einmal näher angesehen hat, kennt sie: Seepocken. Es sind kleine, sechseckige Kalkkegel, die nicht nur auf Felsen und Bootsrümpfen wachsen, sondern auch auf Walbuckeln, Muschelschalen und Krebspanzern und in deren Mitte sich selbst ein kleiner Krebs verbirgt. Der Krebs liegt auf dem Rücken und seine Beine und Scheren sind allesamt zu federartigen Fangarmen umgebildet, mit denen er Nahrung aus dem Wasser filtert, sobald die Felsen wieder von der Flut überspült werden oder das Boot erneut zu Wasser gelassen wird.

Mit dem Studium dieser Seepocken und ihrer zahlreichen Verwandten hat der große Charles Darwin acht Jahre seines Lebens verbracht. Bevor er sich am 14. Mai 1856 endlich daransetzte, seinen Mutmaßungen über die *Entstehung der Arten* eine endgültige Form zu geben, machte er beinah ein ganzes Jahrzehnt lang kaum etwas anderes, als in seinem Arbeitszimmer kleine Lebewesen aus der Ordnung der Rankenfußkrebse zu sezieren und aufmerksam unter dem Mikroskop zu betrachten. Insgesamt vier wissenschaftliche Bände gingen aus seiner hingebungsvollen Forschung hervor, der dickste davon allein knapp 700 Seiten stark. Darwin verwendete so viel Zeit eines jeden Tages darauf, sich mit den obskuren kleinen Geschöpfen zu beschäftigen, dass einer seiner Söhne einen Freund bei der Führung durch dessen Haus einmal gefragt haben soll: »Und wo bearbeitet dein Vater seine Rankenfüßer?«

Darwin war besonders vom Geschlechtsleben der Rankenfüßer fasziniert. Fast alle Arten dieser Krebstiere sind Zwitter. Seepocken zum Beispiel verfügen im Innern ihrer Schale nicht nur über Eierstöcke, sondern auch über einen extrem langen Penis, mit dem sie bei den Seepocken in ihrer Umgebung auf Kontaktsuche gehen, wenn sie sich paaren wollen. Als erster Wissenschaftler, der sich mit ihnen beschäftigte, entdeckte Darwin jedoch auch Rankenfußkrebse, die sich auf getrenntgeschlechtliche Weise fortpflanzten. Dass bei ihnen die Geschlechter getrennt waren, hatte vor ihm nur noch niemand erkannt, weil Männchen und Weibchen sich so grundlegend voneinander unterschieden. Kein Forscher war bisher auf die Idee gekommen, sie könnten zu ein und derselben Spezies gehören.

»Das Weibchen hat das übliche Aussehen«, schrieb Darwin einem Freund, »während das Männchen in keinem Körperteil dem Weibchen gleicht und mikroskopisch klein ist. Doch jetzt kommt das Merkwürdige: Das Männchen oder manchmal auch zwei Männchen werden in dem Augenblick, da sie ihre Existenz als fortbewegungsfähige Larven beenden, zu Parasiten in der Mantelhöhle des Weibchens, und so am Fleisch ihrer Gattinnen festklebend und halb darin eingebettet, verbringen sie ihr ganzes Leben und können sich nie wieder bewegen.«

Viele Historiker lächeln über Darwins Begeisterung für die Rankenfußkrebse und tun so, als sei seine intensive Beschäftigung mit den kleinen Organismen eine Art Verzögerungstaktik gewesen, mit deren Hilfe er den Zeitpunkt hinausschieben wollte, zu dem er mit seiner »gottlosen« Evolutionstheorie vor die gläubige viktorianische Öffentlichkeit treten musste. Andere sind jedoch der Meinung, dass er ohne die Rankenfüßer und die erstaunlichen Belege, die auch sie ihm wieder für seine Theorie lieferten, diesen Schritt vielleicht niemals gewagt hätte.

»Manchmal, wenn ich nach einer gesamten Woche Arbeit mal wieder nicht mehr geschafft habe, als zwei Spezies zu beschreiben, stimme ich insgeheim mit Lord Stanhope überein, dass die ganze Sache Unfug und Zeitverschwendung ist«, schreibt er einem anderen Freund. Doch dann erzählt er auch ihm von den seltsamen nichtzwittrigen Rankenfüßern, die er entdeckt hat, und besonders von einem Weibchen, das zwei taschenartige Einstülpungen in seinem Körpermantel aufweist, »in denen es sich jeweils einen kleinen Ehemann hält«. Mit noch mehr Begeisterung spricht er von verschiedenen anderen Spezies, bei denen er auf eine dritte Variante der geschlechtlichen Entwicklung gestoßen ist: Zwar verfügen diese Rankenfüßer wie üblich sowohl über männliche als auch über weibliche Fortpflanzungsorgane, die männlichen sind jedoch soweit verkümmert, dass die Tiere winzige »Zusatzmännchen« am Leib tragen müssen, die bei ihnen die Befruchtung besorgen. »Eines der Exemplare war zwar eigentlich von den Anlagen her ein Zwitter, hatte aber trotzdem sage und schreibe sieben solcher Zusatzmännchen an sich haften«, schildert der Forscher in seinem Brief entzückt. »Die Einfälle und Wunder der Natur sind wahrhaft grenzenlos.«

Die Zwitter mit dem zurückgebildeten männlichen Fortpflanzungsapparat und den Zusatzmännchen waren für Darwin sozusagen der *missing link* in der sexuellen Evolution der Rankenfußkrebse. Schließlich fand er innerhalb einer Gattung sechs verschiedene Spezies, bei denen jeweils die Abtrennung des männlichen Geschlechts vom »Urzwitter« ein wenig weiter fortgeschritten war. Seine Entdeckungen bestärkten ihn im Glauben an seine Evolutionstheorie, doch was ihn noch mehr darin bestärkte, war, dass diese seine Entdeckungen in gewissem Sinne überhaupt erst möglich gemacht hatte. Nur mit ihr im Kopf wusste Darwin, wonach er bei den kleinen Tierchen suchen musste.

»Ich hätte all das nie herausgefunden, hätte mich meine Artentheorie nicht davon überzeugt, dass viele unmerkliche kleine Schritte nötig sind, damit sich aus einer zwittrigen Spezies eine getrenntgeschlechtliche Spezies entwickeln kann«, schreibt er an seinen engen Freund und Mitgelehrten Joseph Hooker, der später zusammen mit Thomas Huxley diese Artentheorie unmittelbar nach ihrer Veröffentlichung im November 1859 an der Universität von Oxford gegen ihre Kritiker verteidigen wird. »Und genauso ist es hier: Während die männlichen Organe des Zwitters zu versagen beginnen, entstehen zur selben Zeit eigenständige Männchen. Doch es fällt mir schwer, genau zu erklären, was ich meine, und Du wirst vielleicht meine Rankenfüßer und meine Artentheorie zusammen zum Teufel wünschen. Aber das kannst Du ruhig tun, denn für mich ist meine Artentheorie das Evangelium.«

Das ist sie heute auch für unzählige Biologen, die mit ihr im Kopf überall auf der Welt unterwegs sind, um neue Einfälle der Evolution zu entdecken, zu beobachten und zu erklären. Wie der ihres großen Vorgängers richtet sich ihr Blick dabei oft speziell auf das Geschlechtsleben der von ihnen untersuchten Tiere, das – wie die meisten von uns Menschen sicherlich bestätigen würden – mit der von Darwin beobachteten Ausdifferenzierung in zwei eigenständige Geschlechter nicht gerade einfacher geworden ist.

So kompliziert aber manch einem sein Liebesleben auch vorkommen mag, gegen die Dinge, die sich in dieser Hinsicht in freier Wildbahn abspielen, ist es garantiert harmlos. Ob bei den Anglerfischen, deren Männchen sich wie die mancher Rankenfüßer den Weibchen an den Leib heften, bei den Diebspinnen, die nur die Verabreichung günstig stimmender Sekrete davon abhalten kann, ihre Männchen zu fressen, oder bei den Papierbootkraken, die wegen ähnlicher Sachlage einen abtrennbaren Penis entwickelt haben, der auf eigene Faust zu den Weibchen schwimmt: Ohne der psychologischen Feinheiten zu entbehren, wartet das Liebesleben der Tiere in der Regel zusätzlich noch mit ein paar biologischen Verwicklungen auf, die unser menschliches vergleichsweise einfach, unkompliziert und langweilig erscheinen lassen.

Wie Darwin schon sagte und jeder Biologe, von dem eine der unzähligen erstaunlichen Beobachtungen stammt, die in diesem Buch geschildert werden, nur bestätigen kann: »Die Einfälle und Wunder der Natur sind wahrhaft grenzenlos.«

1. Liebeslieder

Luscinia *megarhynchos:*
Das rührende Lied der Nachtigall

In seinem Märchen *Die Nachtigall* erzählt Hans Christian Andersen vom Kaiser von China, der sich in den Gesang der Nachtigall verliebt, die in seinem Wald lebt. Er macht sie zu einem Mitglied seines Hofstaats und gibt ihr ein Dutzend eigene Diener. Doch dann schenkt ihm der Kaiser von Japan eine mit Juwelen besetzte Nachtigall zum Aufziehen und die echte Nachtigall verliert ihre Stellung. Erst als der Aufziehvogel kaputtgeht und der Kaiser schwer krank wird, kehrt sie zurück. Sie singt so schön, dass der Kaiser auf der Stelle wieder gesundet und selbst der Tod, der bereits auf seiner Brust sitzt, gerührt zum Fenster hinausschwebt.

Nachtigallen sind etwa spatzengroße Vögel mit unauffälligem braunen Gefieder, großen, ausdrucksvollen schwarzen Augen und einem rötlich-braunen Schwanz, der regelmäßig keck in die Höhe wippt, wenn sie durchs Laub hüpfen. Ihr Verbreitungsgebiet erstreckt sich fast über ganz Europa; in Dänemark, wo Hans Christian Andersen herkam, und in China, wo er sein schönes Märchen spielen ließ, werden sie jedoch durch andere, ähnliche Arten vertreten. Sie leben im Wald, aber auch in Parks, auf Friedhöfen und in verwilderten Gärten, wo man sie allerdings in der Regel eher hört, als dass man sie zu sehen bekommt. Es sind scheue, sich meist im Schutz von Gebüsch und Sträuchern aufhaltende Vögel, die am Boden nisten und sich dort auch vorwiegend die Insekten, Würmer und Beeren suchen, von denen sie sich ernähren. In ganz Europa, schätzt man, gibt es ungefähr fünf bis zehn Millionen Brutpaare, in Deutschland etwa 100 000. Wie die meisten heimischen Singvögel verbringt die Nachtigall die

11

kalten Monate des Jahres in Afrika, überwintert in Savannen und schützenden Buschgebieten am Südrand der Sahara. Im Frühjahr kehrt sie zurück, um sich zu paaren und zu brüten, und dann hat man auch die beste Chance, sie singen zu hören.

Der Name der Nachtigall leitet sich von dem althochdeutschen Ausdruck *nahtagala* ab, was so viel wie »Nachtsängerin« bedeutet, und früher dachte man, sie würde ausschließlich in der Nacht singen. Heute weiß man, dass sie das auch tagsüber tut, ist sich aber nach wie vor einig, dass ihr Gesang der schönste aller Singvögel überhaupt ist.

Der Gesang der Nachtigall war schon bei den Römern berühmt und sich einen der kleinen Vögel im Käfig zu halten so beliebt, dass der Schriftsteller Plinius klagte, gute Nachtigallen seien »ebenso teuer wie Sklaven«. Moderne Ornithologen stufen den Gesang von Singvögeln danach ein, wie viele verschiedene Lautfolgen oder Strophen sie beherrschen. Manche Vögel können nur eine einzige Lautfolge und wiederholen sie ständig, andere haben zehn oder 20, die sie stets in Sätzen von mehreren Wiederholungen vortragen. Die Nachtigall jedoch verfügt über ein Repertoire von mehr als 200 Strophen – das größte in der gesamten Vogelwelt – und wechselt bei ihrem Gesang frei und variantenreich zwischen verschiedenen Lautfolgen hin und her.

Viele davon hören sich für den musikalisch unbeschlagenen Laien nicht groß anders an als das Gezwitscher von R2-D2, dem mülleimerähnlichen Hilfsroboter in der Star-Wars-Filmreihe. Das berühmte Crescendo der Nachtigall erkennen nach einigem Hinhören allerdings auch noch so große Musikbanausen. Es besteht aus einer Folge von immer lauter und länger werdenden Pfeiftönen, die für viele Menschen klagend, wehmütig oder sogar schluchzend klingen und dafür sorgen, dass das Lied der Nachtigall »fröhlich und nachdenklich zugleich« stimmt, wie Andersen es in seinem Märchen beschreibt. »Seelenerschütternd« nannte den Gesang der deutsche Dichter Klopstock, »wundersüß« und »klagenreich« sein Kollege und Zeitgenosse Herder. Der englische Poet John Keats widmete dem kleinen Singvogel sogar eine ganze Ode, in der er wortreich unter dem »Klagelied« der Nachtigall in den Tod sinkt (oder vielleicht auch nur in den Schlaf), und große Komponisten wie Beethoven, Tschaikowski und Chopin ließen sich von ihrem Gesang zu Musikstücken inspirieren, die zum Teil ausdrücklich nach ihr benannt sind.

Früher dachte man, das wehmütige Lied der Nachtigall sei dazu da, unglücklich Liebende zu trösten, die nachts alleine durch den Wald streifen, um sich von ihren Qualen abzulenken, und stellte sich die edle Trostspenderin mit der schönen Stimme ganz selbstverständlich als Frau vor. Auch in Andersens Märchen hat der Vogel deutlich weibliche Züge und man geht allgemein davon aus, dass er es als Huldigung an die Opernsängerin Jenny Lind schrieb, die zu seiner Zeit in ganz Europa als »schwedische Nachtigall« gefeiert wurde und in die er unsterblich verliebt war. Allerdings weiß die Wissenschaft natürlich schon seit Langem, dass bei den Nachtigallen eigentlich nur die Männchen wirklich singen, wie bei den meisten Singvögeln. Sie singen, um ihr Revier zu verteidigen und Weibchen anzulocken, und gerade diejenigen, die es bis tief in die Nacht hinein tun, sind keine Nachtsängerinnen oder chinesische Wunderheilerinnen, sondern eher Typen wie Andersen selbst, der trotz seines Dichterruhms weder bei Lind noch bei anderen Frauen viel Glück hatte: traurige Junggesellen, die auch im späten Frühling immer noch keine Partnerin gefunden haben und deswegen bis zu 50 Prozent der Nacht durchsingen, egal wie müde sie am nächsten Tag auf Nahrungssuche gehen müssen und wie sehr sich dadurch das Risiko erhöht, in der Dunkelheit von einem Waldkauz erwischt zu werden. Wer als unglücklicher Single zu einer nächtlichen Waldwanderung aufbricht, weil er sich Trost vom schönen Lied der Nachtigall erhofft, sollte sich also im Klaren sein, dass oben in den Bäumen ausschließlich Kerle sitzen, die genau das gleiche Problem haben wie er.

Bei Untersuchungen hat sich gezeigt, dass in manchen Gebieten gerade mal die Hälfte aller Nachtigallmännchen im Frühling ein Weibchen abkriegt, und die Wissenschaft hat sich inzwischen auch ziemlich ausgiebig damit beschäftigt, was man als Männchen draufhaben muss, um bei der Damenwelt anzukommen. Schön wäre es jetzt zu glauben, man müsse einfach nur besonders schön singen. Aber das stimmt leider nur zum Teil.

Im Frühjahr kommen die Männchen zwei Wochen eher aus Afrika zurück als die Weibchen, um sich ein Territorium zu suchen und mit ihrem Gesang zu verteidigen. Treffen dann die Weibchen ein, veranstalten Männchen aus benachbarten Territorien regelmäßig Gesangsduelle, um den Weibchen zu zeigen, wer von ihnen der attraktivere Partner ist. Dabei antworten sie auf eine bestimmte Lautfolge ihres Rivalen entweder mit der gleichen Lautfolge oder aber mit einer anderen, die beide Rivalen kennen – ein bisschen wie zwei Jazzmusiker auf der Bühne, die sich gegenseitig mit ihren kunstvollen Soli zu übertreffen versuchen.

Die Frauen achten darauf, wie rein und klar ein Vogelmann singt, weil ihnen das Auskunft über seine körperliche Verfassung gibt. Ebenso ist für sie von Belang, wie lange er beim Singen durchhält, denn das sagt natürlich ebenfalls viel über seinen körperlichen Zustand aus. Und auch, wie schön und kunstvoll er singt, interessiert sie tatsächlich, denn von einem Vogelmann, der sich komplizierte Strophen merken kann und ein besonders umfassendes Gesangsrepertoire hat, ist offenbar anzunehmen, dass er sich auch bei der Futtersuche und beim Aussuchen eines Nistplatzes nicht allzu dumm anstellt. Neurobiologen von der amerikanischen Cornell-Universität haben sogar wissenschaftlich nachgewiesen, dass bei Singvögeln besonders gute Sänger auch besonders intelligent sind. Timothy DeVoogd, der Leiter der Studie, sagt: »Ein kunstvoller Vogelgesang ist wie ein Doktortitel: ein Erkennungszeichen für all die guten Eigenschaften, die ein Weibchen sich für den Partner und die Kinder wünscht.«

Gerade für den Meistersänger unter den Vögeln, die Nachtigall, belegt allerdings eine andere Studie, dass auch ein Doktor im Singen den Erfolg beim anderen Geschlecht nicht unbedingt garantiert. Denn es gibt etwas, was Nachtigallweibchen an einem Männchen noch attraktiver finden, wie sich bei der unter Leitung des Bielefelder Verhaltensforschers Hansjörg Kunc durchgeführten Untersuchung zeigte: Es muss anderen Männchen möglichst oft dazwischenquatschen.

Mit wissenschaftlichem Namen heißt unsere heimische Nachtigall *Luscinia megarhynchos*, was so viel wie »Nachtigall mit großem Schnabel« bedeutet. Der große Schnabel ist dabei nicht wörtlich, sondern als bildlicher Ausdruck des Lobes gemeint, so wie man von Maria Callas sagte, sie habe eine große Stimme. Doch wenn die Männchen ihre Gesangsduelle ausführen, bekommt er eine andere Bedeutung, denn hier gewinnen diejenigen Männchen mit der größten Klappe. Unter Nachtigallmännern gilt abwechselnd unterschiedliche Strophen zu singen als zivilisierteste Form der Unterhaltung, ständig immer nur die eben gesungene Strophe des Rivalen zu wiederholen hingegen schon als gewisser Affront. Will man sich aber von irgendeinem herbeigeflatterten Musikus nicht die Tour vermasseln lassen, der doppelt so viele Strophen wie man selbst beherrscht, sollte man sich darauf verlegen, diesen gar nicht erst aussingen zu lassen, sondern jede eigene Strophe schon zu beginnen, bevor der Rivale mit seiner fertig ist.

Ornithologen nennen diese Kommunikationsstrategie »überlappendes Singen« und nehmen an, in der Vogelwelt wird damit die Bereitschaft ausgedrückt, den Wettstreit gegebenenfalls auch mit handfesteren Mitteln weiterzuführen als bloß mit ein bisschen schönem Geträller. Die Weibchen stehen drauf, wie die Wissenschaftler herausfanden, als sie verschiedene Männchen gegen Gesang vom Band ansingen ließen und später ihren jeweiligen Paarungserfolg überprüften. Nachtigallenweibchen haben mehr für aggressive Dazwischendudler übrig als für zartbesaitete Goldkehlen. An lauen Frühlingsabenden mag man sich von den Gesangsduellen der kleinen Vögel an einen mittelalterlichen Sängerstreit erinnert fühlen, bei dem edle Troubadoure mit sanften Fingern über ihre Harfen streichen. In Wirklichkeit geht es dabei jedoch eher zu wie in einer Nachmittagstalkshow.

Hat sich das Weibchen ihren Flegel ausgesucht, baut es im Laub ein Nest und legt vier bis sechs Eier, aus denen zwei Wochen später die Jungen schlüpfen. Sie verlassen rasch das Nest, werden aber trotzdem noch eine ganze Weile von den Eltern weiterversorgt, die jeweils für eine Brutsaison zusammenbleiben. Haben sie sich erst mal gepaart, verhalten sich übrigens auch die Grobiane plötzlich ganz passabel. Sie geben nicht mehr so oft die für das Lied der Nachtigall typischen Klagelaute von sich, die offenbar zum Anlocken von Weib-

15

chen dienen, und singen auch nicht mehr bis spät in die Nacht hinein. Und anderen Vögeln dazwischenquatschen tun sie ebenfalls nicht mehr so häufig.

Die männlichen Vogeljungen lernen das Singen von ihrem Vater, aber auch, indem sie den unglücklichen Junggesellen zuhören, die noch bis in den Sommer hinein ihr nächtliches Klagelied im Wald ertönen lassen. Wachsen die Vogelkinder in der Stadt auf, verändert das ihren Gesang beträchtlich. Studien zeigen, dass die Städter unter den Singvögeln lauter, höher und schneller singen als ihre Artgenossen vom Lande, weil sie sich gegen brummenden Verkehrslärm und andere Hintergrundgeräusche durchsetzen müssen. Manche Singvögel machen das Beste daraus und erweitern ihr Lautrepertoire um so originelle Elemente wie Reifenquietschen, Sirenengeheul und Handyklingeltöne. Andere verlegen ihren Gesang in die Nacht, weil es dann leiser ist, und machen so der Nachtigall Konkurrenz.

Die kann sich aber offenbar sowohl gegen andere Nachtsänger als auch gegen Stadtlärm ganz gut durchsetzen. In Berlin singen die Nachtigallen teilweise so laut, dass sie damit gegen die europäischen Lärmschutzgesetze verstoßen, wie Henrik Brumm von der dortigen Freien Universität herausfand. Bei seinen Messungen stellte der Ornithologe fest, dass eine Nachtigall, die in der Nähe einer vielbefahrenen Straße im Gebüsch sitzt, um bis zu 14 Dezibel lauter trällert als bei diesen Singvögeln üblich. Seine höchste Messung lag bei 95 Dezibel, was genauso laut ist, als würde man neben einer laufenden Kettensäge stehen. Und um acht Dezibel mehr Lärm, als man laut EU-Vorgaben einem Arbeiter zumuten darf, ohne dass er Ohrenschützer trägt.

Megaptera novaeangliae:
Der komplexe Gesang
der Buckelwale

Eine Nachtigall misst von Schnabel- bis Schwanzspitze etwa 15 Zentimeter und wiegt im Höchstfall 23 Gramm. Ein ausgewachsener Buckelwal kann bis zu 18 Meter lang werden und hat ein Gewicht von ungefähr 30 Tonnen. Obwohl der riesige Wal gegen den kleinen Vogel jedoch wirkt wie ein plumper Koloss und in einer Welt lebt, die selbst der berühmte Meeresforscher Jacques Cousteau anfänglich als »stumm« beschrieb, übertrifft er die Nachtigall noch im Singen. Er singt nicht nur wie diese die halbe Nacht durch, sondern manchmal mehrere Tage am Stück und seine Gesänge sind auch noch mal wesentlich komplexer und raffinierter als die des zierlichen Singvogels. Laut Experten sind es die kompliziertesten Gesänge, die es im Tierreich überhaupt gibt.

Buckelwale werden Buckelwale genannt, weil sie ihren Rücken stets auf charakteristische Weise krümmen, wenn sie abtauchen. Mit wissenschaftlichem Namen heißen sie *Megaptera novaeangliae*, was so viel wie »Wal mit großen Flossen aus Neuengland« bedeutet und zum einen auf ihre ungewöhnlich großen Brustflossen zurückzuführen ist und zum anderen auf die Tatsache, dass das erste wissenschaftlich beschriebene Exemplar vor der Nordostküste der USA gefangen wurde. Doch die mächtigen Meeressäuger sind über die ganze Welt verbreitet, wobei die Populationen der einzelnen Meere wie auch von Nord- und Südhalbkugel weitgehend getrennt voneinander leben. Die Sommer verbringen sie in jeder Hemisphäre jeweils in kalten Gewässern in Polnähe, wo sie auf Krill und kleine Schwarmfische wie Heringe Jagd machen. Zum Winter hin ziehen sie dann über Tausende von Kilometern hinweg in wärmere Gewässer in der Nähe des Äquators. Hier nehmen sie keine Nahrung mehr zu sich, sondern sind ausschließlich damit beschäftigt, sich zu paaren und ihre Jungen zur Welt zu bringen. Und wie bei den Singvögeln geben auch hier die männlichen Buckelwale hauptsächlich ihren Gesang zum Besten.

Der Gesang der Buckelwale hat ein wesentlich gemächlicheres Tempo als der der Singvögel und setzt sich für den Laien aus einer ziemlich willkürlich wirkenden Abfolge von Quietsch-, Stöhn- und Brummlauten zusammen. Doch die Wale singen nicht einfach wild drauflos, sondern beachten dabei eine ganz bestimmte Ordnung, sogar mehr noch als die Vögel. Ihre Laute halten sie immer etwa eine Sekunde lang, fügen sie erst zu ungefähr sieben Sekunden langen Unterstrophen zusammen und bilden aus diesen dann 15 bis 20 Sekunden lange Überstrophen. Diese verknüpfen sie wiederum zu etwa zwei Minuten langen Themen und stellen daraus schließlich die um die 20 Minuten dauernden Lieder her, die sie über Stunden hinweg wiederholen. Wie ein Forscher vom Massachusetts Institute of Technology kürzlich feststellte, folgt all das einem so komplexen hierarchischen Aufbau, wie man ihn bisher nur von der menschlichen Sprache kannte. Und auch wozu die komplizierten Gesänge der Buckelwale gut sind, glaubt die Wissenschaft inzwischen einigermaßen zweifelsfrei zu wissen: Wie der Gesang der Vögel dient er wohl vor allem dazu, Weibchen zu beeindrucken.

Die Wale singen mit einer Lautstärke von fast 200 Dezibel, sodass ihre Gesänge unter Wasser über viele Kilometer hinweg zu hören sind. Dabei hängen sie sich gerne kopfüber ins Wasser, was sie ein wenig wirken lässt wie riesige, von der Decke baumelnde Megafone. Doch nach Weibchen hielten die Forscher oft umsonst Ausschau, wenn sie mal wieder auf einen der kopfstehenden Wale stießen, eher näherten sich noch andere Männchen dem Sänger, weswegen man zuerst spekulierte, der Gesang könne vielleicht mehr dem Imponieren von anderen Männchen dienen als dem von Weibchen. Da die Walbullen ihre langen Lautfolgen auch manchmal bei ihren Wanderungen von sich geben, stellten ein paar Wissenschaftler sogar die These auf, die Gesänge seien überhaupt nicht an andere Artgenossen gerichtet, sondern einfach nur eine besondere Form von Sonar, mit dem sich die Tiere einen Überblick über ihre Umwelt zu verschaffen suchen.

Mittlerweile jedoch konnte mithilfe einer groß angelegten Feldstudie vor der Küste Australiens belegt werden, dass der Gesang eindeutig für die Ohren der Weibchen bestimmt ist (die bei Walen schräg unterhalb der Augen im Körperinneren liegen, deren Funktionsweise allerdings noch nicht genau geklärt ist). Bei der Studie beobachteten Forscher das Verhalten von Buckelwalen, die auf ihren jährlichen Wanderungen an der australischen Ostküste vorbeizogen, und hörten gleichzeitig den Gesang der Tiere mit Unterwassermikrofonen ab. Wie sich zeigte, singen Walbullen hauptsächlich dann, wenn sie in der Nähe von Weibchen schwimmen, die mit einem neugeborenen Walkalb unterwegs sind, und verstummen in dieser Situation sogar regelmäßig, sobald ein anderes Männchen dazukommt. Genauso wie männliche Singvögel wollen die Walbullen den Weibchen offenbar mit dem Gesang zeigen, was für tolle Kerle sie sind. »Wie sie die Lieder strukturieren, wie sie hohe und tiefe Frequenzen benutzen, könnte etwa auf Fitness und Alter der Bullen schließen lassen«, meint Joshua Smith, der Leiter der Studie.

Dass die Bullen ausgerechnet solche Walkühe anschmachten, die bereits ein Kalb haben, erscheint zunächst paradox. Doch begleiten die Kühe ihre Kälber ja immer nur ungefähr ein Jahr lang und sind danach bald wieder für die nächste Schwangerschaft bereit. Sich rechtzeitig bei ihnen einzuschmeicheln, könnte sich also lohnen. Auch dürfen sich die Männchen bei Müttern sicher sein, dass sie ein Junges gebären und aufziehen können, und richten sich mit ihren Gesangsdarbietungen deswegen vielleicht besonders gerne an sie.

Grundsätzlich singen alle Bullen einer Walpopulation dasselbe Lied. Dieses bleibt aber nicht gleich, sondern verändert sich von Jahr zu Jahr, sodass unter Walen wie unter Menschen in gewisser Weise jedes Jahr ein anderer Sommerhit aktuell ist. Normalerweise unterscheidet sich dieser Hit von dem des Vorjahres nur durch eine kleine Serie von Grunzlauten oder Quietschtönen, die ein Bulle irgendwo hinzugefügt hat und die plötzlich auch jeder andere Bulle singt, um den Weibchen zu zeigen, dass er mit der Mode geht. Ebenfalls vor der Ostküste Australiens, wo auch die Frage nach den Adressaten des Walgesangs geklärt wurde, fand jedoch kürzlich eine ungewöhnliche musikalische Revolution statt – ganz ähnlich der, wie sie seinerzeit in der Menschenwelt von den Beatles ausgelöst wurde.

Hier sahen sich sämtliche männlichen Buckelwale, die dort im Gebiet des Great Barrier Reefs zur Paarung mit den Weibchen zusammenkommen, genötigt, ihr Jahrhunderte altes Liedgut von einer Saison zur anderen komplett auf den Kopf zu stellen. Schuld war ein kleiner Trupp fremder Buckelwale, der sich von der Westküste des Kontinents in das östliche Brutgebiet verirrte, wie Wissenschaftler des Marine Mammal Research Centre in Sydney später feststellten. Die fremden Wale sangen offenbar so gut, dass innerhalb von nur einem Jahr plötzlich alle Walkühe nur noch den coolen neuen Westküstensound hören wollten und jedem Walbullen, der weiter die ollen Kamellen von Vorgestern quietschte, die kalte Schulter zeigten. Walforscher Mike Noad, dem die musikalische Revolution unter den Buckelwalen als Erstem auffiel, ist sich selbst nicht sicher, warum der neue Sound so einschlug. Vielleicht aber, spekuliert er, ist es mit den Sommerhits unter Wasser nicht groß anders als mit denen an Land: »Es könnte sein, dass die Wale einfach unheimlich auf alles stehen, was irgendwie neu ist.«

Mus musculus:
Das ultrahohe Ständchen
der Hausmaus

Vor einiger Zeit veröffentlichte eine Gruppe von Musikwissenschaftlern, Biologen und Psychologen einen Artikel in dem renommierten amerikanischen Forschungsmagazin *Science*, in dem sie eine einfache Lösung dafür anboten, warum wir Menschen sowohl mit dem Gesang der Nachtigall als auch mit dem der Buckelwale so viel anfangen können. Im Grunde, so die Forscher, machen Vögel, Wale und Menschen alle auf die gleiche Weise Musik. Vögel und Wale benutzen in ihren Gesängen ähnliche Rhythmen wie Menschen, mischen perkussive mit reinen Tönen im gleichen Verhältnis wie in der westlichen Symphoniemusik und strukturieren ihre Lieder, indem sie immer wieder bestimmte musikalische Themen und Motive abwandeln, ganz genau wie wir. Auch die Fähigkeit, musikalische Muster zu erlernen und an andere weiterzugeben, werde von allen drei Lebewesen geteilt, sagen die Forscher und wagen in ihrer Veröffentlichung sogar die These, dass diese Fähigkeit auf einen gemeinsamen musikalischen Vorfahren zurückzuführen sei. Genau deswegen fänden wir den Gesang der Buckelwale so seltsam berückend und seien von dem der Nachtigall so leicht zu Tränen zu rühren: weil wir ihn mit einem uralten Teil unseres Gehirns wahrnehmen, den wir vom selben evolutionsgeschichtlichen Vorfahren geerbt haben wie diese Tiere.

Wie sich kürzlich herausgestellt hat, gehört aber noch ein viertes Lebewesen in diese illustre musikalische Runde. Nicht nur Menschen, Vögel und Wale können schön und wohlstrukturiert singen, sondern auch *Mus musculus*, die gemeine Hausmaus, ist dazu in der Lage. Man hört ihren Gesang bloß nie, weil sie ihn im Ultraschallbereich von sich gibt, also auf einer so hohen Frequenz, dass ihn das menschliche Ohr nicht wahrnehmen kann.

Schon 1936 wurde in einem Waisenhaus in Chicago eine Maus entdeckt, die singen konnte. Die Kinder hörten immer wieder ihr Zwitschern und Trällern und dachten, ein Kanarienvogel habe sich zu ihnen ins Gebäude verirrt, konnten diesen aber nirgendwo finden. Eines Tages hörte auch der Direktor des Waisenhauses das geheimnisvolle Gezwitscher hinter sich, drehte sich um – und sah eine kleine braune Hausmaus auf dem Boden hocken.

Die Maus war eine solche Sensation, dass der Direktor mit ihr im Radio auftreten musste, damit die ganze Nation sie singen hören konnte. Der Chicagoer Zoo bot ihm 150 Dollar für seinen kleinen Star, ein örtliches Hotel ebenfalls. Doch er wollte lieber ein Angebot von Walt Disney abwarten, der kurz zuvor mit einem der ersten Zeichentrick-Tonfilme einer anderen stimmbegabten Maus zu Weltruhm verholfen hatte, und hoffte, von diesem mindestens das Fünffache für seinen einmaligen Fund geboten zu bekommen.

Bereits damals vermutete allerdings ein Zoologe der Universität von Michigan, dass die Maus so einmalig gar nicht war. Er stellte die These auf, dass in Wirklichkeit alle Mäuse singen können, dies nur normalerweise in einer so hohen Tonlage tun, dass wir Menschen nichts davon mitbekommen. Die Chicagoer Singmaus habe wahrscheinlich nur einen krankhaft veränderten Stimmapparat, aufgrund dessen der normalerweise unhörbare Gesang plötzlich für das menschliche Ohr wahrnehmbar wurde, spekulierte der Wissenschaftler und wurde jetzt – rund 70 Jahre später – in seinen Vermutungen von zwei amerikanischen Neurobiologen bestätigt, die den gleichen Effekt mithilfe moderner Computertechnik herstellten.

Die Wissenschaftler von der Washington-Universität in St. Louis wollten eigentlich untersuchen, was im Gehirn von männlichen Mäusen passiert, wenn sie ein Weibchen riechen. Sie wussten, dass Mäuseriche Laute im Ultraschallbereich von sich geben, wenn sie auf eine Mäusefrau treffen oder ihnen auch nur die in ihrem Urin enthaltenen Duftstoffe in die Nase wehen, und wollten diese Laute sozusagen als Signalgeber dafür einsetzen, dass die Mäuse den Geruch der Weibchen auch wirklich wahrnehmen. Also installierten sie Spezialmikrofone in den Käfigen ihrer Versuchsmäuse und hielten ihnen dann mit dem Urin von Mäuseweibchen getränkte Wattebäusche vor die Nase. Was sie auf ihren Aufnahmen hörten, klang allerdings so interessant, dass es ihnen selbst eine nähere Untersuchung wert erschien.

Mithilfe eines speziellen Computerprogramms, das normalerweise zur Nachbearbeitung von Musik- und Sprachaufnahmen verwendet wird, senkten sie das erregte Fiepen auf eine Tonlage, die auch für ihre Ohren hörbar war, und erkannten, dass es keineswegs so unstrukturiert und willkürlich war, wie bisher angenommen. Vielmehr gliederte es sich genauso in verschiedene musikalische Strophen, Themen und Motive wie der Gesang von Vögeln, Walen oder Menschen und klang wie bei den Vögeln bei jedem Mäuserich ein bisschen anders. Am ehesten, meinen die Forscher, sei der Gesang der Mäuse mit dem junger Vögel zu vergleichen, deren Themen und Motive noch nicht so ausgefeilt sind. Gleichzeitig geben sie jedoch zu bedenken, dass sie ihre Versuche mit Labormäusen gemacht haben, deren wahres musikalisches Talent möglicherweise im Laufe der unzähligen Züchtungen, denen man sie bis heute unterzogen hat, verloren gegangen ist. Es könnte also durchaus sein, dass der Gesang der frei lebenden Hausmaus noch viel schöner klingt.

Wie bei den Vögeln und Walen dient auch bei den Mäusen das Singen aller Wahrscheinlichkeit nach dazu, potenzielle Paarungspartner zu beeindrucken, und manche Wissenschaftler glauben, der Gesang der Menschen gehe letztendlich ebenfalls auf dieses große Hauptmotiv alles sich über Sexualität fortpflanzenden Lebens zurück. Auch die Liebeslieder der Menschen dienten demnach von Anfang an dazu, Informationen über den gesundheitlichen Zustand, die Intelligenz und vielleicht auch die emotionale Einfühlsamkeit des Sängers zu übermitteln und so paarungsfähige Zuhörer von sich zu überzeugen. Wer einmal gesehen hat, was sich bei dem Konzert einer Boygroup in der ersten Reihe abspielt, wird diesen Gedanken wohl nicht schwer nachzuvollziehen finden.

An den Mäusen, die eine genetische Übereinstimmung von 90 Prozent mit dem Menschen aufweisen und deswegen gerne als »Taschenmenschen« bezeichnet werden, soll jetzt genauer untersucht werden, wo der Hang zum Singen herkommt. Nicht nur ist das Gehirn von Mäusen einfacher strukturiert als das von Menschen und deswegen leichter zu untersuchen. Auch haben die Forscher bereits viel Erfahrung darin, Gene bei den Tieren an- und auszuschalten und so den Ursprung bestimmter Eigenschaften und Fähigkeiten näher zu bestimmen. Dabei hoffen sie, nicht nur auf die Wurzeln der Musikalität zu stoßen, sondern auch die Grundlagen der menschlichen Sprach- und Lernfähigkeit besser verstehen zu lernen. Das wiederum könnte irgendwann dazu beitragen, Kommunikationsstörungen wie den Autismus wirksamer zu bekämpfen.

2. Liebesdüfte

Nauphoeta cinerea:
Der gut untersuchte Geruch
der Grauschabe

2-Methylthiazolidin, 4-Ethyl-2-methoxyphenol und 3-Hydroxy-2-butanon: Diese drei Stoffe entscheiden über das Leben einer Grauschabe. Nicht nur, wie viel sie insgesamt davon im Körper hat, sondern auch, in welchem Verhältnis die drei Substanzen zueinander stehen. In ihrer Jugend und den Anfangstagen des Erwachsenenalters wird die Schabe vermutlich denken, es wäre besser, mehr von den ersten beiden Stoffen in sich zu tragen und weniger von dem dritten. Später wird sie dann jedoch mit Sicherheit zu dem Schluss kommen, dass man vom letzten Stoff, der leicht nach Butter riecht und auch in der Tabakindustrie manchmal verwendet wird, um Zigaretten aromatischer zu machen, gar nicht genug im Leib haben kann.

Grauschaben sehen Kakerlaken ähnlich und gehören auch zur gleichen Ordnung von Insekten, haben jedoch einen massigeren Körper, kürzere Beine und eine etwas dunklere, ins Grau hineingehende Färbung. Am Hinterleib der Weibchen sind die einander überlappenden Segmente des Chitinpanzers gut zu erkennen, weswegen die Schaben in den USA *lobster roaches*, also Hummerschaben genannt werden. Die Männchen haben Flügel, fliegen können sie damit jedoch kaum, sondern höchstens einen Sturz abfedern. Grauschaben stammen wohl ursprünglich aus Ostafrika, wurden jedoch wie viele andere der etwa 4 000 bekannten Schabenarten vom Menschen in die ganze Welt getragen. In ihrer natürlichen Umgebung leben sie unter umgefallen Baumstämmen oder am Boden liegenden Palmwedeln – überall, wo es dunkel, warm und feucht ist – und ernähren sich von allem, was sie im näheren Umkreis finden können und sich in dem einen oder anderen Stadium des Zerfalls befindet. Doch sie werden auch gerne in wissenschaftlichen Labors und Heimterrarien gehalten, weil sie sich so rasch vermehren, und dienen dann als Futter für Echsen, Vogelspinnen und Skorpione oder als schnell nachwachsende Versuchsobjekte.

Wer schon mal Kakerlaken im Haus hatte, wird der Meinung gewesen sein, unter den Insekten gebe es keinerlei Rangordnung und sie arbeiteten alle unterschiedslos und solidarisch an dem einen großen Vorhaben mit, einem möglichst erfolgreich auf die Nerven zu gehen. Doch Schabe ist nicht unbedingt gleich Schabe, besonders in den oft eng bevölkerten Kolonien von *Nauphoeta cinerea*, und hier bildet sich unter den Männchen stets eine strenge Hierarchie und Hackordnung heraus, die einem eher friedlich gesinnten Schabenmann schnell das Leben zur Hölle machen kann. Wo er auch geht und steht, wird er von den aggressiveren Männchen der Kolonie gepiesackt, geknufft und manchmal sogar auf den Rücken geworfen. Wie amerikanische Forscher herausgefunden haben, müssen die anderen Männchen nur an ihm riechen, um zu wissen, dass sie einen Feigling vor sich haben. Denn wie bei vielen Insekten spielen auch im Leben der Grauschaben chemische Duftstoffe, sogenannte Pheromone, eine große Rolle, und in diesem Fall bestimmt allein die Zusammensetzung eines Pheromons, das die Männchen in ihren Brust- und Hinterleibsdrüsen tragen, darüber, welchen Platz sie innerhalb der unbarmherzigen Männergesellschaft der Schabenkolonie einnehmen.

Enthält bei einem Schabenmann das Pheromon eine hohe Konzentration an 2-Methylthiazolidin und 4-Ethyl-2-methoxyphenol, aber nur einen verschwindend geringen Anteil 3-Hydroxy-2-butanon, ist er der King in der Kolonie und darf mit den anderen Schaben umspringen, wie er will. Enthält der Duftstoff hingegen einen hohen Prozentsatz des wohlriechenden 3-Hydroxy-2-butanons, aber kaum einen Anteil der anderen beiden Stoffe, steht das dazugehörige Männchen ganz unten in der Rangfolge und wird von jedem rumgeschubst. Seine Geschlechtsgenossen müssen ihn nur mit den Fühlern berühren, an denen spezielle Geruchshärchen sitzen, um seinen Status zu erkennen, und gehen ihn besonders dann hart an, wenn paarungsfähige Weibchen in der Nähe sind. Kaum taucht eine Frau auf, verdoppeln sie die übliche Zahl ihrer Angriffe noch und setzen alles daran, dass der Underdog das Weite sucht oder sich zumindest in eine stille Ecke zurückzieht und – geruchlich gesehen – keinen Mucks mehr von sich gibt. Während sie selbst prahlerisch ihre nutzlosen Flügel in die Höhe strecken und dreist dem Weibchen ihr Siegerpheromon entgegensprühen, muss er aus der Ferne zusehen, seine Drüsen stillhalten und kann nicht mehr tun, als Mutter Natur dafür zu verfluchen, dass sie ihm Butteraroma statt eine Dose Axe for Men in die Wiege gelegt hat.

Sollte der unglückliche Schabenmann allerdings den Mut aufbringen (oder es sich einfach nicht verkneifen können), doch einen kleinen Spritzer seines Verliererdufts in die Luft abzugeben, erlebt er die Überraschung seines Lebens. Immer hinten anstellen, wenn irgendwo eine faulende Frucht oder ein vor sich hin rottender Tierkadaver herumliegt, nie wissen, ob nicht ein anderer kommt und einen wegscheucht, wenn man eine schöne dunkle Ritze zum Ausruhen gefunden hat – das Dasein als Trottel der Nation ist wirklich kein Vergnügen. Aber manchmal scheint selbst die Evolution einen Sinn für ausgleichende Gerechtigkeit zu haben. Grauschabenfrauen stehen auf Verlierer: Kaum schnuppert das Weibchen den süßen Buttergeruch, der plötzlich durch die Luft weht, lässt es sämtliche Alpha-Männchen stehen, kommt in Windeseile zu dem Omega-Männchen gerannt und gibt sich ihm an Ort und Stelle hin. In keiner amerikanischen Teenagerkomödie könnte der Triumph des vom Leben gebeutelten Losers schöner gefeiert werden.

Der aus den USA stammende Biologe Allen Moore, der sich schon seit mehr als 20 Jahren mit dem Sexualleben der Grauschaben beschäftigt und inzwischen Leiter des Zentrums für Ökologie und Naturschutz an der Universität von Exeter in Großbritannien ist, hat mehrere Erklärungsansätze für das in der Tierwelt so ungewöhnliche Verhalten der Schabenweibchen. Zum einen glaubt er, dass die Weibchen an die eigene Gesundheit denken. Denn offenbar verhalten sich die Alpha-Männchen nicht nur ihren Geschlechtsgenossen gegenüber wie brutale Rüpel, sondern auch gegenüber ihren Geschlechtspartnerinnen und sich mit einem von ihnen einzulassen, kann für eine Schabenfrau ernsthafte Verletzungen nach sich ziehen. Außerdem hat Moore festgestellt, dass die Machos die Weibchen mithilfe irgendeines biochemischen Tricks dazu bringen, mehr Nachwuchs zu bekommen als mit einem Verlierer, was ihre ohnehin schon auf etwa ein Jahr begrenzte Lebenszeit noch deutlich weiter verkürzt.

Doch nicht nur sich selbst wollen die Weibchen mit ihrer Wahl schützen, vermutet Moore, sondern auch ihre Nachkommen. Von diesen kriegen sie nach der Befruchtung durch ein rangniedriges Männchen vor allem deswegen weniger, weil in jedem Wurf – den die Insekten ungewöhnlicherweise lebend zur Welt bringen – weniger Söhne enthalten sind als nach der Befruchtung durch ein Männchen, das in der sozialen Hierarchie der Schaben weit oben steht. Dahinter, meint der Evolutionsbiologe, könnte die unbewusste Absicht stecken, den Söhnen, die in der Regel nach ihrem Vater kommen, allzu große männliche Konkurrenz im Leben zu ersparen und so ihre Erfolgschancen bei den Weibchen noch weiter zu erhöhen.

Denn auch die Rüpel kommen natürlich ab und zu zum Zuge, sonst wären Grauschabenmännchen mit dem aggressiveren Pheromonmix längst ausgestorben. Und auf so märchenhafte Weise die Natur bei männlichen Grauschaben gewisse Fakten des Lebens auf den Kopf gestellt zu haben scheint, bei den Weibchen herrscht triste Realität. Je älter die Schabenfrauen werden, desto weniger anspruchsvoll glauben sie offenbar sein zu können, was die Auswahl ihres Partners betrifft. Unterzogen sie früher die zukünftigen Väter ihrer Kinder noch einer ausgiebigen Geruchskontrolle, um ja sicherzugehen, dass sie einen Verlierer an der Angel hatten, geraten sie jetzt in »Torschlusspanik« – wie es eine weibliche Wissenschaftsredakteurin formulierte – und lassen sich selbst mit Gewinnern gerne ein.

Bombyx mori:
Der unwiderstehliche Duft
des Seidenspinners

Wer gerne in Satinbettwäsche schläft, Seidenunterwäsche trägt oder auch nur eine einzige Seidenkrawatte im Schrank hat, ist schon mal mit einer Körperflüssigkeit von *Bombyx mori*, dem Seidenspinner, in Berührung gekommen. Der weißgelbe Falter, der eine Flügelspannweite von knapp vier Zentimetern hat, ist neben der Honigbiene das Insekt, aus dessen Zucht die Menschheit schon am längsten ihren Nutzen zieht. Die Seidenfäden, aus denen die Raupen des Falters ihren Kokon spinnen – und die im Grunde nichts anderes sind als an der Luft getrockneter, besonders proteinhaltiger Speichel, den die Insekten aus speziellen Drüsen in ihrem Mundbereich absondern –, werden in China bereits seit vorchristlicher Zeit genutzt, um hochwertige Textilien herzustellen, und lassen auch heute noch Einnahmen von jährlich rund vier Milliarden Dollar in das Land fließen.

Der Sage nach hat die Braut eines chinesischen Kaisers entdeckt, dass sich der durchgehende und insgesamt etwa vier Kilometer lange Faden, in den sich die Raupen bei der Verpuppung einspinnen, zu einem besonders glatten und glänzenden Textilstoff verarbeiten lässt. Genau wie früher werden die Seidenspinner, die den Zusatz *mori* in ihrem wissenschaftlichen Namen tragen, weil sie sich ausschließlich von den Blättern des Maulbeerbaums ernähren, auch im heutigen China von einfachen Bauern gezüchtet, die die in Kokons eingesponnenen Raupen der Insekten dann an große Seidenfabriken weiterverkaufen. Hat ein Bauer 100 Seidenspinnerweibchen und lässt diese von Männchen befruchten, erhält er insgesamt etwa 50 000 Raupen, die ihm rund eine Tonne Seidenkokons liefern, wenn er sie mit dem gleichen Gewicht an Maulbeerblättern füttert. Weil die Raupen ihren kilometerlangen Spinnfaden durchtrennen würden, wenn sie als fertige Falter aus ihrer Seidenhülle schlüpfen, werden sie unmittelbar vor Beendigung ihrer Metamorphose durch kurzes Abkochen in ihren eigenen Kokons getötet. In der Fabrik wird der Faden eines jeden

Kokons dann behutsam abgespult – früher manuell, heute mithilfe spezieller Maschinen – und so lange mit anderen Spinnfäden verzwirnt, bis schließlich der zum Weben verwendbare Endfaden entsteht. Etwa 100 Kilo Rohseide gewinnt man auf diese Weise aus den vielen Tausend Kokons, bei denen immer nur die ganz innen liegenden 1 000 Meter Faden hochwertig genug sind, um weiterverarbeitet zu werden, und aus diesen 100 Kilo wiederum etwa 15 echte chinesische Kimonos, 150 Seidenblusen oder 500 Krawatten.

Doch nicht nur in der Textilindustrie ist der Seidenspinner für seine Körpersubstanzen berühmt, sondern auch in der Wissenschaft und dabei ganz besonders in jenem Zweig, der sich mit den Liebesdüften beschäftigt oder genauer gesagt mit den Pheromonen – jenen zur Kommunikation verwendeten Geruchsstoffen, die auch eben schon im Leben der Grauschaben eine so große Rolle gespielt haben. In diesem Fall sind es nicht die Raupen des Falters, die den Stoff produzieren, sondern die ausgewachsenen Weibchen, zu denen die in Kokons eingesponnenen Raupen werden, wenn man sie vorher nicht in heißes Wasser schmeißt. Die Seide der Seidenspinner ist von ihren molekularen Eigenschaften schon außergewöhnlich genug. Sie ist die belastbarste Naturfaser der Welt, der selbst ein Eisenfaden unterlegen wäre, wenn man ihn in der gleichen Feinheit herstellen könnte. Doch auch die Substanz, die die Weibchen nach ihrer vollständigen körperlichen Umwandlung im Kokon in sich tragen, hat ganz besondere Eigenschaften. Sie heißt Bombykol, ist das erste Pheromon, das überhaupt jemals wissenschaftlich beschrieben wurde – und als Liebesduft so wirksam, dass man sich schnell in Teufels Küche bringen könnte, wenn man eine ganze Flasche davon mit sich herumtragen würde.

Schon im 19. Jahrhundert kam der französische Insektenkundler Jean-Henri Fabre (1823–1915) dem unsichtbaren Lockmittel auf die Spur, das Falter und Schmetterlinge bei der Balz benutzen. An einem schönen Morgen im Monat Mai sah der Forscher in seinem Hauslabor fasziniert zu, wie ein Weibchen des Großen Nachtpfauenauges aus seinem Kokon schlüpfte, und setzte dann eine Glocke aus feiner Drahtgaze über das Insekt, damit es nicht wegflog, sobald seine Flügel trocken waren. Er kümmerte sich nicht weiter um den Falter,

doch als es Abend wurde, flatterte plötzlich ein männliches Nacht-
pfauenauge nach dem anderen zu den offenen Fenstern des Versuchs-
raums herein und ließ sich auf der Gazeglocke nieder. »Sie kamen aus
allen Richtungen, wie auf ein geheimes Kommando«, schrieb Fabre
über das Ereignis in einem seiner Bücher: »Vierzig Galane, die unbedingt der heiratsfähigen Braut ihre Aufwartung machen wollten, die
am selben Morgen erst in meinem Labor das Licht der Welt erblickt
hatte.« Im Laufe der folgenden Woche flogen ihm rund 150 männliche Exemplare der prächtigen großen Schmetterlinge zu und Fabre
unternahm in den nächsten Jahren unzählige Experimente, um das
Rätsel zu klären, wie sie ihren Weg zu dem Weibchen gefunden hatten.

Der französische Forscher vermutete bereits, dass die paarungs-
bereiten Falterweibchen einen lockenden Duft absondern, den die
menschliche Nase nicht wahrnehmen kann. Doch erst dem deutschen
Biochemiker und Nobelpreisträger Adolf Butenandt (1903–1995) gelang es, einen solchen Liebesduft zu isolieren und in seiner chemischen Struktur zu beschreiben, und zwar mittels Untersuchungen,
die er an Seidenspinnern vornahm.

Wie Fabre experimentierte auch Butenandt lange an der Ent-
schlüsselung des »geheimen Kommandos« herum, insgesamt mehr
als 20 Jahre, und hatte dabei in gewissen Jahren einen Bedarf an *Bombyx mori*-Faltern, wie er bei einer mittleren chinesischen Seidenfabrik
kaum höher ist. Zu seiner Zeit gab es auch in Deutschland noch ein
paar Seidenfabriken, die der findige Wissenschaftler dazu brachte,
ihm ganze Wagenladungen der in Kokons gehüllten Insekten zur Verfügung zu stellen. Dann bezahlte er Studenten eine Mark pro Stunde,
damit sie die Tiere einzeln aus ihren Seidenhüllen schnitten, und
musste schließlich die Hilfe eines Chemiewerks in Anspruch nehmen,
weil sein Labor zu klein war, um aus den vielen Hundert Kilo Insek-
tenpuppen, die er sich auf diese Weise verschafft hatte, den gesuchten
Duftstoff zu extrahieren.

Um die paar Milligramm Flüssigkeit zu erhalten, die ihm schließlich 1959 zur erfolgreichen chemischen Bestimmung des Stoffes genügten, musste Butenandt mit seinem Team allein 500 000 Seidenspinnerweibchen in mühevoller Kleinarbeit die Duftdrüsen vom

Hinterleib abschneiden. Selbst geringste Mengen des ungesättigten Fettalkohols, den Butenandt nach seinem tierischen Produzenten Bombykol taufte, genügen jedoch schon, um eine erstaunliche Wirkung zu erzielen. Wie Wissenschaftler herausfanden, mit denen Butenandt zusammenarbeitete, reicht bereits ein einziges Molekül des Stoffes, um eine der vielen Sinneszellen in Erregung zu bringen, die die männlichen Seidenspinner an ihren Fühlern tragen, und wehen einem der Faltermänner mehr als 200 solcher Moleküle auf einmal in die Nase, fängt er sofort an, mit den Flügeln zu schlagen.

Die domestizierten Seidenspinnermännchen, mit denen Butenandt seine Versuche durchführte, waren im Laufe ihrer jahrhundertelangen Züchtung so träge geworden, dass sie nicht mehr taten, als einen müden Schwirrtanz aufzuführen, wenn sie den Duft wahrnahmen. In freier Natur lebende Falter beginnen jedoch augenblicklich, im Zickzackkurs dem vom Wind zu ihnen getragenen Duftstrom entgegenzufliegen, sobald sie ein Weibchen riechen, und machen dieses so auch noch über Distanzen ausfindig, die auf menschliche Verhältnisse hochgerechnet geradezu unglaublich anmuten. Der Duft der Falterweibchen ist so potent und der Geruchsinn der Tiere so fein, dass die Männchen selbst über Entfernungen von zehn und mehr Kilometern blind zu ihrer Angebeteten finden. Um da mitzuhalten, müsste ein menschlicher Verehrer schon riechen können, wie seine Freundin in München durch den Englischen Garten spaziert, während er selbst in Hamburg auf dem Jungfernstieg sitzt und ein Alsterwasser trinkt. Damit ein Mensch einen Duftstoff bemerkt, der für ihn ähnlich gut wahrnehmbar ist wie das Bombykol für die Seidenspinner (zum Beispiel Veilchenduft), müssen davon mindestens 100 Millionen Moleküle in einem Kubikzentimeter Luft enthalten sein. Dem Falter hingegen genügen schon 1000.

Die Seidenspinnerweibchen geben den Liebesduft immer nur in kleinen Dosen von sich, indem sie den in ihrer Hinterleibsdrüse enthaltenen Fettalkohol schütteln und so erwärmen und zum Austreten bringen, und Wissenschaftler haben zum Spaß ausgerechnet, wie viele Männchen ein Weibchen rein theoretisch zu sich locken könnte, wenn sie die gesamte Menge des in der Drüse eingelagerten Pheromons auf einmal von sich gäbe. Die Menge ist natürlich verschwindend gering, aber die Zahl von Faltern, auf die die Wissenschaftler kamen, lag trotzdem bei einer Billion. Sollten Sie durch irgendeinen Zufall also tatsächlich mal eine ganze Flasche von dem Zeug in die Hände kriegen, dann lassen Sie sie bloß nicht fallen.

Im gleichen Jahr, in dem Butenandt seine zwanzigjährigen Untersuchungen zum lockenden Duft des Seidenspinners abschloss, prägte das deutsch-schweizerische Forscherduo Peter Karlson und Martin Lüscher, das sich mit dem ebenfalls über Geruchsstoffe geregelten Kastensystem in Termitenstaaten beschäftigte, den Begriff Pheromon – von dem Butenandt mit seiner Analyse sozusagen das erste der Welt entdeckt hatte. Das Wort kommt aus dem Griechischen und bedeutet so viel wie »Träger von Erregung«, womit allerdings nicht nur die Erregung gemeint ist, von der Schmetterlinge erfasst werden, wenn sie frisch geschlüpfte Weibchen riechen, sondern jede Art von Reaktion, die bei einem Organismus dadurch ausgelöst wird, dass er einen von einem anderen Organismus abgegebenen Duftstoff wahrnimmt. Wie man inzwischen weiß, kommunizieren nicht nur Insekten über solche Duftstoffe, sondern auch höhere Tiere wie Ratten, Hunde, Hirsche und Menschen (was im Folgenden noch näher ausgeführt wird).

Das Beispiel einiger anderer Falterarten zeigt allerdings, dass es nicht immer ganz ungefährlich ist, über Duftstoffe zu kommunizieren, und schon gar nicht, durch die Luft wehenden Liebesdüften einfach blindlings zu folgen. So gibt es bestimmte Nachtfalter, bei denen der betörende Duft der Weibchen täuschend echt von einer Spinne nachgeahmt wird, die sich mithilfe dieses hinterlistigen Tricks regelmäßig ihr Abendessen fängt. Und auch der Mensch hat es bei der reinen chemischen Analyse des Liebesdufts der Schmetterlinge nicht belassen: In der Landwirtschaft sind mit Sexuallockstoffen versetzte Schmetterlingsfallen inzwischen eine bewährte Methode, um sich vor Ernteschädlingen zu schützen.

Mesocricetus auratus:
Die drei Düfte des Goldhamsters

Auch Menschen lassen sich offenbar stärker von Duftstoffen beeinflussen, als ihnen bewusst ist. Rund 20 Jahre, nachdem am Seidenspinner das erste Pheromon entdeckt worden war, machten englische Forscher einen Versuch, bei dem sie die Sitze eines Theaters mit Androstenon besprühten, einem dem Testosteron verwandten Stoff, der vor allem in Männerschweiß und im Speichel von geschlechtsreifen Ebern vorkommt. Wie sich den Forschern zufolge herausstellte, wurden die auf diese Weise präparierten Sitze von Männern unbewusst gemieden, von Frauen jedoch instinktiv anderen Sitzen vorgezogen, und auch bei einer späteren Wiederholung des Experiments im Wartezimmer eines Zahnarztes stellte sich anscheinend der gleiche Effekt ein. Eine amerikanische Wissenschaftlerin kam nach einer Studie, die sie in einem weiblichen Studentenwohnheim durchführte, sogar zu dem Schluss, von den Studentinnen abgegebene Pheromone würden dafür sorgen, dass ihre Menstruationszyklen sich anglichen.

Spätere Studien zogen allerdings in Zweifel, dass sich die Zyklen von auf engem Raum zusammenlebenden Frauen überhaupt angleichen, ob nun mithilfe von Pheromonen oder nicht, und zeitweise geriet die Forschung an menschlichen Duftstoffen insgesamt in Verruf, weil einige Wissenschaftler etwas zu offenkundige Verbindungen zu Kosmetikherstellern pflegten, die aus mit Pheromonen versetzten Parfums – also wahrhaftigen Liebesdüften – Kapital schlagen wollten. Auch heute noch werden auf den Webseiten solcher Pheromonparfums, die so klingende Namen wie Pheromax, Andro Vita oder Contact 18 tragen, zum Teil führende Köpfe der Pheromonforschung als Berater bei der Produktherstellung aufgelistet und es wird dort auch stets auf zahlreiche Artikel aus Presse und Wissenschaft verwiesen, die die Wirkung des angebotenen Liebesduftes angeblich belegen. Für Parfums, die das oben genannte Androstenon enthalten, wird nicht nur mit dem 30 Jahre alten Experiment mit den Theatersitzen geworben, sondern auch mit einer Studie, die in einem Gefängnis durchgeführt wurde und bei der offenbar herauskam, dass besonders als Gewalttäter bekannte Insassen den Stoff in hohen Mengen ausscheiden. Anders als Grauschabenweibchen würden sich menschliche Frauen von solchen aggressiv und dominant riechenden Männern angezogen fühlen, behaupten die Parfumhersteller, und da das speziell in der Zeit des Eisprungs so sei, weisen sie gleich im nächsten Atemzug ihre Kunden darauf hin, dass sie beim Einsatz der olfaktorischen Flirthilfe stets gut auf die Verhütung achten sollten. Für Frauen wiederum wurden Parfums entworfen, die genau diesen Eisprung vortäuschen. Die Parfums enthalten sogenannte Kopuline, synthetische Nachbildungen von im Vaginalsekret enthaltenen Fettsäuren, die besonders in der Zeit der Ovulation ausgeschüttet werden und deswegen Männerhirnen auf unterschwellige Weise Empfängnisbereitschaft signalisieren sollen. Dass eine Empfängnis gerade das ist, was die männlichen Träger der Parfums offenbar um jeden Preis verhindern wollen, scheint im komplizierten Wechselspiel der unbewusst wahrgenommenen Düfte keine Rolle zu spielen.

Neuere Studien bestätigen anscheinend so manchen Geruchseffekt. So zeigte sich zum Beispiel bei einer Untersuchung, die zwei Wissenschaftlerinnen von der San Francisco State University an 36 alleinstehenden Frauen im Alter von 19 bis 48 Jahren durchführten, dass die Frauen zwar keine neuen Männer kennenlernten, wenn sie sich regelmäßig mit Kopulinen parfümierten, aber deutlich mehr Sex mit Männern hatten, die sie bereits kannten. Im nahe gelegenen Berkeley ließ Claire Wyart von der University of California 21 junge Probandinnen an einer geringen Menge Androstadienon riechen, einem wie Androstenon mit dem Männerschweiß ausgeschiedenen Stoff, den die Pheromon-Parfümeure ebenfalls im Angebot haben, und stellte fest, dass dadurch sowohl die Laune als auch der körperliche Erregungszustand der jungen Damen leicht anstieg. Im deutschen Kiel wiederum spielte die Psychologin Bettina Pause das Experiment mit dem Androstenon und den Sitzplätzen noch einmal durch – eine Art pheromongesteuerte Reise nach Jerusalem – und fand heraus, dass nicht nur Frauen sich gerne auf die mit dem Duftstoff markierten Plätze setzten, sondern auch homosexuell veranlagte Männer.

Zweifler kritisieren allerdings auch wieder die neueren Experimente. Im Fall der Kopuline konkret, weil dabei als Versuchssubstanz ein kommerzielles Präparat der Firma Athena Pheromone verwendet wurde (»Amor's Pfeil aus 100 % Wissenschaft«), die von einer Biologin gegründet wurde, mit der eine der beiden Veranstalterinnen des Versuchs früher zusammengearbeitet hat. Ganz generell jedoch, weil für viele Wissenschaftler nur solche Stoffe als Pheromone gelten dürfen, die über das sogenannte Jacobson-Organ wahrgenommen werden: zwei winzigen Einstülpungen in der Nasenscheidewand, die bei Wirbeltieren generell für die Wahrnehmung von Pheromonen zuständig sind, bei den meisten Menschen allerdings nur noch in derart verkümmerter Form vorliegen, dass sie eigentlich nicht mehr funktionieren können. So viel auch über die vermeintlichen Wirkungen der Menschenpheromone schon geschrieben wurde, wie die im konventionellen Sinne geruchlosen und in der Regel nur in äußerst geringen Mengen abgesonderten Stoffe genau wahrgenommen werden sollen, ist bis heute unklar. Eine in Fachkreisen hochanerkannte US-Wissenschaftlerin ist jüngst bei Mäusen auf bestimmte Pheromon-Rezeptoren in der Nasenschleimhaut gestoßen, die vielleicht auch wir Menschen besitzen und die bei uns als Ersatz für das Jacobson-Organ dienen. Doch ob wir tatsächlich in ähnlichem Maß geruchsabhängige Wesen sind wie viele unserer tierischen Verwandten, bezweifeln weiterhin viele Wissenschaftler.

Ein amerikanischer Anthropologe glaubt, dass im Leben der Menschen Pheromone vor allem deswegen keine so große Rolle mehr spielen wie in dem vieler anderer Wirbeltiere, weil bei den Affen, von denen wir abstammen, der Sehsinn irgendwann den Geruchssinn als wichtigste Instanz der Wahrnehmung und Informationsbeschaffung abgelöst hat, auch und gerade, wenn es um Fragen der Partnerwahl und Fortpflanzung geht. Vor etwa 20 Millionen Jahren wurden die Gene, die für die Wahrnehmung von Pheromonen und Liebesdüften wichtig sind, bei unseren Vorfahren praktisch stillgelegt, meint der Wissenschaftler, der an der Universität von Michigan seinen Forschungen nachgeht. Und wenn man betrachtet, wie kompliziert sich in geruchlicher Hinsicht das Liebesleben der Goldhamster gestaltet, dann kann man vielleicht ganz froh darüber sein.

Manchem Leser mochte ja eben schon der Kopf geschwirrt haben, wenn er sich vorstellte, wie in der Disco ein männlicher Single, der eigentlich kein Kind will, aber dank Pheromonparfum so riecht, als wäre er der perfekte Genspender dafür, auf eine Singlefrau trifft, die zwar die Pille nimmt, aber aufgrund der Kopuline, mit denen sie sich eingenebelt hat, so duftet, als müsste man sie nur ansehen und sie würde schon schwanger werden. Doch bei Goldhamstern zeigt sich, wie kompliziert ein Date wirklich werden kann, wenn man sich dabei ganz auf Duftbotschaften verlassen muss.

Das fängt schon mit der Anreise an. Wer schon mal einen Goldhamster bei einem Bekannten gesehen hat, wird sich gedacht haben, der halte diesen vor allem deswegen alleine im Käfig, weil eines der Tag und Nacht in seinem quietschenden Laufrad vorwärtshetzenden Tiere vollkommen ausreicht, um einen in den Wahnsinn zu treiben. Doch auch in freier Wildbahn leben die Tiere alleine und gehen sich normalerweise so gut sie können aus dem Weg. Praktisch alle der sieben bis acht Millionen Goldhamster, die weltweit als Haustiere gehalten werden, und ihre 200 000 bis 500 000 unglücklicheren Artgenossen, die pro Jahr in Versuchslaboren ihr Leben lassen, stammen von drei Tieren ab, die ein Professor der Universität von Jerusalem 1930 in Syrien gefangen hat und von deren Nachkommen er später einige nach Europa schmuggelte. Hier, auf der fruchtbaren Hochebene von Aleppo, leben auch heute noch etwa 50 000 bis 200 000 Exemplare der kleinen Nager, die aufgrund ihrer Größe und natürlichen Fellfarbe den wissenschaftlichen Namen *Mesocricetus auratus*, also mittelgroßer Hamster mit goldener Färbung tragen, ernähren sich von dem auf den aleppischen Feldern angebauten Obst und Getreide, werden deswegen von den aleppischen Bauern mit Giftködern und Kanisterfallen bekämpft und hausen in unterirdischen Bauen, die stets etwa 100 Meter voneinander entfernt sind. Miteinander zu tun wollen sie nur dann etwas haben, wenn ihnen der Sinn nach Fortpflanzung steht. Doch wie finden zwei Singles zueinander, die beide aufgrund ihres nachtaktiven Lebensstils nicht besonders gut sehen können, durch laute Rufe gefährliche Fressfeinde auf sich aufmerksam machen würden und auf menschliche Verhältnisse hochgerechnet etwa zehn Kilometer voneinander entfernt wohnen?

Normalerweise markieren die Hamster ihr etwa fußballfeldgroßes Territorium mit einem Duftstoff, der anderen Hamstern signalisiert, dass sie fortbleiben sollen. Doch jetzt legt das Weibchen eine Duftspur aus, die die gegenteilige Botschaft enthält, um ein benachbartes Männchen in seinen Bau zu locken. Früher dachte man, das Pheromon, das die Männchen anlockt, sei Dimethylsulfid, eine schwefelhaltige Verbindung, deren muffigen Geruch jeder kennt, dessen Nachbarn regelmäßig Kohlsuppe kochen. Inzwischen ist man sich nicht mehr so sicher, ob dieser Duftstoff wirklich derjenige ist, der beim Anlocken des Männchens die entscheidende Rolle spielt. Sicher ist nur, dass er wie die menschlichen Kopuline im Vaginalsekret des Weibchens enthalten ist.

Wenn auch nun dank der verführerischen Geruchsspur die zwei ungeselligen Nager praktisch wider Willen zueinandergefunden haben, getan ist es damit noch lange nicht. Auf das erfolgreiche Anlocken muss ein ebenso erfolgreiches Antörnen folgen und auch dazu dient dem Weibchen wieder ein Duftstoff aus seinem Intimbereich. Das Forscherteam, das dieses Pheromon 1986 entdeckt hat, taufte es auf den hübschen Namen Aphrodisin – beinah so, als gäbe es auch unter Kleinnagern einen profitablen Markt für Pheromon-Parfums zu erobern. Wie die Wissenschaftler es entdeckt haben, ist allerdings ein weiterer Beleg dafür, wie viel besser es ist, als Goldhamster in einer Kleintierhandlung geboren zu werden als in einem Versuchslabor.

Das Team um den Pheromonforscher Alan Singer, der damals noch am Monell Chemical Senses Center in Philadelphia tätig war, sah sich folgendem Problem gegenüber: Um den entscheidenden Duftstoff nach und nach aus dem Vaginalsekret der Hamsterweibchen isolieren zu können, brauchte es eine Versuchsanordnung, bei der sich die Reaktion der Hamstermännchen auf den Stoff klar und deutlich an ihrem Verhalten ablesen ließ – ähnlich wie bei den allerersten Pheromon-Experimenten von Adolf Butenandt, dem dazu der

Schwirrtanz diente, den die Seidenspinner in seinem Labor aufführten, wenn sie den Lockstoff der Weibchen rochen. In diesem Fall bestand die Reaktion, die den Forschern als Prüfstein dienen sollte, allerdings darin, ob die Hamstermännchen mit einem nach dem Duftstoff riechenden Hamsterweibchen kopulieren wollten oder nicht. Man konnte aber natürlich unmöglich unterscheiden, welche Bestandteile des Vaginalsekrets des Weibchens für diese Reaktion verantwortlich waren, wenn man ihre Wirkung an einem Weibchen ausprobierte, das von vornherein schon nach dem gesamten Sekret roch.

Die Lösung, auf die die Wissenschaftler kamen, war denkbar einfach. Sie schmierten das Vaginalsekret einfach einem Männchen ins Fell und schauten, was passierte. Da ihnen klar war, dass das Männchen die Begattungsversuche eines anderen Männchens nicht ohne Weiteres über sich ergehen lassen würde, betäubten sie es vorher. Dann zerlegten sie das Sekret nach und nach in seine Bestandteile und prüften nach, welcher das wache Männchen am deutlichsten dazu anregte, das vor ihm liegende bewusstlose Männchen zu vergewaltigen.

So eigentümlich dieser Versuch auch klingen mag, die Forscher simulierten damit nur eine Situation, die die Goldhamsterweibchen bei jeder Paarung kaum anders über sich ergehen lassen müssen. Mit ihnen scheint es ähnlich zu sein wie mit den Singles, die sich mithilfe künstlicher Pheromone zwar den Duft geeigneter oder williger Fortpflanzungspartner verleihen, sich in Wirklichkeit aber gar nicht fortpflanzen wollen. Oder vielleicht sind die Weibchen durch ihr einsames Leben in den aleppischen Feldern auch nur zu so eingefleischten Einsiedlerinnen geworden, dass sich ihnen im letzten Moment die Nackenhaare sträuben. Nachdem das Weibchen jedenfalls zwei verschiedene Duftstoffe abgegeben hat, um das Männchen zu sich zu locken und in Fahrt zu bringen, muss das Männchen jetzt einen dritten abgeben, damit der Akt auch wirklich über die Bühne geht. Es gibt ein Pheromon ab, das bei dem Weibchen eine sogenannte Duldungsstarre auslöst und es genauso stillhalten lässt wie ein betäubtes Männchen. Ist die Paarung vollzogen und der Duft verflogen, wirft das Weibchen das Männchen allerdings unverzüglich wieder aus dem Bau: Riechen können sich Goldhamster nur, wenn sie sich gut riechen können.

3. Liebestränke

Argyrodes zonatus:
Der Entspannungsdrink
der Diebspinne

In der Oper *Der Liebestrank* von Gaetano Donizetti (1797–1848) ersteht der junge Bauer Nemorino einen solchen Trank bei dem Quacksalber Dulcamara, um das Herz der schönen Adina für sich zu gewinnen. Der Liebestrank, den Nemorino nicht seiner Angebeteten unterjubeln, sondern selbst einnehmen muss, ist nichts anderes als Wein (»'s ist Bordeaux, kein Elixier!«). Doch in den Augen des unerfahrenen jungen Bauern scheint er sein Geld bei beiden Gelegenheiten, zu denen er sich damit abfüllt, mehr als wert zu sein. Beim ersten Mal hält er sich schon unmittelbar nach der Einnahme für absolut unwiderstehlich, begeht dann nur den Fehler, sich gegenüber Adina seiner Sache allzu sicher zu zeigen, sodass diese sich mit einem anderen verlobt. Und beim zweiten Mal liegen ihm tatsächlich alle Mädchen des Dorfes zu Füßen (die wissen, dass er gerade reich geerbt hat), sodass der Wunderdoktor selbst drauf und dran ist, an die betörende Wirkung seines Bordeaux zu glauben.

Wenn man einer Untersuchung glauben darf, die im Januar 2009 im *Journal of Sexual Medicine* veröffentlicht wurde, sind Männer, die sich ab und zu mal ein Gläschen genehmigen, tatsächlich erfolgreicher in der Liebe – oder zumindest im Bett. Entgegen dem weitverbreiteten Glauben, regelmäßiger Alkoholkonsum führe zu Impotenz, kam bei der Befragung von 1770 australischen Männern heraus, dass diejenigen, die gelegentlich ein, zwei Gläser Wein oder Bier zu sich nehmen, zu 25 bis 30 Prozent seltener unter Erektionsstörungen leiden als diejenigen, die angaben, überhaupt keinen Alkohol zu konsumieren. Die Forscher, die die Befragung durchgeführt haben, sehen durch das Ergebnis die Praxis in Frage gestellt, Patienten mit Potenzproblemen grundsätzlich vom Genuss alkolholischer Getränke abzuraten. Wie sie allerdings selbst eingestehen, kann sowohl die Einschätzung des eigenen Alkoholkonsums als auch der eigenen sexuellen Leistungsfähigkeit sehr subjektiv sein, weshalb ein paar kleine Ungenauigkeiten sich durchaus in das Ergebnis eingeschlichen haben könnten.

Traditionell werden Liebestränke ja ohnehin eher dem verabreicht, der verliebt gemacht werden soll, oder, wie im berühmtesten Beispiel für die Verwendung eines Liebestranks, der Geschichte von Tristan und Isolde, von beiden Liebenden gleichzeitig getrunken. Der Trank, der den edlen Ritter und die schöne Königstochter auf tragische Weise aneinanderbindet, soll rein pflanzlicher Herkunft gewesen sein. Die Liebestränke hingegen, wegen deren Zubereitung im Mittelalter so manche Hexe in den Folterkellern der Inquisition landete, enthielten den Aufzeichnungen zufolge so ganz und gar unpflanzliche Zutaten wie Wolfshaare, Eselshirn, Kröteneier und Jungfernpergament (womit die Haut eines ungetauft gestorbenen Kindes gemeint ist). Dass sie, wenn sie tatsächlich so gebraut wurden, mehr hervorriefen als eine mittelschwere Lebensmittelvergiftung, ist schwer vorstellbar.

Wo die Wirkung von Liebestränken jedoch zweifelsfrei bewiesen ist, ist im Tierreich; und ähnlich wie die Liebesdüfte – oder Pheromone – spielen diese Tränke vor allem im Reich der Insekten und Spinnen eine Rolle. Bei *Argyrodes zonatus* etwa, einer Spinnenart aus der Familie der Kugelspinnen, führt die Verabreichung eines solchen Wundermittels durch den Mann unmittelbar zu dem gewünschten Ergebnis. Die Zuführung des Tranks findet allerdings eher wie bei einem modernen Cocktail als auf traditionelle Weise statt – nämlich durch einen Strohhalm.

Spinnen der Gattung *Argyrodes* kommen hauptsächlich in wärmeren Klimazonen vor und sind an sich schon recht bestaunenswerte Wesen. Sie werden meist nur fünf bis sieben Millimeter groß, haben oft einen silberfarbenen, tropfenförmigen Körper (was sie vermutlich wie Tau aussehen lassen soll) und leben in den Netzen anderer Spinnen. Sie gelten als das am besten erforschte Beispiel für sogenannten Kommensalismus unter Spinnen, also das Führen einer Tischgenossenschaft, und ernähren sich in der Regel von sehr kleinen Beutetieren wie Blattläusen und Mücken, die die größere Wirtsspinne nicht beachtet. Doch auch der sogenannte Kleptoparasitismus, das mehr als nur mitesserische Schmarotzertum, lässt sich gut an ihnen studieren, und von manchen Forschern werden sie auch einfach nur Diebspinnen genannt.

Wie ein Dieb, der sich sehr gut im Haus seines Opfers auskennt, klettern die Spinnen stets behutsam an den Rahmen- und Speichenfäden des Wirtsnetzes entlang, um weder wie andere Tiere an dessen klebrigen Querfäden hängenzubleiben, noch von ihrer Wirtin bemerkt zu werden. Manchmal pirschen sie sich auf diese Weise einfach nur an eine der großen Mahlzeiten heran, die die Wirtsspinne gerade aussaugt, um heimlich daran teilzuhaben. Bisweilen klettern sie aber auch wie ein mit einem Seil gesicherter Bergsteiger zu einem bereits eingesponnenen Käfer oder Schmetterling, schneiden ihn mit ihren Beißwerkzeugen aus dem Netz, lassen sich mit ihm fallen und hieven ihn dann mithilfe ihres Seils wieder hinauf in ihr am Rande des Netzes gelegenes Versteck. Und manchmal kommt es sogar vor, dass aus dem Tischgenossen nicht nur ein Dieb, sondern auch ein Mörder wird und die Spinne über ihren eigenen Wirt herfällt.

Bei der Paarung muss, wie oft bei Spinnen, hauptsächlich das noch kleiner als die weiblichen *Argyrodes*-Spinnen ausfallende Männchen aufpassen, dass es nicht gefressen wird. Und zu diesem Zweck kredenzt es dem Weibchen wohl auch den Liebestrank, dessen Genuss jedem Geschlechtsakt der Spinnen vorausgeht. Bei manchen Arten haben die Männchen dazu einfach ein paar winzige Öffnungen auf dem Kopf, bei anderen lippenartige Wulste. Die Männchen der Spezies *Argyrodes zonatus* haben dazu jedoch einen hornartigen Fortsatz auf der Stirn, der über feine Kanäle zu einer unter dem Kopfpanzer liegenden Drüse führt, und an diesem saugen die Weibchen vor und während der Kopulation, als hätte das Männchen eine Pärchenfüllung Sex on the Beach unter der Hirnschale.

Neben seinem strohhalmartigen Stirnfortsatz hat das Männchen winzige Furchen, in denen das Weibchen seine Kieferklauen verankern kann. Nur dadurch erreicht es erst die richtige Begattungsstellung, die es dem Männchen erlaubt, seine unten am Kopf liegenden, zu Begattungspipetten umgeformten Fangarme in die am Bauch liegende Geschlechtsöffnung des Weibchens einzuführen. Das macht es in den nächsten zwei bis sechs Stunden so um die 40 bis 200 Mal. Und kann danach nur hoffen, dass das Weibchen nicht immer noch Lust hat, an irgendwas zu saugen.

Neopyrochroa flabellata: Der schützende Trank des Feuerkäfers

Das Leben eines Käfers ist gefährlich. Nicht nur Vögel, Eidechsen und Igel sind hinter einem her, sondern auch andere Insekten wie Ameisen, Libellen und Raubwanzen wollen einem regelmäßig ans Leder. Um sich wenigstens vor ein paar ihrer Feinde schützen zu können, haben manche Käferarten deswegen eine spezielle Verteidigungstechnik entwickelt, die sich Reflexbluten nennt. Fühlen sie sich bedroht, sondern die Käfer aus den Beingelenken und manchmal auch aus dem Mund kleine Mengen ihres Blutes ab, der sogenannten Hämolymphe, und bringen so ihre Angreifer dazu, es sich anders zu überlegen. Denn diese Hämolymphe hat in der Regel nicht nur die unappetitliche gelblich-braune Farbe dessen, was ein Käfer hinterlässt, wenn er gegen eine Windschutzscheibe fliegt, sondern riecht und schmeckt auch schlecht und ist in manchen Fällen sogar giftig.

Bei den Ölkäfern etwa, die ihren Namen von den wie Öl aussehenden kleinen Tröpfchen haben, die sie beim Reflexbluten aus den Beinen pressen, enthält die Hämolymphe das starke Reizgift Cantharidin. Es ist so hochpotent, dass es nicht nur die meisten anderen Insekten effektiv vom Verzehr der Käfer abschreckt, sondern auch bei großen Tieren wie Pferden und Rindern bis zum Tod führende Magenkoliken auslösen kann, wenn sie beim Fressen von Gras oder Heu aus Versehen ein paar der kleinen Käfer verschlucken. Auch beim Menschen verätzt das Gift die Schleimhäute von Magen und Darm, wenn es eingenommen wird, schädigt die Nieren, führt zum Kreislaufzusammenbruch und kann in höheren Dosen tödlich wirken. Auf der Haut verursacht es wasserziehende Blasen, weswegen aus zerriebenen Ölkäfern gewonnenes Pulver bereits im Altertum dazu verwendet wurde, von Flüssigkeitseinlagerungen betroffene Körperstellen zu behandeln und die Käfer heute noch manchmal Blasen- oder Pflasterkäfer genannt werden. Trotz seiner potenziell lebensgefährlichen Wirkung wurde das Gift auch innerlich zu allerlei medizinischen Anwendungen gebracht und im Mittelalter etwa gegen so verschiedene Erkrankungen wie Tollwut, Krebs und Lepra verordnet. Heute wird es außer in gewissen Bereichen der Tiermedizin eigentlich nur noch zur Behandlung von Warzen verwendet. Doch auch die moderne Molekularbiologie hat krebstherapeutische Eigenschaften an dem Gift festgestellt und hofft, cantharidinähnliche Verbindungen bald zur Tumorbekämpfung einsetzen zu können, was in China bereits geschieht.

Weitaus berühmter als wegen all seiner medizinischen Verwendungen war das Käfergift allerdings sowieso stets wegen seines Gebrauchs als Aphrodisiakum. Der Name des Cantharidins leitet sich von *Cantharis vesicatoria* ab, einer kleinen, metallisch-grün glänzenden Ölkäferart, die vor allem in Südeuropa und Nordafrika vorkommt und heute für gewöhnlich unter dem wissenschaftlichen Namen *Lytta vesicatoria* gehandelt wird. Viel bekannter ist sie aber unter ihrem umgangssprachlichen Namen, Spanische Fliege, der ursprünglich nur für den Käfer selbst, aber später auch für die angeblich sexuell anregende Substanz benutzt wurde, die man aus ihm gewonnen hat.

Schon zu Zeiten der Römer wurde der Frau des Kaisers Augustus nachgesagt, sie schmuggle wichtigen Gästen heimlich das stimulierende Käferpulver ins Essen, um sie so zu erotischen Ausschweifungen zu veranlassen, die sie später gegen sie verwenden könnte. Am ebenfalls als recht ausschweifend geltenden französischen Hof des 17. Jahrhunderts waren mit dem Pulver versetzte Pralinen im Umlauf, die als *pilles galantes* oder *pilles de Richelieu* bezeichnet wurden, weil der Kardinal Richelieu sie angeblich oft seinen Mätressen verabreichte. Den berühmten Marquis de Sade (1740–1814), der seine Ausschweifungen gerne in seinen Büchern zelebrierte, kosteten solche Pralinen sogar fast das Leben – allerdings nicht, weil er sie einnahm. Zwei Prostituierte beschuldigten ihn, sie mit den *pilles galantes* heimlich berauscht und so zum Analverkehr bewegt zu haben, woraufhin der französische Edelmann 1772 zum Tode verurteilt wurde und vorm Arm der Justiz nach Italien fliehen musste.

Der Ruf der Spanischen Fliege als potenz- und luststeigerndes Mittel gründet sich auf der Tatsache, dass es bei der Einnahme nicht nur Magen, Darm und Nieren reizt, sondern bei der Ausscheidung auch die Genitalien und dadurch bei Männern für mehrere Stunden anhaltende Dauererektionen sorgt. Diese sind jedoch keineswegs angenehm, sondern äußerst schmerzhaft, und dass Cantharidin in irgendeiner Form tatsächlich das sexuelle Verlangen steigert, konnte nie wissenschaftlich nachgewiesen werden.

Wie amerikanische Forscher vor einigen Jahren jedoch herausgefunden haben, dient kurioserweise die Spanische Fliege bei manchen Verwandten der Ölkäfer genau dem Zweck, den der Mensch der Substanz seit Jahrhunderten andichtet. Bei den Feuerkäfern mischen die Männchen sie einem Trank bei, den sie den Weibchen verabreichen, um sie rumzukriegen, genau wie adlige Lebemänner und Libertins es früher bei ihren unwissenden Opfern getan haben. Im Gegensatz zu diesen wollen die Käfer aber nur das Beste ihres Gegenübers und sind mit ihrem mit Cantharidin versetzten Liebestrank in der Regel auch wesentlich erfolgreicher als ihre Pendants in der Menschenwelt.

Feuerkäfer werden häufig mit Feuerwanzen verwechselt, den auffälligen rot-schwarzen Krabbeltieren, die man im Frühjahr oft in überquellenden Haufen bei einer ihrer Massenkopulationen sieht. Feuerkäfer sind ähnlich groß, haben aber statt der mit schwarzen Punkten versehenen Flügeldecken, die den Rücken der Wanzen wirken lassen wie eine winzige Eingeborenenmaske, einen durchgehend roten Rücken und können auch meistens wesentlich besser fliegen als die Wanzen. Sie leben an Waldrändern und auf Lichtungen, ernähren sich im Larvenstadium von Pilzen oder den Larven anderer Insekten, die wie sie ihre Eier in der Rinde morscher Bäume ablegen, und fliegen als ausgewachsene Käfer von Mai bis Juni umher, um sich zu paaren. Die Paarung läuft bei ihnen allerdings wesentlich individueller und zivilisierter ab als bei den Feuerwanzen und schließt bei einigen Arten sogar die ritualisierte Verköstigung eines Liebestranks ein, den die Männchen den Weibchen in aller Form darbieten.

Eine Forschungsgruppe der Cornell-Universität im US-Bundesstaat New York hat dieses eigentümliche Paarungsverhalten am Beispiel des nordamerikanischen Feuerkäfers *Neopyrochroa flabellata* genauer untersucht und kam dabei zu erstaunlichen Ergebnissen. Die Feuerkäfer dieser Art haben die Färbung der bei uns verbreiteten Arten sozusagen auf den Kopf gestellt und tragen schwarze Flügeldecken auf einem orangefarbenen Körper und die Männchen haben am Kopf eine quer über die Stirn verlaufende, wie ein winziger Telefonhörer geformte Grube, die mit einem durchsichtigen Sekret gefüllt ist. Die Kieferzangen der Weibchen passen genau in diese Grube hinein und wenn sich die beiden Geschlechter treffen, stellt sich das Männchen mit den Vorderbeinen auf die Schultern des Weibchens und beugt seinen Kopf nach unten, damit seine Auserwählte ihre Kieferzangen in seine Stirngrube einklinken und daraus trinken kann. Ist sie mit dem ihr angebotenen Trank zufrieden, trinkt sie bis zu 20 Sekunden davon, macht sich dann von dem Männchen los und lässt sich bereitwillig von ihm besteigen. Ist der Liebestrank jedoch nicht nach ihrem Geschmack, wendet sie sich praktisch sofort wieder von dem Männchen ab und möchte nichts mehr mit ihm zu tun haben.

Durch Versuche mit Männchen, denen sie vor der Paarung Cantharidin zu fressen gaben, solchen, die nichts von dem Gift erhielten, und schließlich solchen, die es mit einer feinen Kanüle direkt in die Stirn gespritzt bekamen, stellten die Forscher fest, dass die Paarungswilligkeit der Weibchen unmittelbar davon abhängt, wie viel Spanische Fliege das Stirnsekret der Männchen enthält. Bei den künstlich arrangierten Käferrendezvous gingen jene Feuerkäfer, die den Weibchen überhaupt nichts von der Substanz anbieten konnten, praktisch durch die Bank leer aus. Oft versuchten diese Männchen, die Weibchen trotzdem zu besteigen. Doch dann krümmten die Weibchen ihren Unterleib nach vorne und verhinderten so, dass die unerwünschten Partner ihren kleinen Käferpenis in sie einführten. Bei jenen Männchen hingegen, deren Stirnsekret mit dem Stoff gesättigt war, war von solchem Widerwillen nichts zu spüren. Egal, ob das Cantharidin auf natürlichem Wege über den Stoffwechsel in ihre Stirngrube gelangt war oder künstlich per Injektion, sie landeten bei jedem Stelldichein einen Volltreffer.

Angesichts des klaren Ergebnisses dieser Versuche liegt der Schluss nahe, dass Käfer weitaus besser auf Aphrodisiaka ansprechen als Menschen. Doch das stimmt wohl nur bedingt, denn obwohl die Forscher davon ausgehen, dass das Cantharidin die Käferfrauen durchaus zur Kopulation anregt, trinken diese vermutlich nur in zweiter Linie davon, um auf Touren zu kommen. In erster Linie geht es ihnen darum, wie eine Chemikerin anhand der Stirnprobe zu messen, wie viel Cantharidin sich im restlichen Körper des angezapften Männchens befindet. Denn das brauchen die Weibchen nicht nur, um den Rest ihres eigenen kurzen Lebens in größerer Sicherheit führen zu können, sondern vor allem, um ihre Kinder zu schützen.

Cantharidin, fanden die Wissenschaftler heraus, dient bei der Paarung von *Neopyrochroa flabellata* nicht nur als Liebestrank, sondern auch als Brautgeschenk. Durch das Sezieren der Feuerkäfer vor und nach der Paarung konnten sie feststellen, dass die Männchen einen Großteil des in ihrem Körper eingelagerten Reizgiftes beim Geschlechtsakt an die Weibchen weitergeben. Diese haben vor der Paarung kein einziges Mikrogramm davon im Körper, danach aber genug, um nicht nur selbst besser gegen Fressfeinde geschützt zu sein, sondern auch jedes einzelne der etwa 500 Eier damit zu »impfen«, das sie in den zwei folgenden Wochen legen. Die Forscher glauben, dass die Männchen das Gift, das sie in speziellen, mit den Geschlechtsorganen verbundenen Drüsen aufbewahren, den Weibchen zusammen mit dem Spermapaket übergeben, das sie ihnen bei der Paarung in den Geschlechtstrakt schieben, und konnten durch weitere Versuche demonstrieren, dass mit dem Stoff »imprägnierte« Eier weitaus besser dagegen geschützt sind, von anderen Insektenlarven gefressen zu werden, als solche, die ohne ihn auskommen müssen. In der freien Natur, glauben die Wissenschaftler allerdings, soll das Gift die Eier vor allem für bestimmte Ameisen ungenießbar machen, die bevorzugt in demselben morschen Holz leben, in dem die Feuerkäfer ihre Brut ablegen.

Bleibt schließlich nur noch die Frage, wo die Feuerkäfer das Cantharidin, das sie sowohl als Liebestrank als auch als Brautgeschenk und Schutzimpfung benutzen, überhaupt herhaben. Bei der Geburt haben die männlichen Feuerkäfer nämlich davon genauso wenig im Körper wie die weiblichen, weswegen die Forscher davon ausgehen, dass die Männchen es sich anfressen, um bei der Damenwelt gut anzukommen – möglicherweise sogar, indem sie genau jene Ölkäfer vertilgen, die sich eigentlich damit gegen solche Fressfeinde schützen wollen. »Von französischen Apothekern«, meint der Verhaltensbiologe Thomas Eisner, der die Untersuchungen an den Feuerkäfern geleitet hat, »haben sie es jedenfalls nicht.«

Desmognathus aeneus:
Der betörende Biss
des Bachsalamanders

Graf Dracula macht sich seine Opfer gefügig, indem er sie in den Hals beißt. Der Biss dient dem Vampir nicht nur dazu, seine Opfer auszusaugen und so sein eigenes ewiges Leben zu nähren, sondern auch, sich die Mädchen und jungen Frauen, die er bevorzugt beißt, auf ewig verfallen zu machen. Sie werden zu seinen Kreaturen, fallen selbst am Tage immer wieder in tranceartige Zustände und verzehren sich in vielen Fassungen des Mythos gerade auch in sexueller Hinsicht nach ihm. Sie verwandeln sich in seine Sklavinnen, in seine schlafwandelnd seine Nähe suchende Zombies. Das Blut, das zwischen ihnen und dem Herrn der Finsternis geflossen ist, ist nicht nur Lebenselixier, sondern auch Liebestrank, der Beißer und Gebissene für alle Zeiten miteinander verbindet.

Bei gewissen amerikanischen Salamandern ist das ganz ähnlich: Auch sie machen sich die Weibchen ihrer Spezies gefügig, indem sie ihnen mit den vergrößerten Vorderzähnen ihres Oberkiefers in Hals, Nacken oder andere Stellen des Körpers beißen. Allerdings saugen sie dabei das Weibchen nicht aus, wie Graf Dracula es tut, sondern injizieren ihm im Gegenteil einen Liebestrank – der dann jedoch für fast genau die gleichen Folgen sorgt wie der Biss des unwiderstehlichen Fürsten aus Transsylvanien.

Desmognathus aeneus, der Cherokee-Bachsalamander, kommt aus der großen Familie der lungenlosen Salamander, die über Haut und Mundhöhle atmen, und lebt in den bis nach Georgia und Alabama hineinreichenden Ausläufern des Appalachen-Gebirges im Südosten der USA. Hier ist er vor allem in der Nähe von Quellen und kleinen Bachläufen zu finden, aus denen vor etwa 70 Millionen Jahren seine Gattung wohl auch an Land gekrochen ist, verbringt aber im Gegensatz zu vielen anderen *Desmognathus*-Arten sein gesamtes Leben außerhalb des Wassers. Zusammen mit einer anderen, etwas weiter nördlich lebenden Art ist er der kleinste Vertreter seiner Gattung, wird nur vier bis sechs Zentimeter groß und hat eine hübsche rötlichbronzene Färbung, auf die das *aeneus* in seinem wissenschaftlichen Namen hinweist (der Gattungsname *Desmognathus* kommt von den von besonderen Bändern gehaltenen Kiefern der Tiere). Er ernährt sich von Asseln, Käfern, Spinnen, Schnecken, den abgeworfenen Häuten anderer Salamander und was sich sonst noch so im feuchten Laub seines wassernahen Lebensraums findet und verbringt den größten Teil seines Lebens allein. Sowohl im Frühling als auch im Herbst jedes Jahres gehen die männlichen Salamander jedoch auf die Suche nach Weibchen, um sich mit diesen zu paaren.

Unter Salamandern und Molchen kommen bei der Balz häufig anregende chemische Substanzen zum Einsatz und die Männchen der eng miteinander verwandten Amphibien haben sich recht fantasievolle Methoden einfallen lassen, um diese Substanzen den Weibchen zu verabreichen. Teichmolche zum Beispiel sondern die Stoffe direkt aus der Geschlechtsöffnung an ihrem Unterleib ab und wedeln sie unter Wasser dem Weibchen mit dem Schwanz zu. Eine andere

Molchart hat sogenannte Lustdrüsen an den Wangen, nimmt bei der Balz das Weibchen in den Schwitzkasten und reibt ihm das antörnende Sekret buchstäblich unter die Nase.

Die lungenlosen Salamander jedoch haben ihre Lustdrüsen in der Regel unterm Kinn und bestehen oft darauf, ihren Lustmacher auf noch direkterem Wege in den Kreislauf der Weibchen einzubringen. Eine sehr gängige Praxis unter den Tieren ist zum Beispiel, mit ihrem Kinn über den Rücken der Weibchen zu reiben, ihnen dabei mit ihren spitzen Vorderzähnen die Haut aufzukratzen und ihnen so das animierende Sekret in die äußeren Blutgefäße einzuträufeln. Andere Arten gehen noch rabiater zur Sache und reißen den Weibchen mit einem plötzlichen Kopfruck die Haut auf, den sie dadurch produzieren, dass sie ihren ganzen Körper schlagartig zusammenkrümmen. Den direktesten Weg in den Blutkreislauf der Weibchen wählen jedoch *Desmognathus aeneus*, der Cherokee-Bachsalamander, und *Desmognathus wrighti*, sein eben schon erwähnter nördlicher Nachbar, der Zwerg-Bachsalamander. Wie bei allen lungenlosen Salamandern sorgen bei ihnen zur Paarungszeit Hormone dafür, dass die kleinen, mit zwei Spitzen versehenen Zähne, die sie vorne am Oberkiefer tragen, zu langen, dolchartigen Zähnen mit nur einer Spitze anwachsen – ganz wie bei einem Vampir, wenn er erregt ist. Und die Salamander benutzen ihre Beißzähne auch auf ganz und gar ähnliche Weise.

Trifft ein männlicher Cherokee-Bachsalamander auf ein Weibchen, berührt er es zunächst kurz mit der Schnauze, was wie eine zärtliche Begrüßungszeremonie wirkt, jedoch schnell in wesentlich rauere Zuneigungsbekundungen übergeht. Das Männchen beißt das Weibchen mit seinen hormongepushten Hauern in Nacken, Bauch oder Schwanzansatz – manchmal mit einer so plötzlichen Vorwärtsbewegung, dass das Weibchen vom Boden gehoben wird – und hält es dann etwa eine Stunde lang zwischen seinen Kiefern fest. Wie die Opfer von Dracula versucht das Salamanderweibchen zunächst, vor seinem stürmischen Liebhaber davonzulaufen, und dann, sich aus seinem Biss zu befreien. Doch ebenfalls wie bei Dracula zeigt der Liebesbiss des männlichen Salamanders schon bald seine Wirkung und lässt die Gegenwehr seines Opfers immer mehr schwinden.

Kaum hat der Salamander das Weibchen gepackt, fängt er an, an ihm zu zerren und es in regelmäßigen Bewegungen hin- und herzuschütteln. Im Gegensatz zu den Kinndrüsen anderer lungenloser Salamander öffnen sich seine nicht unmittelbar nach außen, sondern sind mit dem Mundraum verbunden, wo das Sekret der Drüse sich mit dem Speichel des Salamanders mischt, um dann in die durch die Zerrbewegungen immer weiter aufgerissenen Bisswunden am Körper des Weibchens einzudringen. Der Stoff, den der Salamander dem Weibchen auf diese Weise in den Blutkreislauf einflößt, ist noch nicht genauer untersucht. Doch er sorgt dafür, dass das Weibchen nach etwa einer halben Stunde seine Gegenwehr aufgibt und dann nach einer kurzen Ruhephase anfängt, auf die groben Zärtlichkeiten des Männchens mit eigenen zu antworten.

In der zweiten Phase des Liebesbisses geben die Salamander manchmal das kurioseste Bild ab. Anstatt zu versuchen, sich von ihm wegzubewegen, krümmt das Weibchen jetzt seinen Körper in Richtung des Männchens, legt ihm den Kopf auf Rücken oder Schwanz und bewegt ihn alle paar Sekunden von einer Seite zur anderen, wie ein Hippiemädchen in Zeitlupenekstase. Manchmal beißt ein Weibchen, das vom Männchen mit dem Maul am Schwanz gehalten wird, aber auch selbst dem Männchen in den Schwanz, sodass plötzlich eine kleine Salamanderversion vom Ouroboros auf dem Waldboden zu liegen scheint, dem archaischen kreisförmigen Tiersymbol, das in vielen Kulturen für Unendlichkeit oder den ewigen Kreislauf von Sterben und Neugeburt steht.

Doch selbst mit diesen esoterisch anmutenden Stellungsübungen ist das Vorspiel der Salamander noch lange nicht beendet. Legt ihm das Weibchen den Kopf auf oder beißt ihn in den Schwanz, zeigt das dem Männchen nur, dass seine Auserwählte bereit ist, zum zweiten Teil ihres langwierigen Balzrituals überzugehen. Sie hat jetzt genug von seinem Liebeselixier im Blut, um ihm wie unter Hypnose überallhin zu folgen.

Das Männchen lässt seine Partnerin nun los und fordert sie durch schlängelnde Bewegungen mit dem Schwanz dazu auf, mit ihm eine Polonäse zu machen. Das Weibchen bringt gehorsam seinen

Körper über dem Schwanz des Männchens in Stellung, legt ihm das Kinn aufs Hinterteil und in dieser Anordnung wandern die beiden dann zusammen durchs Laub, nicht selten bis zu zwei Stunden lang. Manchmal stößt der kleine Liebeszug dabei auf eine Wurzel oder ein anderes Hindernis, sodass das Männchen plötzlich stehen bleiben muss, das in Trance versetzte Weibchen aber weiterläuft, bis es bäuchlings auf ihm liegt und die beiden sich nach ihrem Auffahrunfall erst wieder neu sortieren müssen. Manchmal lässt auch die Wirkung der Liebesdroge im Blut des Weibchens nach, sodass das Männchen wie Dracula, der ja in der Regel auch mehrere Nächte braucht, um sich sein Opfer vollends untertan zu machen, es erst noch einmal beißen muss. Doch wenn kein Fressfeind dazwischenfunkt und sich den mit sich selbst beschäftigten Doppelhappen schnappt, endet die Polonäse zu guter Letzt dort, wo das Männchen die ganze Zeit hin wollte: beim eigentlichen Fortpflanzungsakt.

Der findet wie bei allen Salamandern komplett außerhalb des Körpers statt. Das Männchen bleibt stehen und signalisiert durch erneutes Schwanzwedeln – diesmal direkt unter dem Kinn des Weibchens –, dass es bereit ist, auch den dritten und wichtigsten Teil der Paarung zu vollziehen. Während das Weibchen beginnt, noch heftiger und schneller als jemals zuvor seinen Kopf hin- und herzubewegen, drückt das Männchen seinen Hinterleib auf den Boden und setzt dort eine sogenannte Spermatophore ab, ein durch klebrige Sekrete zusammengehaltenes Samenpaket, das in diesem Fall auch mit einem klebrigen Sockel versehen ist, damit es auf dem Waldboden haften bleibt. Hat das Männchen das Paket abgesetzt, spreizt es den Schwanz seitlich ab, führt das Weibchen, das immer noch das Kinn auf seinem Hinterteil hat, um eine Körperlänge nach vorne und wartet dann, bis seine Partnerin die Spermatophore mit der eigenen Geschlechtsöffnung aufgenommen hat. Danach gehen beide auseinander und sehen sich nie wieder.

Wie fast alle Amphibien legen auch die Cherokee-Bachsalamander Eier ab. Weil sie jedoch keine aquatische Lebensphase haben, also nicht den ersten Teil ihres Lebens als kaulquappenartige Jungtiere im Wasser verbringen, legen sie ihre Eier an Land ab. Das tun sie stets im

Frühling, was bedeutet, dass die Weibchen im Fall einer Herbstpaarung das vom Männchen empfangene Samenpaket über mehrere Monate hinweg im Körper behalten. Als Nest für ihr Gelege, das in der Regel ungefähr ein Dutzend Eier umfasst, suchen sie sich eine Stelle im Moos, bei der sie auch nach der Eiablage noch bleiben, bis sechs bis neun Wochen später die jungen Bachsalamander schlüpfen.

4. Treue Seelen

Diomedea exulans:
Die lebenslange Fernbeziehung der Wanderalbatrosse

Es ist November auf Bird Island. Der Frühling hat den Schnee von dem robusten Büschelgras geschmolzen, das die Hänge der kleinen Insel an der Westspitze Südgeorgiens bedeckt, und eine Vielzahl von Wanderalbatrossen tummelt sich wieder auf dem windumtosten grünen Fleck inmitten des Südatlantiks, der 1500 Kilometer östlich von Feuerland liegt. Neben den großen Küken, die hier und da wie flaumbedeckte Bowlingkegel aus dem Gras ragen, und den paar Elternvögeln, die gerade da sind, um die Küken zu füttern, sind vor allem männliche Albatrosse auf der Insel versammelt. Sie treffen zu jeder südlichen Sommersaison etwas früher als die weiblichen Albatrosse auf Bird Island ein, um dann sehnlichst auf deren Ankunft zu warten.

Auch Charlie ist unter den Wartenden. Er ist im März 2000 auf der Insel geschlüpft und wurde von den Mitgliedern der kleinen biologischen Station, die Großbritannien dort betreibt, auf seinen Namen getauft. Inzwischen ist er zehn Jahre alt und steht kurz vor seiner ersten Paarung.

Wie alle Albatrosse der Spezies *Diomedea exulans*, die außer auf Südgeorgien auch auf einigen anderen subantarktischen Inselgruppen wie Crozet und Kerguelen brüten, hat Charlie die ersten Jahre nach dem Flüggewerden komplett auf hoher See verbracht. Als er Bird Island im südlichen Sommer 2000/2001 verließ, um fortan einsam übers Meer zu segeln und nach Tintenfischen zu jagen, war sein gesamtes Gefieder schokobraun. Als er fünf Jahre später zum ersten

Mal wieder an seinen Geburtsort zurückkehrte, war es am Körper weiß und an den Flügeln schwarz. Jetzt ist es nur noch an den Spitzen der langen schmalen Flügel schwarz – die mit Spannweiten von teilweise über 3,50 Metern die Wanderalbatrosse zu den Vögeln mit der größten Spannweite überhaupt machen – und Charlie hat bereits vier aufregende Sommer auf Bird Island hinter sich.

Aufregend waren die Sommer für Charlie vor allem deshalb, weil er in ihrem Verlauf Rosa kennengelernt hat. Rosa hat einen kräftigen rosa Schnabel und riesige rosa Watschelfüße, wie alle Wanderalbatrosse, aber für Charlie ist sie trotzdem etwas ganz Besonderes. Während seines ersten Sommers auf Bird Island hat er noch versucht, mit so vielen Weibchen zu tanzen wie möglich, doch bald schon gemerkt, dass es bei ihm und Rosa besonders gut damit klappt. Deswegen hat er bereits im nächsten Sommer seine Futterausflüge auf ein Minimum reduziert, damit sie mit möglichst wenig anderen Männchen tanzt, in dem darauf sein erstes Nest gebaut und den ganzen letzten Sommer schon praktisch nur noch damit verbracht, vor der großen runden Schale aus Erde und Gras mit ihr zu tanzen. Jetzt ist er bereit, den nächsten Schritt zu tun. Doch dazu muss Rosa erst das machen, was auch in Zukunft das Wichtigste für eine erfolgreiche gemeinsame Existenz sein wird: von den Weiten des Ozeans nach Bird Island zurückkehren.

Nach und nach treffen auch immer mehr Albatrosweibchen auf der Insel ein. Die älteren Weibchen, die ihren Partner bereits kennen, fliegen direkt zu dem Nest, an dem er wartet, oder watscheln die Hänge hinauf und halten Ausschau nach ihm. Doch die jüngeren Weibchen suchen nach ihrer Landung kleine, mit kürzerem Gras bewachsene Ebenen zwischen den Hängen auf, wo sich größere Gruppen unerfahrener Männchen versammelt haben, und lassen sich dort von diesen die Aufwartung machen. Hier, bei den Grünschnäbeln, steht auch Charlie noch, behält aber die ganze Zeit über den Nistplatz im Auge, den er auch in diesem Jahr wieder erfolgreich verteidigt hat. Wenn alles gut geht, ist es das letzte Mal, dass er sich unter diese schwarzflügligen Anfänger mischen muss. Kaum jeder zweite von ihnen besitzt ja überhaupt schon wie er ein eigenes Nest und einige sind tatsächlich noch so schüchtern, dass sie das Tanzen lieber vorerst mit sich selber üben.

Zunächst trudeln noch ein paar Debütantinnen ein. Doch dann macht auch endlich Rosa ihre nicht gerade überelegante Landung. Sofort fordert sie eines der Männchen zum Tanz auf und einen Moment lang sieht es so aus, als wollte sie auf das Angebot eingehen. Aber dann kommt sie mit geducktem, von einer Seite zur anderen schwingendem Kopf auf Charlie zugewatschelt und die seit vier Jahren erprobte Verlobungszeremonie der beiden Vögel, aus der Charlie jetzt endlich eine Hochzeitszeremonie machen will, kann beginnen.

Beide Albatrosse senken gleichzeitig den Kopf, heben ihn dann in die Höhe, berühren sich kurz gegenseitig an den Schnäbeln, schnappen nach dem Gefieder des anderen, neigen den Kopf zur einen Seite, dann zur anderen, nur um ihn gleich darauf wieder zu schütteln, als seien sie mit dem letzten Element ihres Tanzes nicht recht einverstanden. Sie klappern mit den Schnäbeln, machen einen Diener, wölben dann ihre Flügel nach vorne, strecken gleichzeitig den Hals senkrecht gen Himmel und geben einen quietschenden Ruf von sich. Danach stecken sie kurz den Schnabel unter einen ihrer Flügel und beginnen die ganze Chose von vorn. Schafft Charlie es, Rosa nach ihrem Begrüßungstanz zu seinem Nest zu führen, und tanzt sie dort mit ihm weiter, stehen die Chancen gut, dass sich ein neues Paar auf Bird Island gebildet hat. Und dieses wird – wie alle auf der Insel brütenden Albatrospaare – für sein gesamtes Leben zusammenbleiben.

Zusammen heißt bei Albatrossen allerdings vor allem auseinander. Der Hauptgrund, warum die großen Seevögel sich über Jahre hinweg mit ihren Tänzen gegenseitig auf ihre Kompatibilität prüfen, besteht darin, dass sie sich bei der Nahrungssuche für ihren Nachwuchs absolut aufeinander verlassen können müssen. Denn diese erstreckt sich über Tausende von Kilometern.

Kommt es zwischen Charlie und Rosa tatsächlich zur Paarung, legt Rosa im Dezember ein Ei, das die beiden abwechselnd bebrüten und aus dem dann im März des folgenden Jahres ein Küken schlüpft. Solange das Küken noch klein ist und nicht alleine gelassen werden kann, gehen die beiden abwechselnd auf Futtersuche, wobei sie meist nicht mehr als ein paar Hundert Kilometer aufs Meer hinausfliegen und höchstens ein, zwei Tage lang unterwegs sind. Ist das Küken jedoch größer, lassen die Eltern es unbewacht und gehen gleichzeitig auf die Suche nach Nahrung. Dann bleiben sie der Insel bis zu zwei Wochen am Stück fern und legen auf ihren Futterausflügen Gesamtstrecken von jeweils bis zu 15 000 Kilometern zurück. Bis das Küken, das mit 15 Kilo zeitweise deutlich mehr wiegt als jeder der Elternvögel, in der Lage ist, die Insel zu verlassen und selbst auf Nahrungssuche zu gehen, müssen Charlie und Rosa insgesamt 80 Kilo Tintenfisch von den Weiten des Meeres nach Südgeorgien eingeflogen haben.

Zehn Monate dauert die Aufzucht des Jungen und ist offenbar so kräftezehrend, dass die Albatrosse danach nicht sofort weiterbrüten können. Während manche anderen Vögel in einem einzigen Sommer gleich mehrere Gelege hintereinander ausbrüten, dehnt sich der Brutzyklus der Wanderalbatrosse über eine Länge von zwei Jahren aus, was bedeutet, dass bei ihnen die Weibchen nur jedes zweite Jahr ein Ei legen. Kaum ist das Junge flügge geworden, verlassen auch Charlie und Rosa wieder die Insel und kehren erst im folgenden Frühling nach Bird Island zurück. Dann führen sie wieder ihren Tanz auf und brüten zusammen ein Ei aus, doch bis dahin segelt jeder für sich allein über das unendliche Blau der südlichen Ozeane. Die beiden Wanderalbatrosse werden bis zu 60 Jahre alt und stirbt nicht vorher einer von ihnen, bleiben sie sich auch über all diese Jahre treu. Doch die meiste Zeit davon verbringen sie viele Tausend Kilometer voneinander entfernt.

Haplophryne mollis:
Die unauflösliche Verbindung der Anglerfische

Albatrosse umrunden auf der Futtersuche zum Teil den ganzen Erdball und bleiben doch immer über ein unsichtbares, viele Tausend Kilometer langes Band mit ihrem Partner verbunden. Mithilfe eines siebten Sinns, der nicht wie bei Zugvögeln über das Magnetfeld der Erde funktioniert und bisher wissenschaftlich unerklärt bleibt, finden sie immer wieder zu der Insel zurück, auf der sie geboren wurden und auf der sie sich nun regelmäßig mit ihrem Partner zur Fortpflanzung treffen. Doch auch 1 000 Meter unter ihnen, in den dunklen Tiefen des Ozeans, existiert ein Lebensraum, in dem sich Tiere fortpflanzen müssen und der in seiner Ausdehnung und seinem Mangel an optischen Orientierungshilfen den Luftraum der südlichen Ozeane sogar noch übertrifft. Auch hier gibt es Geschöpfe, die auf eine Weise in den dunklen Weiten zueinanderfinden, die uns an Straßenbeleuchtung und Autobahnschilder gewöhnten Menschen beinah wie Magie erscheint. Doch mögen diese unsichtbaren Bande auch zum Zueinanderfinden reichen, so fest und unzerreißbar wie die der Albatrosse sind sie offenbar nicht. Denn haben sie die Liebenden erst einmal zusammengeführt, gehen diese die engste Beziehung ein, die es im Tierreich überhaupt gibt.

Als im Jahre 1922 der isländische Biologe Bjarni Saemundsson den ersten weiblichen Tiefsee-Anglerfisch wissenschaftlich beschrieb, an dessen Bauch zwei kleinere Anglerfische hingen, dachte er, es handele sich um die Jungen des Weibchens. Wie es zu dieser Verbindung kam, bei der die kleineren Fische praktisch mit dem Körper des größeren verwachsen waren, konnte sich der Wissenschaftler jedoch nicht erklären. »Ich kann mir nicht im Geringsten vorstellen, wie oder wann die Larven oder Jungen, sich an den Körper der Mutter geheftet haben sollen«, schrieb er in seiner damaligen Veröffentlichung: »Kann es sein, dass der Vater die Eier am Weibchen befestigt? Ich glaube es nicht. Das bleibt ein Rätsel, das künftige Forscher lösen müssen.«

Saemundsson ging davon aus, dass wie bei den meisten Meeresfischen die Jungen der Tiefseeangler als freischwimmende Larven aufwachsen, die ihre Eltern nie mehr wiedersehen, und hatte zumindest mit dieser Vermutung recht. Nachdem sie aus den Eiern geschlüpft sind, die die Weibchen der Tiefseeangler ins Wasser abgeben und die Männchen im gleichen Moment befruchten, treiben die Jungen mit Milliarden anderen Kleinsttieren zusammen als Zooplankton durchs Meer. Je nachdem, welches Geschlecht sie haben, geht ihre Entwicklung allerdings schon bald höchst unterschiedliche Wege. Denn bei den Tiefseeanglern herrscht ein ausgeprägter sexueller Dimorphismus: Männchen und Weibchen sehen so unterschiedlich aus, dass kaum ein Laie auf die Idee kommen würde, sie für dieselben Fische zu halten – und selbst viele Forscher ordneten sie lange Zeit wie selbstverständlich verschiedenen Arten zu.

Bei der Spezies *Haplophryne mollis* etwa, dem bisher vor allem in den Gewässern der Tropen und Subtropen gefangenen »weichen« Teufelsangler, würde man nur das Weibchen auf Anhieb als solchen bezeichnen. Es wird bis zu 20 Zentimeter groß und hat zwar statt des mit einem leuchtenden Köder versehenen Fortsatzes, von dem die Tiefseeangler ihren Namen haben, nur einen leuchtenden Knubbel auf der Stirn. Doch damit lockt es ebenso erfolgreich seine Beute an wie seine Artverwandten, saugt diese in das gleiche bulldoggenartige Klappmaul ein und hat auch den gleichen rundlichen Schwabbelkörper, die gleiche durchscheinende Haut und die gleichen verkümmerten Flossen wie die meisten seiner angelnd durch die Dunkelheit schwebenden Cousinen.

Die Männchen hingegen sind kaum mehr als ein bis zwei Zentimeter groß und wirken eher wie durchsichtige Kaulquappen als wie Fische. Auf eine Verwandtschaft mit den Weibchen lassen vielleicht noch der bullige Kopf, die großen Glupschaugen und das grimmig nach unten gezogene Breitmaul schließen. Aber dass nicht nur Größe und Aussehen, sondern auch Lebensweise und Jagdverhalten bei dem kleinen Männchen ganz anders sind als bei dem großen Weibchen, glaubt man schon daran zu erkennen, dass es statt des hübschen Leuchtorgans, mit dessen Hilfe das Weibchen so geschickt seine Beute anlockt, zwei übergroße Nasenlöcher vorne am Kopf hat, mit denen es sich in der Dunkelheit offenbar zu seiner Beute durchschnüffelt. Eigentlich, denkt man automatisch, eine ziemlich unwürdige Jagdmethode für einen Anglerfisch.

Doch die großen Nasenlöcher sind nicht zum Jagen da und für den Fortbestand der Teufelsangler mindestens genauso wichtig – wenn nicht sogar wichtiger – wie der faszinierende Leuchtköder, der diese Fische in unserer Vorstellung gewissermaßen zu *den* Tiefseefischen überhaupt macht. Mit den Nasenlöchern schnüffelt sich das Männchen nicht zu seiner Beute, sondern zu den Weibchen durch, die ihre Anwesenheit in der Dunkelheit vermutlich durch (uns schon aus dem Kapitel »Liebesdüfte« bekannte) Pheromone signalisieren. Der Geruchsinn ist für den männlichen Tiefseeangler von gleicher Bedeutung wie für den Albatros sein mysteriöser Orientierungssinn, der ihn nach fünf Jahren Jugend auf hoher See zurück zu seiner Geburtsinsel und so zu seinem Lebenspartner führt. Im Gegensatz zum Albatros hält allerdings der Tiefseeangler nichts davon, sich jemals wieder von der Liebe seines Lebens zu trennen.

Hat das Männchen ein Weibchen gefunden, verbeißt es sich in dessen großen, schwabbeligen Leib und einer der erstaunlichsten Paarungsprozesse des Tierreichs beginnt. Nachdem ein Kollege des isländischen Forschers, der 1922 zum ersten Mal miteinander verbundene Anglerfische beschrieb, ein paar Jahre später die Wahrheit über die an dem Weibchen hängenden kleineren Fische erkannte, musste eine ganze taxonomische Familie von Anglerfischen, die man wegen ihrer geringen Größe und ihres fehlenden Leuchtköders bisher als eigene Gruppe betrachtet hatte, von heute auf morgen aufgelöst werden. Plötzlich konnten alle diese kleinen männlichen Anglerfische großen weiblichen Anglerfischen zugeordnet werden. Denn bei den kleinen Fischen, die dem Weibchen am Bauch hingen wie Ferkel an einer Sau, handelte es sich nicht um Jungfische oder Larven, sondern um ausgewachsene Männchen, die mit dem Weibchen einen unauflöslichen Lebensbund eingegangen waren.

Nachdem sich das Tiefseeanglermännchen in den Körper des Weibchens verbissen hat, sorgen bestimmte Enzyme in der Haut der beiden Fische dafür, dass ihr Gewebe miteinander zu verschmelzen beginnt. Das zwergenhafte Männchen wächst förmlich an das Weibchen an und ist bald schon an Ober- und Unterkiefer fest mit ihm verbunden. Dann passiert jedoch etwas noch Erstaunlicheres: Auch der Blutkreislauf des männlichen Fischs verbindet sich nach und nach mit dem des Weibchens, bis dieses das Männchen schließlich komplett miternährt. Das Männchen ist zu einer Art Parasit geworden, den das Weibchen mit sich durchs Leben schleppt. Die Wissenschaft hat den wenig schmeichelhaften Namen parasitäre Zwergmännchen für die sich auf diese Weise für immer mit den Weibchen vermählenden männlichen Anglerfische gefunden.

Ironischerweise wird das Männchen erst jetzt, da es sich in diese zweifelhafte Position der absoluten Abhängigkeit begeben hat, wirklich zum Mann. Während sich seine Augen, seine Nasenlöcher und wohl auch viele seiner inneren Organe allmählich zurückbilden, schwillt sein Unterleib immer mehr an. Es bildet riesige Hoden aus, die bald so groß sind wie es selbst und deren Entwicklung mit der Ausbildung von Eierstöcken beim Weibchen einhergeht. Bald kommt es zum ersten gemeinsamen Ausstoß von Keimzellen, den das Weibchen durch die Abgabe von Hormonen in den von beiden Partnern geteilten Blutkreislauf herbeiführt. Wenn es Geschöpfe gibt, die garantiert immer einen gemeinsamen Orgasmus haben, dann sind es Tiefsee-Anglerfische.

Und auch um die Treue müssen sich so innig verbundene Partner keine Sorgen machen, könnte man meinen. Doch schon bei der ersten Tiefseeangler-Ehe, die fälschlich als Mutter-Kind-Beziehung beschrieben wurde, handelte es sich ja um eine Ménage à trois. Auch am weichen Leib von *Haplophryne mollis*-Weibchen hängen oft gleich mehrere Männchen, wenn man sie aus ihrem dunklen Lebensraum ans Licht holt. Bei einer anderen, etwas größeren Anglerfischart wurden an einem Weibchen sogar schon insgesamt acht gleichzeitig an ihr hängende männliche Fische gezählt. Da die Männchen mit plattgedrücktem Gesicht am Bauch des Weibchens kleben, glaubt dieses vielleicht, dass sie von ihren Nebenbuhlern schon nichts mitbekommen. Andererseits: Aus Eifersucht verlassen können sie es ja eh schlecht.

Microtus ochrogaster:
Die auf gutem Sex basierende Treue der Präriewühlmäuse

Albatrosse binden sich ein Leben lang aneinander, weil sie aufgrund ihrer Lebensbedingungen einen besonders zuverlässigen Partner brauchen, um erfolgreich ihren Nachwuchs großziehen zu können. Anglerfische lassen sich an ihren Partner anwachsen, weil die Chance, in den lichtlosen Weiten der Tiefsee noch mal einen zu finden, offenbar stark gegen Null geht. Doch zu lebenslanger Treue kann es im Tierreich auch aus anderen Gründen als strenger, äußerer Notwendigkeit kommen. Bei den Präriewühlmäusen zum Beispiel bleiben Männchen und Weibchen ein Leben lang zusammen, weil sie gleich in der ersten Nacht so viel Spaß im Bett miteinander haben, dass sie nie wieder jemand anderen wollen.

Präriewühlmäuse sind kleine, ausschließlich in Nordamerika vorkommende Feldmäuse, die vor allem in den Getreidefeldern und grasigen Steppen des Mittleren Westens stark verbreitet sind. Mit wissenschaftlichem Namen heißen sie *Microtus ochrogaster*, was zum einen (*Microtus*) auf ihre für Feldmäuse typischen kleinen Ohren hindeutet, zu denen sich ein ebenfalls für diese Mäusegattung typischer, eher kurzer Schwanz gesellt, und zum anderen (*ochrogaster*) auf die gelbliche Bauchfärbung ihres ansonsten graubraunen Fells. Präriewühlmäuse bauen sich weitverzweigte unterirdische Gänge mit zahlreichen Aus- beziehungsweise Eingängen, in die sie bei Bedarf vor einem Kojoten oder einem Habicht flüchten können. Aber auch über der Erde legen sie eigene Gänge im Steppengras oder Getreide an, ebenso wie durch die Schneedecke führende Tunnel im Winter, den sie nicht nur damit verbringen, in träger Winterstarre in ihrem unterirdischen Nest zu liegen, sondern den sie in der Regel wie den Sommer zur Nahrungssuche nutzen. Wenn sie sich nicht am Reichtum der amerikanischen Kornkammer bedienen, ernähren sie sich von natürlich vorkommenden Gräsern, Kräutern, Pflanzensamen und Früchten, knabbern aber auch Wurzeln und Baumrinden an und erbeuten gelegentlich sogar kleine Insekten. Sie leben mal in kleineren, mal in größeren Kolonien, innerhalb dieser jedoch in festen Familienverbänden und darin wiederum in so vorbildlichen ehelichen Verhältnissen, dass sie in der Wissenschaft schon seit Langem als Musterspezies für die Erforschung der Monogamie gelten.

Mäuse, ja Nager generell, sind normalerweise nicht gerade für ihre eheliche Treue bekannt. Schon bei den nächsten Verwandten der Präriewühlmäuse, den amerikanischen Wiesenwühlmäusen und den Rocky-Mountain-Wühlmäusen, geht es dermaßen drunter und drüber, dass jeder Biologieprofessor, der seinen Studenten die genetischen Abstammungsverhältnisse in einer ihrer Kolonien darlegen wollte, eine Tafel von der Größe eines Footballfeldes bräuchte. Die Präriemäuse hingegen leben nicht nur in festen Zweierbeziehungen und teilen sich sämtliche elterlichen Pflichten wie Nestbau, Nahrungsbeschaffung und Jungenaufzucht streng partnerschaftlich. Sie suchen auch ständig die Nähe des anderen, kuscheln sich an ihn, lecken ihm das Fell und zeigen alles in allem einander dermaßen penetrant und unaufhörlich ihre Zuneigung, dass man jedem, für den auch nach Jahren der Ehe noch wie frisch verliebt wirkende Paare irgendwie etwas Unheimliches an sich haben, nur raten kann, sich nie Präriewühlmäuse zum Abendessen einzuladen.

Allerdings würden diese die Einladung sowieso nicht annehmen, weil beim ständigen Schmusen ihre grenzenlose Liebe zueinander noch längst nicht aufhört. Ihre ausschließliche Fixierung auf den eigenen Partner geht so weit, dass sie auf andere geschlechtsreife Mäuse in der Regel äußerst aggressiv reagieren. Lebten sie vorher noch friedlich mit den übrigen Mitgliedern ihrer Kolonie zusammen, setzt sich das Männchen nach der Eheschließung nicht nur auf die Hinterbeine und klappert feindselig mit den Zähnen, wenn ihm ein anderes Männchen über den Weg läuft – was ja irgendwie noch nachvollziehbar erscheint –, sondern auch dann, wenn es auf seinen Wanderungen durch Gras- oder Getreidehalme auf ein fremdes Weibchen trifft. Die Mäusefrau macht es bei fremden Männchen genauso. Jeder Farmer, der in Kansas oder Ohio Gift in die Mäuselöcher auf seinen Feldern streut und dann in die Kirche geht, um sich eine Predigt über den Verfall der heiligen Institution der Ehe anzuhören, sollte sich klarmachen, dass er den strengsten Verfechtern dieser Institution, die es wahrscheinlich im ganzen Land gibt, gerade mit seinen vergifteten Ködern den Garaus macht.

Doch wie kommt es, dass die Mäuse, die vor der Ehe noch vollkommen normalen Umgang mit ihren Artgenossen pflegen, danach so ungesellig werden und keinen Erwachsenen außer ihrem eigenen Partner mehr in ihrer Nähe ertragen können? Und warum werden bei ihnen alle Ehepaare in so trauter gegenseitiger Zugetanheit alt wie Philemon und Baucis (die laut griechischer Sage einander auch im Greisenalter noch so sehr liebten, dass sie die Götter baten, gleichzeitig sterben zu dürfen), während die meisten anderen amerikanischen Feldmäuse ihre Partner öfter wechseln als die Stars aus Hollywood? Sind auch sie heimliche Kirchgänger, wie die Farmer, die sie als Ernteschädlinge bekämpfen, und lauschen unter abgesessenen Holzbänken und zwischen abgelaufenen Sonntagsschuhen versteckt den Ermahnungen der örtlichen Prediger? Oder sind Präriewühlmäuse einfach von Natur aus langweilig?

Die Antwort lautet Sex. Paaren sich zwei Präriemäuse zum ersten Mal, dann tun sie das praktisch 24 Stunden am Stück und haben dabei einen solchen Heidenspaß, dass sie für immer aufeinander fixiert sind. Während der 15 bis 30 Kopulationen, die sie in dieser Zeit vollziehen, werden ihre kleinen Mäusehirne so mit Glückshormonen überschwemmt, dass sie danach praktisch nacheinander süchtig sind. Gleichzeitig sorgen andere Hormone dafür, dass sie von anderen Mäusen nichts mehr wissen wollen.

Wie die beiden amerikanischen Verhaltensbiologen Sue Carter und Lowell Getz Mitte der Neunzigerjahre herausfanden, spielt bei der hormonell herbeigeführten Fixierung der Präriemäuse auf ihren Partner vor allem ein Hormon namens Oxytozin eine Rolle. In der Medizin wurde damals synthetisiertes Oxytozin, dessen Name aus dem Griechischen stammt und so viel wie »schnelle Geburt« bedeutet, schon seit Längerem zur künstlichen Verstärkung der Wehen bei Schwangeren und zur Anregung der Milchproduktion bei Stillenden verwendet. Doch inzwischen hatte man erkannt, dass das Hormon nicht nur auf Organe wie Gebärmutter und Milchdrüsen einwirkt, sondern auch als sogenannter Neuromodulator auf bestimmte Rezeptoren im Gehirn und dadurch die dort (und nicht im Herzen) entstehenden Emotionen und Gefühlszustände beeinflusst. Untersuchungen an Schafen und Ziegen hatten ergeben, dass bei diesen Oxytozin die Bindung verstärkt, die zwischen Muttertieren und ihren Jungen aufgebaut wird, und jetzt stellten Carter und Getz bei ihren Untersuchungen an Präriewühlmäusen fest, dass es in der Beziehung zwischen Männchen und Weibchen ebenfalls als eine Art neurohormoneller Kitt funktionieren kann.

Oxytozin wird im Hypothalamus gebildet, einem entwicklungsgeschichtlich gesehen sehr alten Teil des Hirns, der unter anderem für die Steuerung des Sexualverhaltens verantwortlich ist, und dockt bei seiner Ausschüttung an spezielle Rezeptoren im sogenannten limbischen System an, das eine wichtige Rolle bei der Entstehung und Verarbeitung von Gefühlen spielt. Blockierten die Forscher die Oxytozin-Rezeptoren im Gehirn der Präriewühlmäuse, legten diese plötzlich ein ähnlich wahlloses Sexualverhalten an den Tag wie Wiesen- oder Rocky-Mountain-Wühlmäuse. Sie banden sich nicht mehr fest an einen bestimmten Partner, sondern bändelten fröhlich mal mit dem einen, mal mit dem anderen an. Zur Überraschung der Wissenschaftler war für die Frage, ob eine Mäusespezies es eher locker mit der Treue hielt oder nicht, jedoch gar nicht entscheidend, wie groß die Menge an Oxytozin war, die beim Sex oder bei anderen Körperkontakten im Gehirn dieser Spezies ausgeschüttet wurde. Vielmehr kam es darauf an, wie die Oxytozin-Rezeptoren im Gehirn der Mäuse genau angeordnet waren. Bei Präriewühlmäusen und Kiefernwühlmäusen waren sie so verteilt, dass die Mäuse eine brave Ehe führten; bei Wiesenwühlmäusen und Rocky-Mountain-Wühlmäusen so, dass sie gar nicht daran dachten.

Heute weiß man: Oxytozin funktioniert wie eine Art Wohlfühl- oder Kuscheldroge, die im Kopf die gleichen Belohnungszentren anspricht wie Ecstasy oder das darin enthaltene Amphetamin MDMA und so die Mäuse mehr oder weniger nach gegenseitigem Kontakt süchtig macht. Brandon Aragona, von der Florida State University in

Tallahassee, konnte zeigen, dass neben Oxytozin auch das bekanntere Glückshormon Dopamin für die über Sex und Kuscheln hergestellte Bindung der Präriemäuse wichtig ist. Ähnlich wie Carter und Getz gelang es ihm, durch Blockierung der Dopamin-Rezeptoren im Hirn der Mäuse deren Paarungsverhalten grundlegend zu verändern und aus treuen Mäusemännern hoffnungslose Hallodris zu machen. Doch nicht nur das: Im Gegenexperiment schaffte er es sogar, durch künstliche Aktivierung jener Rezeptoren, die auch in der ersten Liebesnacht der Mäuse aktiviert werden, Mäusemännchen dazu zu bringen, sich unsterblich in Mäuseweibchen zu verlieben, mit denen noch gar nichts gelaufen war. Denken Präriewühlmäuse an Amors Pfeil, dann denken sie an die Injektionsnadel eines Neurobiologen.

Aber nicht nur für die Zuneigung zueinander, sondern auch für die Abneigung gegen andere ist bei den Präriemäusen ein neuronal wirksames Hormon zuständig. Wie sich bereits bei den Versuchen von Sue Carter und Lowell Getz zeigte, sorgt das dem Oxytozin im molekularen Aufbau sehr ähnliche Vasopressin für diese wunderliche Verhaltensänderung. Es wird ebenfalls während des Sexmarathons ausgeschüttet, mit dem die Mäuse ihre lebenslange Ehe besiegeln, und lässt sich genauso zur gottgleichen Manipulation der Mäuseseele verwenden wie das Kuschelhormon. Blockiert man die für das Neurohormon zuständigen Hirnrezeptoren der Mäuse vor ihrer ersten Paarung, werden sie danach beim Anblick anderer potenzieller Geschlechtspartner nicht aggressiv, sondern zeigen sich genauso verträglich wie vor der Dauerkopulation. Streicht man letztere hingegen von ihrem Versuchsplan und verabreicht ihnen stattdessen das Aggressionshormon künstlich per Kanüle, verhalten sich selbst Mäuse, die gar keinen Partner haben, gegenüber anderen Mäusen so feindselig, als seien sie längst vergeben.

Während andere Monogamie- und Mäuseforscher ihren Eifer hauptsächlich daran zu setzen scheinen, ihre Versuchsobjekte vom Pfad der Tugend abzubringen, gelang mithilfe des Vasopressins einem Forscherteam aus Georgia jüngst auch die viel ehrenvoller erscheinende Aufgabe, als eingefleischte Sünder bekannte Mäuse auf diesen Pfad zurückzuführen. Indem es Mäusemännern aus der Spezies der

Wiesenwühlmäuse ein Gen einpflanzte, das für die vermehrte Aktivität von deren Vasopressin-Rezeptoren sorgte, schaffte es das Team um Miranda Lim von der Emory-Universität nahe Atlanta, aus den als chronische Schwerenöter bekannten Nagern brave Ehemänner zu machen, denen das Fremdgehen genauso fremd war wie männlichen Präriewühlmäusen.

Ein wirklich hundertprozentiges Mittel gegen das Fremdgehen scheinen aber selbst die Neurohormone nicht zu sein. Es wurden schon Präriemausfamilien gefunden, bei denen nicht alle Jungen vom selben Vater waren (bei manchen – so etwas ist bei Mäusen möglich – waren nicht mal alle Jungen *ein und desselben Wurfes* vom selben Vater). Ebenso lassen sich trotz der Feindseligkeit, die sie nach der ersten Nacht mit ihrer Zukünftigen im Allgemeinen gegenüber Artgenossen beiderlei Geschlechts zeigen, auch männliche Präriemäuse manchmal zu kleinen Seitensprüngen hinreißen.

Doch im Vergleich mit anderen Mäusen – und Nagern generell – ist die Treue der Präriewühlmäuse wirklich mustergültig und wie wir gesehen haben, gibt es für die in der Überschrift getroffene Behauptung, sie basiere auf gutem Sex, reichlich triftige Gründe. Wie immer in der Natur stehen hinter diesen natürlich wieder schnöde äußere Zwänge, da unterscheiden sich die Präriewühlmäuse keinen Deut von den anderen in diesem Kapitel behandelten treuen Seelen. Wie der Biopsychologe Brandon Aragona zu erklären weiß, der die Relevanz des Glückshormons Dopamin für den Bindungsprozess der Nager untersucht hat, gehen diese letztlich nur ihren durch orgiastischen Sex herbeigeführten Treuebund ein, weil sie zu zweit ihren Nachwuchs besser vor Fressfeinden wie Schlangen und Vögeln schützen können. Aber das ist ja gerade das Schöne an der Evolution, dass sie manchmal das Nützliche mit dem Angenehmen verbindet.

5. Schlimme Finger

Struthio camelus:
Der untreue Harem des Vogel Strauß

Auch wenn es gerne von ihnen behauptet wird, Strauße stecken nicht den Kopf in den Sand, wenn ihnen Gefahr droht. Es sind auch keineswegs so ängstliche Vögel, wie dieser Mythos suggeriert. Im Gegenteil, mit ihren kräftigen Beinen, an deren Ende sie zehn Zentimeter lange Krallen tragen, gehen sie manchmal sogar gegen Löwen an, die sie bei solchen Begegnungen auch tatsächlich schon getötet haben. Der Mythos vom Kopf-in-den-Sand-Stecken ist wahrscheinlich dadurch entstanden, dass die Strauße manchmal ihren langen Hals flach auf den Boden legen, wenn ein Feind in der Nähe ist, um von diesem nicht so leicht entdeckt zu werden. Auch damit beweisen die Vögel in den meisten Fällen jedoch eher ihren Mut als ihre Ängstlichkeit. In der Regel greifen sie nämlich auf dieses Verhalten zurück, wenn sie auf einem ihrer großen Gelege von rund zwei Dutzend Straußeneiern sitzen und dieses nicht sich selbst überlassen wollen. Kommt der Feind trotzdem näher, täuschen die Vögel sogar manchmal einen gebrochenen Flügel vor, um so als vermeintlich leichtes Opfer zum Beispiel eine hungrige Hyäne von ihrem Gelege wegzulocken. Und das obwohl – egal ob es sich dabei um ein Männchen oder ein Weibchen handelt – keineswegs alle Eier in dem Gelege auch wirklich die des mutigen Straußes selbst sind.

Die Bezeichnung Strauß geht auf das altgriechische Wort *strouthion* zurück, was so viel wie »großer Spatz« bedeutet, und sein wissenschaftlicher Name, *Struthio camelus*, leitet sich aus der Gewohnheit der Griechen ab, ihn »Kamelspatz« zu nennen. Wenn man einen Spatz und einen Strauß nebeneinanderstellt und nicht gerade Grieche ist, kommt man allerdings noch nicht mal selbstverständlich darauf, dass sie beide derselben Tierklasse angehören (nämlich der der Vögel). Schließlich ist der eine gerade mal groß genug, um über einen Eisbecher gucken zu können, und wiegt nicht mal annähernd so viel wie dessen Inhalt, während der andere mehr als zweieinhalb Meter in die Höhe ragt und bis zu drei Zentner schwer werden kann. Tatsächlich besteht nicht nur in germanischen Sprachen wie Deutsch, Niederländisch und Schwedisch die auffällige Neigung, den Strauß durch die Beistellung des Wortes Vogel zusätzlich als solchen zu kennzeichnen, sondern auch die lateinische Wurzel aller romanischen Bezeichnungen für den Strauß, *avis struthio*, weist diese sprachliche Vergewisserung bereits auf. Doch dass der Strauß tatsächlich ein Vogel ist und einmal aus so etwas Ähnlichem wie einem Spatz hervorgegangen sein kann, lässt sich leicht nachvollziehen, wenn man sich vor Augen hält, dass er früh in seiner Entwicklung eine wichtige Fähigkeit vieler Vögel abgelegt hat: das Fliegen.

Früher dachte man, die Laufvögel, zu denen die Strauße gehören, könnten eine besonders primitive Vogelform darstellen, von der alle flugfähigen Vögel abstammen. Heute geht man jedoch davon aus, dass die Laufvögel von kleineren, flugfähigen Vögeln abstammen, die vor mehreren 100 Millionen Jahren nach Afrika übersiedelten, als dieses noch Teil des urzeitlichen Riesenkontinents Gondwana war, und erst hier ihre Flugfähigkeit einbüßten und ihre enorme Größe entwickelten. Kann ein Vogel nicht mehr fliegen, muss er andere Merkmale ausbilden, die ihn gegen am Boden lauernde Raubtiere schützen. Die Strauße ließen sich lange, kräftige Beine wachsen, mit denen sie Laufgeschwindigkeiten von bis zu 70 Kilometer pro Stunde erreichen, und einen nicht minder langen Hals, mit dessen Hilfe sie gut ihre Umgebung im Auge behalten können. Da sie ihren Körper nicht mehr in der Luft halten mussten, was enorm viel Energie erfordert, konnten sie die Kalorien aus ihrer Nahrung dazu benutzen, immer größer zu werden, was ihre Geschwindigkeit und ihren Überblick noch weiter verbesserte. Auf ihr Gewicht mussten sie nun ebenfalls nicht mehr achten und so sind sie schließlich zu den größten und schwersten Vögeln angewachsen, die es überhaupt gibt. Nicht nur was ihr Gewicht, ihre langen Beine und ihren langen Hals angeht, ähneln sie eher manchen Huftieren als Vögeln, sondern auch in ihrer Lebensweise. Strauße, die man in Kenia untersucht hat, ernähren sich zum Beispiel hauptsächlich von Pflanzensprösslingen, Blättern und Gras, genau wie die dort lebenden Gazellen. Dabei sammeln sie die Nahrung in ihrem Kropf zu einer großen Kugel, die dann beim Schlucken gut sichtbar ihren langen Hals hinunterwandert, und nehmen bewusst Sand und kleine Steine darin auf, was ihnen hilft, die festeren Teile ihrer Nahrung im Magen zu zermahlen.

In ihrem Lebensraum in Afrika ziehen die Strauße auch tatsächlich regelmäßig mit Zebras, Gnus und Gazellen umher, in deren wachsamer Gesellschaft sie sich offenbar sicherer fühlen als alleine. Sie leben hauptsächlich in einem nach Osten breiter werdenden Streifen zwischen der südlichen Saharawüste und dem in Zentralafrika vorherrschenden Regenwald, also überall, wo sie noch genug Pflanzen zum Fressen finden, die Vegetation aber noch nicht so üppig wird, dass sie zu sehr ihre Übersicht und ihre für die Flucht nötigen Sprints behindert. In verschiedenen, sich vorwiegend durch die Farbe ihrer Beine und ihres Halses unterscheidenden Unterarten leben sie ebenfalls am Horn von Afrika, im Grasland von Kenia und Tansania sowie in den trockenen Steppenlandschaften Südafrikas. Früher gab es die Vögel auch in Nordafrika und auf der arabischen Halbinsel. Doch dort wurden sie wegen ihrem Fleisch, ihrer Haut und ihren Federn, mit denen seit dem 18. Jahrhundert Frauen gerne ihre Hüte schmücken, ausgerottet.

Nicht nur mit Gazellen und Gnus finden sich Strauße zu grasenden Herden zusammen, sondern ebenso mit ihresgleichen; und auch zum Schlafen gesellen sich die Vögel meist zu größeren Gruppen. Im Grunde sind sie jedoch Einzelgänger, die außer zum eigenen Schutz nur zur Paarung und Jungenaufzucht feste Bindungen zu anderen Straußen eingehen.

In den Savannen südlich der Sahara und in Ostafrika fällt die Paarungszeit der Strauße mit der von Juni bis Oktober währenden Trockenzeit zusammen. Dann trennen sich die geschlechtsreifen Männchen von den Gruppen, mit denen sie vorher locker zusammenlebten, und suchen sich Territorien von zwei bis 20 Quadratkilometern Größe, in deren Mitte sie mit ihren Füßen mehrere große flache Brutmulden ausscharren. Die Männchen, die auch Hähne genannt werden und im Gegensatz zu den braunen Weibchen ein auffälliges schwarz-weißes Kleid tragen, bekommen zur Paarungszeit in sattem Rosa leuchtende Beine und Hälse und markieren ihr Territorium mit tiefen Drohrufen, die an das Brüllen eines Löwen erinnern.

Dringt ein anderer Hahn in ein solches Territorium ein, stolziert ihm der Hausherr mit aufgestellten Schwanz- und Flügelfedern entgegen, bläht seinen leuchtenden Hals auf die dreifache Dicke auf und versucht, den Rivalen mit seinen einschüchternden Rufen zu vertreiben. Nähert sich hingegen eine geschlechtsreife Straußenhenne, stolziert der Hahn zwar zunächst in genauso aggressiver Pose auf sie zu, lässt sich dann jedoch plötzlich vor ihr auf die Unterschenkel fallen, legt den Hals flach auf den Rücken, streckt die Flügel ab und beginnt, mit dem Vorderkörper rhythmisch von einer Seite zur anderen zu schwingen. Das macht er bis zu fünf Minuten lang, danach steht er wieder auf und kommt mit stampfenden Schritten auf die Henne zugelaufen. Ist diese noch nicht ganz von den Qualitäten des Hahns überzeugt, bleibt sie aufrecht stehen und bringt den Hahn so dazu, seine Darbietung zu wiederholen. Glaubt sie aber, den richtigen Vater für ihre Kinder gefunden zu haben, lässt sie sich nun ihrerseits zu Boden sinken, senkt demütig Kopf und Flügel, wie es auch manchmal Männchen tun, um einem anderen Männchen ihre Unterlegenheit anzuzeigen, und signalisiert dem Hahn so ihre Bereitschaft, sich von ihm besteigen zu lassen.

Die meisten Vögel verfügen ebenso wenig über äußerlich sichtbare Geschlechtsorgane wie über äußerlich sichtbare Ohren – vermutlich, weil sich beides eher ungünstig auf die Aerodynamik auswirkt. Beide Geschlechter besitzen in der Regel nur eine Kloake genannte Geschlechtsöffnung, die das Männchen bei der Paarung von hinten auf die des Weibchens drückt. Männliche Strauße jedoch, die sich um ihre Aerodynamik keine Sorgen mehr machen müssen, sind ebenso wie Gänseriche und Entenerpel mit einem gut entwickelten Penis ausgestattet, den sie während der Paarungszeit nach außen stülpen und manchmal im Verlauf ihrer Balzdarbietungen stolz vor- und zurückwippen lassen. Während des Besteigens führt der Hahn diesen Penis nun ungefähr eine Minute lang in die Kloake des Weibchens ein. Dabei macht er zunächst noch seine rhythmischen Seitwärtsbewegungen, geht bald jedoch dazu über, dermaßen erregt die weißen Endfedern seiner schwarzen Flügel zu schütteln, dass auch noch das dümmste Gnu kapiert, was die beiden Strauße dort treiben. Die Henne hackt derweil mit dem Schnabel vor sich in die Erde und schwenkt gleichzeitig den Kopf von einer Seite zu anderen, so dass nach dem Akt, den sie durch plötzliches Aufstehen beendet, ein Halbkreis aus kleinen Einkerbungen im trockenen Savannenboden zurückbleibt. (Sollten Sie jemals auf eine Safari gehen und auf eine dieser seltsam geometrisch wirkenden Kopulationsspuren stoßen, dann können Sie jetzt bei den anderen Mitgliedern Ihrer Reisegruppe mächtig Eindruck schinden.)

Die erste Henne, die sich mit dem Hahn paart, wird zu seiner Haupthenne. Er führt sie zu einer seiner Brutmulden, in der sie in den nächsten zwei Wochen etwa jeden zweiten Tag ein Ei ablegt. Ganz wie ein orientalischer Sultan hat allerdings auch ein Straußenhahn neben seiner Haupthenne zahlreiche Nebenhennen, mit denen er sich ebenfalls paart, und auch diese schauen in der zwei Wochen dauernden Legezeit gelegentlich vorbei, um ein Ei in dem Nest zu platzieren. So kann es passieren, dass am Ende der zwei Wochen bis zu 80 Eier von gut einem Dutzend verschiedener Müttern in der großen Nestmulde liegen.

Wer jetzt das Bedürfnis spürt, jedem Straußenmann, den er im Zoo sieht, achtungsvoll auf die Schulter zu klopfen, und glaubt, in ihm einen Stammvater geradezu altbiblischen Ausmaßes vor sich zu haben, ist jedoch auf dem Holzweg. Denn anders als im Serail eines Sultans gibt es im Territorium eines Straußen keine Eunuchen, die auf die Nebenhennen aufpassen, und so vergnügen sich diese auch munter mit den Paschas der umliegenden Harems und legen in deren Nestern ebenfalls Eier ab. Ein amerikanischer Ornithologe hat sich bei einer von ihm über die gesamte Brutzeit hinweg beobachteten Straußenpopulation mal die Mühe gemacht auszurechnen, wie sicher sich ein Hahn bei einem in seiner Nestmulde abgelegten Ei sein kann, dass er derjenige ist, der es befruchtet hat. Stammt das Ei von der Hauptfrau des Hahns (die in diesem offenbar auch nicht immer so unbedingt ihren Haupthahn sieht, wie er es gerne hätte), liegt die Wahrscheinlichkeit immerhin bei 92 Prozent. Stammt das Ei hingegen von einer der verschiedenen Nebenhennen, mit denen er zugange war, sinkt seine Chance, der Erzeuger zu sein, auf nicht einmal ein Drittel.

Doch wenn schon der Hahn ein zweifelhaftes Geschäft dabei macht, sämtliche Hennen der Umgebung ihre Eier in seinem Nest ablegen zu lassen, was für einen Grund kann dann seine Haupthenne haben, diese fragwürdige Praxis zu tolerieren? Schließlich ist ja sie es, die die nächsten sechs Wochen abwechselnd mit dem Hahn die Eier ausbrütet und in den folgenden neun Monaten – also bis zum Anfang der nächsten Paarungszeit – auch gemeinsam mit ihm auf die Küken aufpasst, die daraus schlüpfen. Fremde Eier ausbrüten und fremde Küken großziehen – machen so etwas nicht sonst nur Vögel, die dämlich genug sind, sich von einem Kuckuck hinters Licht führen zu lassen?

Die Antwort ist einfach und brutal zugleich, wie oft in der Natur. Straußeneier sind im Durchschnitt etwa 16 Zentimeter groß, haben einen Umfang von 13 Zentimetern und wiegen ungefähr eineinhalb Kilo. Jedes einzelne für sich stellt die größte Zelle dar, die es auf der Welt gibt, und ist für rund ein Dutzend Omeletts gut. Deswegen sind die Eier nicht nur beliebte Beute vieler Eingeborenenstämme, die sich aus ihren robusten Schalen zusätzlich Schmuck und Trinkgefäße herstellen, sondern auch vieler Tiere. Neben Hyänen gehören Schakale und Schmutzgeier zu denjenigen Räubern, die sich besonders gerne über Straußeneier hermachen, und letztere haben sogar gelernt, aus vollem Flug Steine auf die Eier zu werfen, um so ihre zwar nur zwei Millimeter dicke, aber extrem widerstandsfähige Schale zu zerbrechen. Die Eier sind so begehrt, dass nur aus zehn Prozent aller pro Brutsaison angebrüteten Eier überhaupt Küken schlüpfen. Und indem sie zulässt, dass auch fremde Hennen Eier in ihrem Nest ablegen, will die Haupthenne sichergehen, dass ihre eigenen Eier zu diesen zehn Prozent gehören.

Trotz seiner enormen Größe kann ein Strauß nicht mehr als 20 bis 25 Eier auf einmal bebrüten. Ist die Legezeit vorüber, läutet die Haupthenne die Brutzeit ein, indem sie die willkürlich in der Brutmulde abgelegten Eier neu ordnet. Ihre eigenen acht bis zwölf Eier, die sie offenbar an der Größe, dem Gewicht oder der Porenstruktur der Schale erkennt, schiebt sie in die Mitte des Nestes; um diese Eier herum gruppiert sie ein weiteres Dutzend Eier, die fremde Hennen in der Mulde abgelegt haben; und alle restlichen Eier schiebt sie schließlich aus dem Nest, sodass sie einen lockeren Ring um dieses bilden. Die fremden Eier dienen der Henne sozusagen als Schutzring für ihre eigenen, deren Überlebenswahrscheinlichkeit sich damit deutlich erhöht. Machen sich Nesträuber in einem unbewachten Moment über das Gelege her, können sie ihre Raublust zunächst an den außerhalb des Nestes liegenden Eiern stillen, dann an den denen, die außen im Nest liegen, und dringen erst ganz zuletzt bis zu denen in der Mitte vor.

Die Strategie, fremden Nachwuchs als Puffer für ihren eigenen zu benutzen, ist bei den Straußen so ausgeprägt, dass sie sie auch dann noch verfolgen, wenn aus den Eiern Küken geschlüpft sind. Haupthahn und Haupthenne ziehen dann mit ihrer kleinen Schar Straußenküken durch die Steppe und schützen ihren Nachwuchs auch jetzt noch aufopferungsvoll mit Fußtritten oder dem Verletzter-Vogel-Trick, wenn Feinde ihren Weg kreuzen. Kreuzt allerdings ein fremdes Straußenpaar ihren Weg, das ebenfalls mit einer Schar Küken unterwegs ist, schlagen die Strauße dieses Paar oft in die Flucht und nehmen ihm seine Kinder weg. Ist ein Straußenpaar besonders erfolgreich bei dieser seltsamen Form des Kidnappings, kann es passieren, dass man es mit 100 bis 300 Küken durch die Savanne ziehen sieht. Auch in diesem Fall haben sich Wissenschaftler lange gefragt, was es für einen Nutzen für die Vögel haben kann, sich die zusätzliche Mühe aufzuladen, fremde Straußenkinder zu beaufsichtigen. Doch auch hier greift, glaubt man inzwischen, wieder die alte Taktik. Fällt ein Löwe oder Leopard die Strauße an, haben die eigenen Jungen des Paars eine größere Überlebenschance, wenn sie sich zusammen mit anderen Straußenkindern in einer großen Herde aufhalten. Auch die fremden Straußenküken dienen den Eltern als Schutz für ihre eigenen.

Trotz all der listigen Schutzmaßnahmen: Letzten Endes wird im Durchschnitt gerade mal ein Küken pro Gelege groß genug, um sich zu Anfang der nächsten Brutsaison von seinen Eltern – oder zumindest seinen Zieheltern – zu trennen. Diesem steht, wenn es weiter so viel Glück hat wie bisher, dann allerdings ein langes Leben bevor. In freier Wildbahn werden Vogel Strauße 30 bis 40 Jahre alt, in Gefangenschaft sogar bis zu 50.

Pan paniscus: Das friedensstiftende Fremdgehen der Bonobos

Vom biblischen Paradies nimmt man an, dass sein Vorbild irgendwo im heutigen Irak gelegen hat. Doch ein noch viel älteres Paradies könnte im Kongo liegen, und zwar ziemlich genau dort, wo der englische Schriftsteller Joseph Conrad Ende des 19. Jahrhunderts in seiner gleichnamigen Erzählung das »Herz der Finsternis« verortete: das dunkle Zentrum des riesigen afrikanischen Kontinents, wo die Menschheit ihr wahres, bestialisches Gesicht zeigt.

Hier, auf einem mit dichtem Regenwald bewachsenen Gebiet, das ungefähr eineinhalb mal so groß ist wie Deutschland und auf allen Seiten entweder vom Fluss Kongo oder einem seiner Seitenarme begrenzt wird, lebt ein ganz besonderer Schimpanse. Zwar ist er wie alle Schimpansen kein direkter Vorfahre des Menschen. Aber manche Wissenschaftler glauben, er ähnele am meistem jenem schimpansenartigen Urahn, von dem sich vor acht Millionen Jahren sowohl die Menschen als auch die Schimpansen abgespalten haben.

In seinem Dschungel lebt dieser Menschenaffe in so friedlicher und sexuell freizügiger Eintracht mit seinesgleichen, dass er sowohl in Presse als auch in Forschung regelmäßig als Hippieaffe bezeichnet wird, und wie neueste Untersuchungen nahelegen, ist ihm diese paradiesisch anmutende Lebensweise hauptsächlich deswegen zu eigen, weil seine Umgebung so paradiesisch ist. Wie im Schlaraffenland hängen ihm in seinem Urwald die Früchte praktisch ins Maul. Während andere Schimpansen und auch der Mensch in weniger üppig bewaldete Regionen hinausgezogen sind, um sich dort zu aggressiven Kriegern, Jägern und Werkzeugbauern zu entwickeln, scheint er im Garten Eden geblieben und sich seine sanftere – und vielleicht ursprünglichere – Natur bewahrt zu haben.

Bonobos oder Zwergschimpansen sind trotz ihres Namens etwa genau so groß wie Gemeine Schimpansen, allerdings wesentlich graziler gebaut und auch von ihrem Wesen her grundverschieden. Beide Schimpansenarten pflegen auf den ersten Blick eine sehr ähnliche Lebensweise. Sie leben in Großgruppen von etwa 50 bis 100 Tieren, die sich jedoch zur Futtersuche immer wieder in kleinere Gruppen aufteilen, zwischen denen ein reges Hin und Her besteht. Auch bringen bei beiden Arten die Weibchen etwa alle vier bis fünf Jahre ein Junges zur Welt, das sie alleine großziehen, und bleiben die Männchen ihr ganzes Leben in ein und derselben Großgruppe, während die Weibchen mit Erreichen der Geschlechtsreife oft abwandern und Anschluss an andere Großgruppen suchen. Ebenso gibt es bei beiden Arten zwischen Männchen und Weibchen zwar ab und zu feste Paarbindungen, doch in der Regel ein relativ ungeregeltes fortpflanzungstechnisches Durcheinander, bei dem am Ende kaum ein Männchen sicher sagen kann, ob er der Vater des jeweiligen Nachwuchses ist oder nicht.

Während bei den Gemeinen Schimpansen jedoch nicht nur das Thema Fortpflanzung regelmäßig zu aggressiven Auseinandersetzungen führt, sondern auch das Thema Futter und die Gruppen von brutalen Machos dominiert werden, die sowohl andere Männchen schlagen als auch die körperlich unterlegenen Weibchen, manchmal deren Kinder töten und regelrechte Kriege gegen andere Schimpansenstämme anzetteln, geht bei den Bonobos alles so friedlich und freundlich zu wie in einem Aschram. Anders als bei den Gemeinen Schimpansen haben bei ihnen die Weibchen das Sagen und statt Streit gibt es vor allem eines: jede Menge Sex.

Im Falle der meisten Tiere dient ein promiskes Sexleben dem Zweck, möglichst viel Nachwuchs zu produzieren, der die eigenen Gene in sich trägt, und ist an eine bestimmte Paarungszeit gebunden.

Der eben behandelte Strauß, bei dem in jeder Brutsaison sowohl Männchen als auch Weibchen ihre Fortpflanzungschancen auf mehrere verschiedene Partner verteilen, ist dafür ein gutes Beispiel. Bei den Bonobos ist jedoch wie bei allen Menschenaffen das ganze Jahr über Paarungszeit und viel mehr noch als bei den Gemeinen Schimpansen (oder den Menschen) haben Sex und Promiskuität eine von der Fortpflanzung losgelöste, auf das tägliche Zusammenleben gerichtete Zielsetzung.

Entdecken Gemeine Schimpansen einen Baum, der reich mit Früchten behangen ist, gibt es lautstarken und nicht selten handgreiflichen Streit darum, wer welche Früchte pflücken darf. Entdecken Bonobos so einen Baum, veranstalten sie erst einmal eine Orgie und dann sucht sich jeder entspannt einen Ast und fängt an zu fressen. Von Fremdgehen kann man bei ihnen eigentlich gar nicht reden, weil ihnen außer den engsten Verwandten niemand in sexueller Hinsicht wirklich fremd ist. Sie benutzen Sex, um einen Artgenossen davon zu überzeugen, ihnen den Weg freizumachen, ein Spielzeug mit ihnen zu teilen, ihnen das Fell zu pflegen oder aber als Versöhnungsgeste, wenn es doch einmal Streit geben sollte. In jeder konflikträchtigen Situation dient ihnen Sex dazu, Spannungen abzubauen und Gegensätzen die Spitze zu nehmen. Doch auch einfach nur zum Genuss scheinen sie ihn zu praktizieren, was dazu führt, dass sie praktisch den ganzen Tag mit nichts anderem beschäftigt sind. Und damit das nicht langweilig wird, gehen sie der Sache in allen nur denkbaren Spielarten und Kombinationen nach.

Zu sexuellen Kontakten kommt es bei den Bonobos über sämtliche Geschlechts-, Alters- und Hierarchiegrenzen hinweg. Sie sind außer den Menschen die einzigen Primaten, die regelmäßig Sex in der Missionarsstellung praktizieren; die nach vorne gerichteten Genitalien der Weibchen scheinen sogar speziell auf diese Form des Geschlechtsverkehrs ausgerichtet zu sein. Doch das ist noch die biederste Variante ihres fortwährenden sexuellen Austauschs. Auch Petting, Oralsex und Analverkehr wurde bereits bei ihnen beobachtet. Einzigartig unter Menschenaffen ist die Praxis der Weibchen, gegenseitig ihre Genitalien aneinanderzureiben. Die Stellung, in der die Weibchen sich diesem Vergnügen für gewöhnlich hingeben, würden Menschenfrauen wohl nur nach einer Ausbildung in einem chinesischen Zirkus hinbekommen: Eines der Weibchen stützt die Arme auf den Boden, während das andere von unten die Arme um seinen Rücken schlingt und die Beine um seine Hüfte. Auch die Männchen beweisen beim Sex gelegentlich einen Hang zum Akrobatischen. Ihr Genitalkontakt kann sich darauf beschränken, sich Rücken an Rücken zu stellen und die Hoden aneinanderzureiben. Doch manchmal hängen sich zwei Männchen auch gegenüber an einen Ast und schlagen ihre erigierten Penisse aneinander, als versuchten sie, damit zu fechten.

Forscher gehen davon, dass besonders die homosexuellen Kontakte der weiblichen Bonobos dazu dienen, Freundschaften und Allianzen innerhalb der Gruppe auszubilden und zu festigen. Bevorzugt wird jeder Konflikt über Sex und Zärtlichkeiten gelöst. Aber fällt ein Männchen doch mal aus der Rolle und geht aus irgendeinem Grund auf ein Weibchen los, dann verbünden sich oft mehrere Weibchen der Gruppe gegen den Affenmann und schlagen ihn gemeinsam in die Flucht. So friedfertig die Bonobos im Allgemeinen auch sind, dabei kann es trotzdem passieren, dass die Weibchen das Männchen nicht nur in Schultern, Arme und Finger beißen, sondern auch in sein bestes Stück. Wenn man bedenkt, wie wichtig dieses im Leben eines Bonobo-Mannes ist, sicherlich ein wirksames Mittel, um ihn dazu zu bringen, das nächste Mal zweimal nachzudenken, bevor er wie ein Gemeiner Schimpanse eine Frau verprügeln will.

Die Hierarchie der Bonobos ist so sehr auf die Weibchen ausgerichtet, dass sich der Status, den ein Männchen innerhalb einer Gruppe hat, hauptsächlich über den seiner Mutter definiert. Die Männchen hängen ihrer Mutter in der Regel auch ihr gesamtes Leben lang am Rockzipfel und verstecken sich bei Konflikten mit anderen Männchen selbst dann noch hinter ihr, wenn sie eigentlich schon längst viel größer und stärker sind als sie. Ausgeprägten Machos würden vermutlich die Tränen kommen, wenn sie ein paar Tage lang dem Leben einer Bonobo-Gruppe zusehen müssten. Im Vergleich zu den von Männern regierten Gruppen der Gemeinen Schimpansen gehen Bonobo-Gruppen auch viel seltener auf die Jagd und vom Werkzeuggebrauch scheinen sie sogar noch überhaupt nichts gehört zu haben. Während Gemeine Schimpansen Äste oder Steine benutzen, um Nüsse zu knacken, mit Grashalmen nach Termiten angeln oder sich sogar Stöcke anspitzen, um damit wie mit Speeren anderen Primaten nachzustellen, liegen Bonobos gerne mit lässig aufs Knie gestütztem Knöchel in der Gegend rum und tun nichts – oder, nun ja, sie haben eben Sex.

Wie die Primatologen Gottfried Hohmann und Barbara Fruth vom Max-Planck-Institut für Evolutionäre Anthropologie in Leipzig glauben, geht diese entspannte Haltung der Bonobos hauptsächlich darauf zurück, dass sie sie sich leisten können. Bereits seit mehr als 20 Jahren erforschen die beiden Wissenschaftler das Leben der Zwergschimpansen vor Ort im Regenwald und haben herausgefunden, dass dieser die Menschenaffen tatsächlich auf geradezu paradiesische Weise ernährt. Die Vegetation dort schützt sich nicht nur weniger massiv mit tanninhaltigen Chemikalien gegen Fressfeinde als in den Wäldern, in denen die Gemeinen Schimpansen üblicherweise leben, sondern bietet auch eine viel größere Auswahl an Früchten und eiweißhaltigen Kräutern.

Da die Bonobos immer genug Futter haben, glauben Hohmann und Fruth, müssen sie sich nie ernsthaft darum streiten. Auch brauchen sie keine Zeit darauf zu verschwenden, sich Werkzeuge und Waffen zu bauen, um sich proteinhaltige Nahrungsergänzungen zu verschaffen, sondern können ihren Tag damit verbringen, sich den wirklich schönen Dingen des Lebens zu widmen. Weil der erbitterte Kampf um Ressourcen, bei dem die körperlich überlegenen Männchen im Vorteil sind, aus ihrem gesellschaftlichen Leben wegfällt, konnte sich bei ihnen eine sanfte Form des Matriarchats herausbilden, in dem statt mit Gewalt mit Sex regiert wird. Kurz: Bonobos sind nur so hippiemäßig drauf, weil sie in ihrem von Flussarmen umgebenen Stück Regenwald wie auf einer Insel der Seligen leben.

Für Hohmann und Fruth bedeutet diese Theorie allerdings im Umkehrschluss ebenfalls, dass den Bonobos ohne ihren Garten Eden auch recht schnell ihre friedfertige Natur abhanden kommen würde. Während Frans de Waal, der holländische Urvater der Bonobo-Forschung, der das Bild vom »zärtlichen Menschenaffen« (ein Buchtitel) im Laufe der Achtzigerjahre in die Welt setzte, die Tiere für grundverschieden von Gemeinen Schimpansen hält, sind sich die beiden deutschen Forscher da nicht so sicher. De Waal hat seine Beobachtungen hauptsächlich an jungen, in Gefangenschaft lebenden Bonobos gemacht, die von ihren Pflegern immer genug Futter bekamen. Hohmann und Fruth hingegen sind mit den Primaten regelmäßig im Dschungel unterwegs und haben dabei auch schon viele Szenen beobachtet, die dem Bild vom freundlichen Hippieaffen zum Teil ziemlich deutlich widersprechen.

Fruth erklärt zum Beispiel, dass die Bonobos in Zeiten, in denen selbst in ihrem paradiesartigen Regenwald die Nahrung knapp wird, sehr viel weniger Lust auf Sex zeigen und der Aggressionspegel innerhalb der Gruppe wahrnehmbar steigt. Auch das Töten fremder Kinder, das bei den Gemeinen Schimpansen sowohl von Männchen als auch von Weibchen praktiziert wird, ist den Bonobos offenbar nicht vollkommen fremd. Hohmann und Fruth haben mehrere Fälle beobachtet, bei denen ein Männchen ein Weibchen und sein Junges angriff, einmal mit der offensichtlichen Absicht, das Kleinkind umzubringen. In allen Fällen wurde der Angreifer vom Rest der Gruppe zurückgeschlagen, bevor es zu Schlimmerem kam. Doch an der wütenden Abwehr beteiligten sich nicht nur Weibchen, sondern auch viele der eigentlich als so friedlich und harmlos geltenden Männchen, in dem Fall des versuchten Kindsmords sogar mit tödlichen Folgen für den Angreifer.

Ähnlich scheint der Sex unter den Affen nur so lange wirklich freizügig zu sein, wie er von der Fortpflanzung losgelöst ist. Sind die Weibchen empfängnisbereit, was an ihren deutlich geschwollenen Genitalien zu erkennen ist und immerhin einmal alle anderthalb Monate der Fall ist, kann es auch bei den Bonobos Streit darum geben, wer sich mit wem paart. Hohmann und Fruth haben beobachtet, dass es dann unter den Männchen genauso oft zu aggressiven Handlungen kommen kann wie in manchen Gemeinen Schimpansengruppen, und unter den Weibchen sogar deutlich öfter als bei einigen ihrer als so viel aggressiver geltenden Verwandten. Selbst die gezielte Jagd auf

kleinere Menschenaffen schließlich, die man lange auf das Verhaltens-
repertoire der Gemeinen Schimpansen beschränkt glaubte, wurde inzwischen von Hohmann und einem anderen Kollegen vom Max-
Planck-Institut im kongolesischen Dschungelparadies der Bonobos
beobachtet.

Wegen all dem sind Hohmann und Fruth von der grundsätz-
lichen Trennung, die Frans de Waal zwischen Bonobos und Gemeinen
Schimpansen zieht, nicht überzeugt und halten viele verschiedene
Abstufungen im Verhalten der Zwergschimpansen für möglich, wie
es sie ja auch im Verhalten der bereits besser erforschten Gemeinen
Schimpansen gibt.»Keine Sekunde kann ich glauben, dass die unterschiedlichen Verhaltenskulturen, die wir in der Wildnis an den Tieren
beobachten, unabänderlich in ihrem Gehirn festgebrannt sind«, sagt
Hohmann.»Das Verhalten ist so ziemlich der flexibelste Aspekt, den
es an ihnen gibt.«

Flexibilität im Verhalten und Fähigkeit zur Anpassung – diese
wohl gerade für die Entwicklung der Primaten so wichtigen Eigenschaften – können die Bonobos nur allzu gut gebrauchen, denn in
ihrem Paradies im Kongo geht es heute ähnlich unparadiesisch zu wie
in dem biblischen im Irak. Ging in Joseph Conrads *Herz der Finsternis* die wahre Brutalität noch von weißen Kolonialisten aus, die sich
im fernen Schwarzafrika plötzlich aller zivilisatorischen Regeln ent-
bunden fühlten, sind es heute die Einheimischen selbst, die sich dort
gegenseitig das Leben zur Hölle machen.

Unter dem nach wie vor weiterschwelenden Bürgerkrieg in der
Demokratischen Republik Kongo leiden auch die Bonobos. Exmilizio-
näre schießen sie mit Kalaschnikows von den Bäumen, um ihr Fleisch
nach Kinshasa und in andere ausgehungerte Städte der Region zu ver-
kaufen, und Holzbauern, die laut WWF indirekt von der Weltbank
finanziert werden, roden ihren Lebensraum. Eine der aggressiveren
Bruderspezies der Hippieaffen, so scheint es, ist mit ihren Waffen und
Werkzeugen ins Paradies zurückgekehrt, um auch die Bonobos
schließlich daraus zu vertreiben. (Doch auch die Menschen im Kongo
passen sich in der Regel natürlich einfach nur ihren äußeren Lebens-
umständen an.) Bis vor Kurzem hat man die Zahl der Bonobos, die

im grünen Herzen Afrikas leben, noch auf etwa 50 000 geschätzt. Inzwischen wären Wissenschaftler und Tierschützer froh, wenn es noch 5 000 gäbe.

Antechinus stuartii:
Die tödliche Orgie
der Breitfuß-Beutelmäuse

Wenn man sich mit den schlimmen Fingern des Tierreichs beschäftigt, kann ja durchaus ein gewisser Neid aufkommen: auf den Straußenmann mit seinem Harem, das muntere Bäumchen-wechsel-dich-Spiel der Straußenfrauen (das oft noch nicht einmal von Mutterpflichten gefolgt ist) und erst recht auf das entspannte sexuelle Drunter und Drüber, das in den Gesellschaften der hippieartigen Zwergschimpansen herrscht. Allerdings gibt es auch Tiere, die ihren Hang zu sexuellen Ausschweifungen teuer bezahlen. Und bei denen man sich angesichts dessen, wie sich ihre erotische Ausgelassenheit auf Körper und Psyche auswirkt, ernsthaft fragen muss, ob sie denn wirklich mit einem nennenswerten Maß an Vergnügen verbunden ist.

Antechinus stuartii, die Breitfuß-Beutelmaus, ist ein kleines, unseren Spitzmäusen ähnlich sehendes Beuteltier, das vor allem im Osten und Südosten Australiens vorkommt. Es wird 15 bis 25 Zentimeter groß, wobei die Männchen stets etwas größer sind als die Weibchen, hat kurzes, meist graubraunes Fell, große dunkle Augen, eine rosafarbene Nase und auffallend breite Füße, die in der Regel mit scharfen Kletterkrallen ausgestattet sind. Breitfuß-Beutelmäuse leben bevorzugt in feuchten Wäldern mit dichtem Unterholz, wo sie sich Nester in hohlen Baumstämmen oder verlassenen Vogelnistplätzen einrichten, doch auch in Savannen und halboffenem Buschland können sie zu finden sein. Solange sie das kargere Nahrungsangebot des australischen Winters nicht zwingt, auch tagsüber auf die Jagd zu gehen, huschen sie vorwiegend nachts im Dickicht herum und verspeisen alles, was sie überwältigen können: Käfer, Spinnen, Schnecken und Würmer, aber bei Gelegenheit auch kleine Wirbeltiere wie nach Australien eingeschleppte europäische Mäuse oder junge Vögel. Wie bei fast allen Beuteltieren werden die Jungen der Breitfuß-Beutelmäuse in einem viel früheren Entwicklungsstadium geworfen als bei den auf unserer Seite der Erde üblichen Plazentatieren, bei denen der Mutterkuchen eine längere Versorgung im Mutterleib möglich macht, und kommen praktisch als Embryos auf die Welt. Einen wirklichen Beutel, in dem sie diese Embryos mit sich herumtragen, bilden die weiblichen Exemplare allerdings nicht aus, höchstens eine kleine Bauchfalte, oft aber auch die nicht.

In den ersten acht Monaten verläuft das Leben der Mäuse recht beschaulich. Nach einer etwa einmonatigen Tragzeit kommen sie im September auf die Welt, also am Anfang des australischen Frühlings. Danach schleppt ihre Mutter sie an den sechs bis zehn Zitzen, die sie je nach Lebensraum am Bauch hat, fünf Wochen lang bei ihren nächtlichen Streifzügen mit sich durchs Buschwerk und säugt sie später noch zwei Monate weiter im Nest. Ein erster kleiner Stressmoment kommt erst, wenn die Jungen im Februar abgestillt werden und sich selbstständig ernähren können – zumindest für die Männchen unter ihnen. Diese vertreibt die Mutter nämlich dann nicht nur aus ihrem Nest, sondern auch aus ihrem nächtlichen Streifgebiet, das in trockenen Gebieten die Größe eines Fußballfelds erreichen kann, während sie ihrem weiblichen Nachwuchs oft erlaubt, dort sein eigenes kleines Stammrevier einzurichten.

Trotzdem müssen die Männchen auf Kuscheln und Nestwärme nicht verzichten. Denn kaum wird es ab März wieder kälter in Australien, versammeln sie sich tagsüber mit anderen Artgenossen zusammen in großen Gemeinschaftsnestern, die bis zu 50 Einzeltiere beiden Geschlechts bergen können, um sich gegenseitig zu wärmen. Wenn die männlichen Mäuse nachts auch vollkommen einzelgängerisch leben und einsam durch ihr jeweiliges Streifgebiet wandern, ist in diesen Tagesnestern die Stimmung doch freundlich und verträglich. Auch zu mehr als Kuscheln kommt es nicht, denn zu diesem Zeitpunkt ist noch keines der Männchen geschlechtsreif. Ja, selbst wenn die Weibchen es bewusst darauf anlegen würden, mehr als nur eine harmlose Pyjamaparty zu feiern: Sie würden doch kein einziges Männchen im ganzen Wald finden, das dazu die körperlichen Voraussetzungen mitbrächte.

Stressig wird das Leben der Mäuse erst ab Mai, wenn der wirkliche Winter einsetzt und die männlichen Exemplare geschlechtsreif werden. Hatten diese es vorher noch friedlich geduldet, dass ihr Nahrungsgebiet sich mit dem anderer Geschlechtsgenossen überschneidet, gehen sie jetzt wütend auf jeden Eindringling los, der ihnen über den Weg läuft, und suchen sogar bewusst die Streifgebiete anderer Männchen auf, um sich mit diesen anzulegen. Der Testosteronspiegel der kleinen Kerlchen steigt immer weiter an, sie werden immer kräftiger und schwerer und mit anderen kuscheln möchten sie auch nicht mehr, da kann es tagsüber noch so kalt werden. Huschten sie früher möglichst leise durchs Laub und waren stets darauf bedacht, keine Räuber anzulocken, lassen sie jetzt alle Vorsicht fahren und geben regelmäßig ein lautes, stakkatoartiges Zirpen von sich.

Dann, Mitte August und damit im letzten südlichen Wintermonat, finden sich Breitfuß-Beutelmäuse aus den entlegensten Gebieten plötzlich wieder in großen Gemeinschaftsnestern zusammen. Doch treffen sie sich jetzt nachts statt am Tag. Und obwohl es für australische Verhältnisse immer noch eisig kalt ist, geht es ihnen keineswegs mehr nur darum, sich gegenseitig Wärme zu spenden.

Wie auf ein geheimes Kommando versammeln sich jeden Winter die australischen Breitfuß-Beutelmäuse mehrere Nächte in Folge, um es ausgiebig miteinander zu treiben. Je nachdem, wo sie leben, treffen sie sich etwas früher oder später und in manchen Gebieten dauern ihre nächtlichen Zusammenkünfte dann nur drei Tage, während sie sich in anderen über einen Zeitraum von bis zu drei Wochen hinziehen. Doch in jedem einzelnen Gebiet treffen sich die Mäuse jedes Jahr wieder genau zur selben Zeit, als hätten sie eine innere Uhr, die ihnen sagt, dass wieder einmal die Phase ihrer nächtelangen Gemeinschaftsorgien gekommen ist. Die Männchen sammeln sich in Baumnestern und die Weibchen schauen abwechselnd bei verschiedenen Nestern vorbei, um an den dortigen Ausschweifungen teilzunehmen. Im Labor sind die Mäuse sechs bis zwölf Stunden am Stück miteinander zugange, wenn man sie lässt, und vermutlich ist es in freier Wildbahn nicht anders. Kaum geschlechtsreif, lassen die Mäusemännchen es krachen, als hätte der legendäre New Yorker Club 54 wieder aufgemacht.

Dafür bezahlen sie allerdings auch mit dem Leben. Kaum ist die Zeit der nächtlichen Exzesse vorbei, gehen die männlichen Mäuse innerhalb von zwei Wochen allesamt zugrunde. Sie entwickeln Magengeschwüre und verenden an inneren Blutungen, sterben an Nierenversagen oder werden von Blutparasiten dahingerafft, gegen die sich ihr Körper nicht mehr zur Wehr setzen kann, weil ihr Immunsystem zusammengebrochen ist. Viele verhungern auch ganz einfach oder sterben an einer Art vorzeitiger Alterung. Wenn der Frühling wieder anbricht, krabbeln in den südaustralischen Wäldern nur noch weibliche Breitfuß-Beutelmäuse durchs Unterholz. Auch von diesen sterben viele, nachdem sie ihre Jungen großgezogen haben. Doch etliche leben auch weiter und nehmen im folgenden Winter erneut an den Orgien teil.

Wenn ein Organismus sich nur einmal im Leben fortpflanzt und dann stirbt, nennt man das in der biologischen Fachsprache Semelparitie (»Einmalgeburt«). Außer bei Pflanzen und Insekten ist das Phänomen nur bei gewissen Schnecken, Kraken und Fischen, anderen australischen Beutelmäusen sowie bei manchen Spezies der den Breitfuß-Beutelmäusen so ähnlich sehenden Spitzmäuse bekannt. Unser christlich-abendländisches Moralverständnis, das zumindest entfernt immer noch von Geschichten wie der von Sodom und Gomorrha geprägt ist, den biblischen Städten, die ihrer Ausschweifungen wegen von Gott dem Erdboden gleichgemacht wurden, lässt es uns ohne Weiteres als plausibel empfinden, dass auf allzu bunt betriebene Sexexzesse unmittelbar der Tod folgt. Mehr als der Sex ist es allerdings wohl der Stress, dem die Männchen durch die bei den Orgien ausgetragenen Rivalenkämpfe ausgesetzt sind, der letztendlich zu ihrer gesundheitlichen Zerrüttung führt – und dementsprechend das Vergnügen, das die wie unser Karneval am Ende des Winters gelegenen tollen Tage mit sich bringen, vermutlich gar nicht so groß, dass wir die Mäuse darum beneiden müssten.

Wie australische Wissenschaftler herausgefunden haben, bringt die besonders rasche Zunahme des Tageslichts zu jener Zeit die Mäuse wohl dazu, ihre Fortpflanzungsversammlungen abzuhalten, deren Stattfinden dann durch Pheromone allgemein im Wald bekannt gemacht wird. Der Nutzen der Orgien könnte unter anderem darin bestehen, den Weibchen auf bequeme Weise eine möglichst große Auswahl männlicher Spermien zur Verfügung zu stellen, die diese in ihren Eileitern speichern können. Denn nicht nur in den Nestern wird um die Weibchen gekämpft, auch nach der Begattung konkurrieren im Körper des Weibchens die männlichen Spermien darum, ihre Eier zu befruchten, und Studien zufolge bringen Weibchen, die sich von verschiedenen Männchen begatten lassen, insgesamt gesünderen Nachwuchs zur Welt als solche, die sich nur mit einem Mäuserich paaren. Der Termin der Orgien liegt so, dass die Zeit, in der die Weibchen ihre Jungen säugen, genau in den Frühling fällt, wenn wieder mehr Nahrung in den australischen Wäldern zu finden ist. Und auch der kollektive Tod der Männchen könnte seinen Grund darin haben, den stillenden Mäusefrauen ihre Aufgabe zu erleichtern: Gibt es weniger männliche Breitfuß-Beutelmäuse, gibt es weniger Breitfuß-Beutelmäuse insgesamt – und damit weniger Nahrungskonkurrenten.

6. Ewige Jungfrauen

Myzus persicae:
Die sexlose Schnellvermehrung
der Blattläuse

Einer Legende nach soll das Schachspiel von einem indischen Brahmanen erfunden worden sein, der damit dem tyrannischen Herrscher seiner Provinz einen listigen Streich spielte. Er brachte dem Herrscher das neuartige Spiel bei, dem es so gut gefiel, dass er dem Brahmanen einen Wunsch freigab. Dieser überraschte den argwöhnischen Tyrannen damit, dass er sich nichts als Weizenkörner wünschte, und zwar in einer Anzahl, die von den Feldern auf seinem Schachbrett bestimmt werden sollte. Mit jedem Feld, wünschte sich der Brahmane, sollte die Zahl der Körner sich verdoppeln: Auf das erste Feld sollte ein Korn gelegt werden, auf dem zweiten sollte man dann zwei platzieren, auf dem dritten vier, auf dem vierten acht und so weiter und so fort. Auch jetzt staunte der Tyrann noch über den Wunsch des Brahmanen und lachte ihn seiner Bescheidenheit wegen aus. Doch als seine Hofleute sich daran machten, die geschuldete Menge Weizenkörner auszurechnen, wurde bald klar, dass es im ganzen Reich nicht genug Weizen gab, um dem Wunsch des schlauen Erfinders nachzukommen. Mehr als 18 Trillionen Weizenkörner hätte der Herrscher auftreiben müssen, was etwa 900 Milliarden Tonnen Weizen oder dem 1 500-fachen der heutigen Jahresernte der gesamten Welt entspricht. Der Brahmane hatte dem Tyrannen das Wunder der exponentiellen Vervielfachung vor Augen geführt, eines mathematischen Mechanismus, der rasch zu unerwarteten Auswüchsen führen kann.

Mit unerwarteten Auswüchsen sehen sich nicht nur indische Tyrannen, sondern auch deutsche Gemüse- und Kleingärtner häufig konfrontiert, wenn sie im Frühsommer ihre Pflanzen wässern wollen und plötzlich Massen von Blattläusen darauf entdecken, die am Vortag noch nicht dort gewesen zu sein schienen. Genau wie die Weizenkörner in der Schachlegende vervielfältigen sich die Blattläuse exponentiell. Die kleinen grünen Läuse, die zu den wenigen lebendgebärenden Insekten gehören, pressen jeden Tag bis zu fünf Junge aus dem Hinterleib, die wiederum innerhalb von nur einer Woche groß genug werden, um ebenfalls fünf Läuse pro Tag zur Welt zu bringen.

Sitzen an einem Montag drei Blattläuse auf einem Kohlkopf oder einem Rettich, sind es nach einer Woche etwa 100, nach einer weiteren um die 2 000 und nach nur drei Wochen schon knapp 40 000, die sich über das gesamte Beet verteilt haben. Die winzigen Schädlinge, die mit ihren Stechrüsseln nach und nach ihren Wirtspflanzen den Lebenssaft absaugen, sind deswegen so fix darin, neue Lebensräume in Beschlag zu nehmen, weil es sich bei ihnen ausschließlich um Weibchen handelt, die auf solche Hinderlichkeiten wie Partnersuche und Sex bei der Fortpflanzung in der Regel konsequent verzichten. Sie vermehren sich über sogenannte Parthenogenese: die Jungferngeburt.

Bei der Parthenogenese bringen weibliche Tiere Nachkommen zur Welt, ohne je von einem männlichen Artgenossen befruchtet worden zu sein. Diese Form der eingeschlechtlichen Fortpflanzung, bei der sich die weibliche Eizelle unbefruchtet zu entwickeln beginnt, wird auf verschiedene Weise von einzelnen Insekten, Krebsen, Schnecken, Fischen und Eidechsen praktiziert. Bei den Blattläusen läuft sie so ab, dass die daraus hervorgehenden weiblichen Blattlausnymphen exakte genetische Kopien ihrer Mutter sind. Die vielen kleinen grünen Läuse, die sich so exponentiell rasch jeden Sommer in Deutschlands Gemüsebeeten, Gewächshäusern und Blumenkästen vermehren, sind allesamt Klone, die sich nicht nur äußerlich, sondern auch genetisch gleichen wie ein Weizenkorn dem anderen.

Der Schweizer Biologe Christoph Vorburger, der sich besonders mit den Blattläusen der Spezies *Myzus persicae* beschäftigt hat, den überall auf der Welt vorkommenden Grünen Pfirsichblattläusen, glaubt, die Insekten haben die asexuelle Fortpflanzung speziell zu dem Zweck entwickelt, unter günstigen Bedingungen neue Lebensräume schnell und flächendeckend besiedeln zu können. Wird es den Blattläusen in ihrem Gemüsebeet zu eng oder haben sie die darauf wachsenden Pflanzen so weit ausgesaugt, dass sie bereits zu vertrocknen beginnen, gehen sie dazu über, Töchter zu gebären, die zwar genetisch immer noch ihren Müttern exakt gleichen, jedoch Flügel tragen.

Diese geflügelten Läuse sind zwar bei Weitem nicht so gebärfreudig wie die ungeflügelten: Bringen letztere in ihrem etwa sechs Wochen dauernden Leben im Durchschnitt ungefähr 80 Töchter auf die Welt, sind es bei den geflügelten Blattläusen nur um die 20. Doch diese Töchter, bei denen es sich wiederum ausschließlich um die flügellose, gebärfreudige Sorte handelt, können die geflügelten Blattläuse auf Wirtspflanzen absetzen, die weit von ihren bisherigen, bereits bevölkerten Wirtspflanzen entfernt liegen. In tropischen und subtropischen Klimazonen, wo es auch im Winter nie wirklich kalt wird, bevölkern und besiedeln die Blattläuse auf diese Weise in reinen Weibchenpopulationen in einem fort immer wieder neue Wirtspflanzen und Lebensräume. Bei Untersuchungen an Grünen Pfirsichblattläusen in Australien stellte Christoph Vorburger fest, dass mehr als 40 Prozent aller von ihm gesammelten und untersuchten Exemplare von nur zwei verschiedenen Ursprungsweibchen abstammten, deren Genkombination sich unter den gegebenen Umständen offenbar als extrem erfolgreich entpuppt hat. Kommt kein Bakterien-, Viren- oder Pilzbefall dazwischen, der gerade genetisch wenig diverse Populationen auf einen Schlag hinwegraffen kann, könnte die keusche Massenvermehrung der Blattlausweibchen in diesen warmen Gebieten theoretisch bis in alle Ewigkeit so weitergehen.

Unter kühleren klimatischen Bedingungen allerdings, wie sie zum Beispiel bei uns in Deutschland herrschen, brauchen auch die enthaltsamen Blattlausjungfern Männchen und Sex, und zwar, um den kalten Winter zu überstehen. Wird es hier Herbst, fangen die Läuse an, erneut geflügelte Nachkommen aus ihren Hinterleibern zu pressen, wie zur Besiedelung einer neuen Wirtspflanze. Doch diesmal bringen die Jungfern nicht nur Töchter, sondern ebenso Söhne zur Welt, die sich beide auch nicht auf die Suche nach irgendeiner nicht näher spezifizierten Wirtspflanze machen, sondern nach der Überwinterungspflanze der Blattläuse, die bei den Pfirsichblattläusen zum Beispiel hauptsächlich aus Pfirsich- und Pflaumenbäumen besteht. Hier gebären die geflügelten Weibchen einmal mehr flügellose Töchter, die allerdings in diesem Fall die besondere Fähigkeit haben, Eier zu legen, und von den ebenfalls auf den Pfirsichbäumen landenden Männchen begattet werden (also die einzigen Blattlausweibchen eines jeden Jahres sind, die Geschlechtsverkehr haben). Nach der Begattung legen die Weibchen ihre Eier zum Überwintern in den Knospen der Pfirsichbäume ab, wo daraus im folgenden Frühling neue Weibchen schlüpfen, die sich dann wieder in ungeflügelter und geflügelter Jungfernzeugung über alle möglichen anderen Wirtspflanzen der Umgebung hermachen.

Die Schäden, die die Blattläuse den Pflanzen dadurch zufügen, dass sie ihnen den Saft abzapfen, sind dabei nicht mal der Hauptgrund, warum sie sowohl von Klein- als auch von Großgärtnern so gefürchtet werden. Viel gravierender sind die Schäden, die die Läuse durch die Übertragung von Pflanzenviren verursachen. Allein die Pfirsichblattlaus kann über 100 verschiedene Viren übertragen und damit auf Gemüsefeldern ebenso wie in Blumengewächshäusern für beträchtliche Ernteeinbußen sorgen.

Dass auch diejenigen Blattläuse, die sich rein parthenogenetisch fortpflanzen, trotz ihres Verzichts auf die genetische Neukombination, die Sex mit sich bringt, selbst eine gewisse genetische Robustheit gegenüber Viren und anderen Parasiten aufweisen, könnte daran liegen, dass sie andere Wege gefunden haben, um bei sich für genetische Vielfalt zu sorgen, sowohl auf der Ebene des einzelnen Individuums wie auch auf der ganzer Populationen. Wie japanische Wissenschaftler herausgefunden haben, verbindet die Blattläuse eine Art genetische Symbiose mit einem bestimmten Bakterium, das in manchen ihrer Zellen für die Produktion von Aminosäuren sorgt, die die Läuse selbst nicht herstellen können, während es im Gegenzug von seinem Wirt Lipide erhält, die es ihm ermöglichen, eine eigene Zellmembran aufzubauen. Auf Populationsebene hingegen sorgt ausgerechnet einer der ärgsten Feinde der Blattlaus dafür, dass nicht sämtliche Genotypen, die weniger erfolgreich sind als die oben erwähnten austra-

lischen Superstars, im Laufe der Evolution von diesen komplett ins
Aus gedrängt werden. Wie wiederum Christoph Vorburger von der
Universität Zürich zeigen konnte, trägt eine bestimmte Schlupfwespe,
die ihre Eier in den Läusen ablegt, damit diese ihren Larven als Nahrung dienen können, mit ihrem grausigen Tun dazu bei, dass der Anteil der Superstars an der Gesamtpopulation immer mal wieder auf
ein gesundes Maß zurechtgestutzt wird und so die genetische Vielfalt
der Blattläuse erhalten bleibt. Allerdings scheint aus menschlicher
Sicht Sex dafür doch das angenehmere Mittel zu sein, als sich von
parasitären Wespenlarven innerlich auffressen zu lassen.

Adineta vaga:
Die ewige Jungfernschaft
der Rädertierchen

Es gibt zwar Blattläuse, die sich ausschließlich asexuell über
Jungfernzeugung fortpflanzen, doch ewig ist ihre Jungfernschaft im
eigentlichen Sinne nicht. Wie bei fast allen Tieren, die sich auf einge-
schlechtliche Weise vermehren, hat sie sich erst in jüngerer Zeit aus
der Zweigeschlechtlichkeit entwickelt, ist eine junge Knospe am riesigen Baum der Evolution, die der Meinung vieler Biologen nach
auch nicht sehr alt werden kann. Ein Organismus, der seine genetischen Anlagen nicht regelmäßig mithilfe von Sex neu mischt, so lautet die verbreitete Lehrmeinung, hält im Kampf ums Überleben nicht
lange durch. Da er sich nur über den relativ langsamen (und oft sogar
schädlichen) Prozess der genetischen Mutation an sich wandelnde
Umwelteinflüsse wie Klimaveränderungen oder das Auftreten neuer
Krankheiten anpassen kann, geht er nach evolutionär gesehen kürzester Zeit wieder unter.

Zwar gab es lange einige Tiere, die als »echte« ewige Jungfern
galten und so dieser These zu widersprechen schienen. Aber selbst bei
ihnen stellte sich meist irgendwann heraus, dass sie sich doch zwei-
geschlechtlich fortpflanzten, und sei es auch nur gelegentlich. Be-

stimmte Blattläuse etwa wurden in der Biologie stets als äonenaltes Musterbeispiel für sexlose Fortpflanzung hochgehalten, bis ein findiger Forscher sie eines Tages der Unkeuschheit überführte. Es gab bei ihnen doch Männchen, stellte sich heraus, sie versteckten sie nur zwischen den Wurzeln ihrer Wirtspflanzen wie Nonnen ihre heimlichen Liebhaber im Keller eines Klosters, sodass sie bisher unentdeckt geblieben waren.

Eine Tierordnung widersetzt sich allerdings bis heute erfolgreich aller üblen Nachrede und sämtlichen wissenschaftlichen Bemühungen um Gegenbeweise. Die Ordnung der *Bdelloida* aus dem Tierstamm der Rädertierchen pflanzt sich tatsächlich schon seit ewigen Zeiten ohne jeglichen Sex fort, zumindest nach menschlichen Maßstäben. Seit mehr als 80 Millionen Jahren verzichten diese winzigen, in der Regel kaum einen halben Millimeter großen Kleinstorganismen auf die sexuelle Neukombination ihrer Gene und haben doch überlebt.

Jeder, der ein Rädertierchen sehen will, braucht dazu nur ein Mikroskop und eine Pfütze. Die Körper der kleinen durchsichtigen Tierchen können recht unterschiedlich aussehen, gemeinsam sind jedoch allen vom Mund abstehende Wimpernkränze, die sowohl der Fortbewegung als auch dem Einstrudeln von Nahrung dienen und wie winzige laufende Räder wirken, wenn sie in Bewegung sind. Außer in Pfützen leben die Rädertierchen auf Teichböden, in Bächen und Flüssen, auf feuchten Moosen und Flechten, in der Erde und im Laub, aber auch in Klärwasserbecken, Vogelbädern und dem salzigen Wasser der Meere. Sie werden dem Zooplankton zugerechnet, ernähren sich von einzelligen Algen, Bakterien und zerfallenden organischen Substanzen und dienen selbst wiederum größerem Zooplankton wie Insekten- oder Krebslarven als Nahrung. Viele der etwa 2 000 bekannten Arten pflanzen sich wie die Blattläuse nur in den Sommermonaten über Parthenogenese fort und steigen im Herbst wieder auf die zweigeschlechtliche Fortpflanzung um. Die beinah 400 Arten der *Bdelloida* jedoch, die ihren aus dem Griechischen stammenden Namen ihrer meist egelförmigen Körperform verdanken, pflanzen sich ausschließlich fort, indem sie Eier produzieren, aus denen weibliche Klone ihrer selbst schlüpfen – und das bereits seit Zeiten, als es noch Dinosaurier auf der Erde gab.

Doch wie kriegen die winzigen durchsichtigen Räderegel das hin? Wieso sind sie imstande, auch ohne die genetische Auffrischungskur, die Sex offenbar in der Evolution darstellt, eine Jahrmillion nach der anderen hinter sich zu bringen, während andere rein weibliche Organismen ohne regelmäßigen Sex über die Jahrtausende hinweg zu verwelken und verkümmern scheinen wie, nun ja, wie eben alte Jungfern?

Jüngsten Forschungen zufolge könnte eine Antwort auf diese Frage darin bestehen, dass sich die *Bdelloida* ähnlich wie die Blattläuse fremde Gene in den Körper holen und so ihre genetische Rüstigkeit auf ebenso effiziente Weise verbessern wie andere Organismen durch Sex. Während Blattläuse allerdings schlicht nützliche Bakterien in manchen ihrer Körperzellen hausen lassen, nehmen die Räderegel die fremden Organismen – oder zumindest deren Gene – noch weit tiefer in sich auf. Sie bauen sie nicht nur in ihre Zellen ein, sondern in ihren Zellkern, fügen dem eigenen Genom fremde DNA hinzu, als handele es sich dabei um nicht mehr als einen großen Satz Magnetbuchstaben, zu dem man nach Belieben weitere Buchstaben dazukleben kann.

Im Erbgut des Räderegels *Adineta vaga* etwa wurden gleich ganze Dutzende fremder Gene gefunden, von Bakterien ebenso wie von Pilzen, Pflanzen und Tieren. Diese Art des horizontalen Gentransfers, das Aufnehmen von Genen fremder Spezies, ist unter Bakterien, deren Genom nicht durch einen Zellkern vom Rest der Zelle getrennt ist, durchaus üblich. Bei Tieren war er jedoch bisher unbekannt, zumindest in diesem Ausmaß. Wozu die *Bdelloida* die fremden Gene genau benutzen, wissen die Forscher noch nicht. In einem Punkt sind sie sich aber ziemlich sicher: Das geklaute Erbgut trägt mit dazu bei, dass die Tierchen seit so vielen Millionen Jahren erfolgreich ihr Zölibat aufrechterhalten.

Auch wie die fremde DNA in das Genom der Räderegel gelangt, ist bisher noch nicht geklärt. Einer Theorie zufolge nehmen die Tierchen sie während Trockenperioden auf, die sie über Monate und

Jahre hinweg überleben können. Trocknet die Pfütze oder das Büschel Moos aus, in dem sie leben, trocknen auch sie aus und werden mit dem Wind davongeweht. In diesem Zustand kann es passieren, dass ihr Zellwände aufbrechen und auch ihre Chromosomen in ihre Bestandteile zerfallen. Kommen die Tierchen aber wieder mit Wasser in Berührung, erleben sie eine wundersame Auferstehung, bei der auch ihre Chromosomen sich auf wundersame Weise wieder zusammenfügen. Im Laufe dieses Prozesses, glauben die Wissenschaftler, könnte die fremde DNA an die sich selbst flickenden Genstränge angefügt werden.

So erstaunlich schon diese mögliche Methode der asexuellen Genom-Erweiterung klingt, sie ist nicht die einzige, die die *Bdelloida* auf Lager haben. Sie nutzen in gewisser Weise auch die Tatsache zu ihrem Vorteil, dass sich ihre Chromosomen nicht wie bei Organismen, die sich auf sexuellem Wege fortpflanzen, bei jeder Verschmelzung von Spermium und Eizelle zu doppelten, aber funktionsgleichen Sätzen zusammenfügen müssen, die jeweils ein Gen, das für dieselbe Aufgabe zuständig ist, von Vater und Mutter enthalten. Da sie von einem Vorfahren abstammen, der sich auf zweigeschlechtliche Weise fortgepflanzt hat, tragen auch sie noch die doppelten (oder diploiden) Chromosomensätze in ihren Zellkernen. Doch wie Wissenschaftler der Universität Cambridge herausgefunden haben, konnten sie den doppelt vorhandenen Genen in ihrem Erbgut im Laufe ihrer Entwicklung erlauben, verschiedene Funktionen zu übernehmen, was bei sich sexuell fortpflanzenden Organismen nicht möglich wäre. Bei sich auf geschlechtlichem Wege vermehrenden Lebewesen kann es höchstens sein, dass die doppelt vorhandenen Gene dieselbe Aufgabe auf verschiedene Weise lösen, zum Beispiel Haare blond oder rot färben. Das macht sie dann zu sogenannten Allelen, also verschiedenen Ausprägungen ein und desselben Gens. Wie die Forscher aus Cambridge feststellten, sind bei dem Räderegel der Spezies *Adineta ricciae* jedoch bestimmte doppelt vorhandene Gene, bei denen es sich aller Wahrscheinlichkeit nach irgendwann einmal um solche Allele gehandelt hat, für zwei vollkommen verschiedene Funktionen zuständig. Beide tragen zu der schon oben erwähnten erstaunlichen Widerstandsfähigkeit bei, die der Kleinstorganismus gegenüber längeren Trockenphasen zeigt.

So hat das winzige Tierchen die Not, in der es sich aufgrund seiner asexuellen Vermehrungsweise eigentlich befinden müsste, gewissermaßen zur Tugend gemacht. »Bei einem Organismus, der sich auf geschlechtlichem Wege vermehrt, könnte es zu so einer Veränderung der Genfunktionen nie kommen«, sagt Alan Tunnacliffe, der die Untersuchungen an dem Rädertier geleitet hat: »Anscheinend hat es doch seine Vorteile, Millionen von Jahren ohne Sex zu leben.«

Anthopleura elegantissima:
Die Klonkriege der Seeanemonen

Eine Seeanemone für eine Pflanze zu halten, ist nicht schwer. Sie trägt nicht nur denselben Namen wie die hübschen Zierblumen aus der Gattung der Windröschen, die aus Vorderasien und dem Mittelmeerraum ihren Weg in deutsche Gewächshäuser gefunden haben, sondern scheint auch in denselben leuchtenden Farben zu blühen. Doch Seeanemonen sind keine Blumen, sondern Blumentiere. Zwar ernähren sich viele der weltweit etwa 1 000 Arten indirekt über Fotosynthese, indem sie einzellige Algen in ihrem Innern hausen lassen, von denen sie mit Zucker und Stärke versorgt werden (und oft auch die schönen leuchtenden Farben haben, in denen sie zu blühen scheinen). Hauptsächlich aber ernähren sich Seeanemonen von Plankton und kleinen Fischen, Krebsen und Schnecken, die sie mit ihren giftigen Tentakeln fangen und dann in die große Mundöffnung in ihrer Mitte befördern, um etwas später ihre unverdaulichen Überreste wieder daraus auszuspucken. Die hübschen Meeresblumen sind gefährliche und angriffslustige Räuber, denen sich höchstens ein Anemonenfisch wie Hollywoods *Nemo* (siehe Kapitel »Transsexuelle«) oder eine der Krabben und Garnelen, mit denen sie in Symbiose leben, ohne Bedenken nähern darf. Und nicht nur ihren Beutetieren gegenüber verhalten sich die Blumentiere äußerst aggressiv, sondern auch gegenüber den eigenen Artgenossen legen sie häufig ein Gebaren an den Tag, das man nur in höchstem Maße unblumenhaft nennen kann. Wie die Blattläuse, von denen weiter oben die Rede ist, können sich Seeanemonen oft sowohl auf geschlechtliche wie auf ungeschlechtliche Weise fortpflanzen. Bei der geschlechtlichen Fortpflanzung stoßen die Blumentiere, bei denen es sich jeweils um Weibchen, Männchen oder Zwitter handeln kann, zu einer bestimmten Jahreszeit Keimzellen aus ihrer Mundöffnung aus und aus diesen Keimzellen entstehen dann frei schwimmende Larven, die sich nach einer gewissen Zeit wieder auf dem Meeresgrund niederlassen, um dort zu neuen Seeanemonen anzuwachsen. Bei der ungeschlechtlichen Fortpflanzung hingegen, zu der anders als bei den Blattläusen sowohl Männchen, Weibchen als auch Zwitter fähig sind, bilden die Seeanemonen an Ort und Stelle einen Klon ihrer selbst, indem sie sich einfach in der Mitte teilen, Segmente des runden Muskelfußes an ihrer Basis abtrennen oder knospenartige Auswüchse ausbilden, aus denen dann eine genetische Kopie von ihnen erwächst.

Die an der nordamerikanischen Pazifikküste beheimatete Seeanemone *Anthopleura elegantissima* etwa, deren Polypen sowohl in männlicher als auch in weiblicher Ausprägung vorkommen, pflanzen sich ebenso über das Ausscheiden von Keimzellen wie über die verschiedenen Spielarten des klonalen Selbstkopierens fort: Ersteres vor allem im Sommer, damit die Larven und daraus hervorgehenden Junganemonen vom reichhaltigen Nahrungsangebot profitieren können, das dann herrscht; Zweiteres hauptsächlich im Winter, möglicherweise weil mehrere kleine Einzelpolypen das dann karger werdende Angebot an Nährstoffen besser ausnutzen können als ein einzelner großer. Dabei haben sich allerdings innerhalb der einen Spezies zwei Polypenvarianten herausgebildet, die sich in Größe und Lebensweise so sehr unterscheiden, dass sie zeitweise für zwei verschiedene Spezies gehalten wurden. Zwar haben beide im Allgemeinen die gleiche grünliche Farbe und die gleichen rosafarbenen Tentakelspitzen. Doch die eine Variante erreicht einen Durchmesser von höchstens vier bis fünf Zentimetern, lebt in großen Kolonien auf den Felsen der oberen Uferregion, die mehrmals am Tag von der Ebbe freigelegt werden, und besiedelt diese hauptsächlich, indem sie klonale Kopien ihrer selbst anfertigt. Die andere wird beinah doppelt so groß, lebt als Einzeltier in Felsspalten und geschützten Nischen weiter unten in der Uferzone, wo sie weniger dem Sog der Gezeiten ausgesetzt ist, und pflanzt sich ausschließlich auf geschlechtlichem Wege fort, also indem sie zu gewissen Jahreszeiten gemeinsam mit allen anderen Seeanemonen ihrer Spezies Keimzellen ins Wasser abgibt (was einzelne Exemplare der weiter oben lebenden Kolonieanemonen zusätzlich zum Klonen auch noch tun).

Nun kann einem beim oberflächlichen Studium dieser beiden Anemonenvarianten ein scheinbar grundlegender Verhaltensunterschied auffallen, der schnell zu weitreichenden Schlussfolgerungen verführt. Wie oben bereits angedeutet, verhalten sich Seeanemonen nicht nur gegenüber ihren Beutetieren, sondern auch gegenüber ihren Artgenossen gelegentlich äußerst aggressiv und angriffslustig. Unterhalb der dünnen, rosafarbenen Tentakel, mit denen sie ihre Beute fangen, besitzen sie einen versteckten Satz dickerer, praktisch durchsichtiger Tentakelschläuche, die sie bei Auseinandersetzungen mit ihresgleichen aufblähen können wie die Finger eines Latexhandschuhs. Hat sich ein einzeln lebendes Exemplar von *Anthopleura elegantissima* mit seinem Muskelfuß in eine Felsnische geheftet und fühlt sich dort von einem anderen Exemplar bedrängt, fährt es diese Angriffstentakel aus, streckt dann seinen zylinderförmigen Rumpf in die Höhe und streicht in einer ausgreifenden Abwärtsbewegung über die rosafarbene »Tentakelblüte« der Anemone neben ihr. All das geschieht in seeanemonentypischer Zeitlupe und dauert insgesamt ungefähr ein bis zwei Minuten – ist also nicht gerade eine Blitzattacke. Doch die Spitzen der Angriffstentakel sind mit einer weißlichen Schicht Nesselzellen besetzt, ähnlich denjenigen, mit denen die Anemone sonst ihre Beute betäubt, und diese bleiben bei dem Ausfall an der »Blüte« der anderen Anemone haften und sorgen dort mit den vergifteten Miniharpunen, die noch im Moment der Berührung aus ihnen herausschießen, für schwere Schäden. Die Schäden sind so schwer, dass die angegriffene Seeanemone in der Regel unverzüglich auf ihrem Muskelfuß davonkriecht (denn auch zu selbstständiger

Singen für Sex: Männliche Buckelwale begleiten oft Walkühe mit Kalb durchs Meer, um sich vor der nächsten Paarungsrunde mit ihren Gesängen bei ihnen einzuschmeicheln.

Liebe geht durch die Nase: Sowohl bei Seidenspinnern als auch bei Gold-hamstern spielen bei der Paarung Pheromone eine große Rolle.

Die weitläufigste Fern- und die engste Nahbeziehung des Tierreichs:
balzende Wanderalbatrosse und mit dem Weibchen verwachsene Anglerfisch-
Männchen.

Bei Straußen landen meist so viele fremde Eier im Nest, dass sie einige zum Ablenken von Nesträubern benutzen, und auch bei Bonobos herrschen in Fortpflanzungsfragen stets chronisch ungeklärte Verhältnisse.

Klonen statt kopulieren: Von derselben Mutter stammende Blattlausklone kommen gut miteinander aus, nicht verwandte Klonkolonien von Seeanemonen sind jedoch durch hart umkämpfte Grenzlinien voneinander getrennt.

V

Angeber: Damit auch ja jeder ihren schönen Kehllappen zur Kenntnis nimmt, machen Anolimännchen Liegestütze, bevor sie ihn ausklappen.

Sexakrobaten: Spritzsalmler springen bei der Paarung gemeinsam auf über dem Wasser hängende Blätter, um dort ihre Eier abzulegen, Mauersegler paaren sich in freiem Fall.

Viele Arme, wenige Umarmungen: Gemeine Kraken haben einen speziellen Paarungsarm, den sie zu den Weibchen hinüberlegen, bei den Papierboot-kraken schwimmt dieser sogar allein an sein Ziel.

Bewegung sind die Blumentiere fähig) oder diesen Fuß ganz vom Fels löst, um sich so schnell wie möglich an einen friedlicheren Ort treiben zu lassen. Doch es kann auch passieren, dass sie zu einer – wiederum in einer langen, wuterfüllten Zeitlupenbewegung ausgeführten – Gegenattacke ausholt.

Die größeren, weiter unten in der Uferzone lebenden Seeanemonen scheinen also mürrische Einzelgänger zu sein, die zwar im Sommer ihre Keimzellen ins Wasser abgeben, damit sie sich mit denen ihrer Artgenossen vermischen, aber ansonsten nichts mit diesen zu tun haben wollen und ihnen sogar die Fangarme verätzen, wenn sie ihnen zu nahe kommen. In den Kolonien der kleineren Anemonen derselben Art, die weiter oben auf den wasserumtosten Felsen der Gezeitenzone leben und diese hauptsächlich durch eifriges Selbstklonen besiedeln, sieht man solche innerartlichen (also gegen Mitglieder der eigenen Art gerichteten) Aggressionen hingegen nicht. Hier sitzen die einzelnen Polypen so eng nebeneinander, dass sich ihre Tentakeln nicht nur berühren, was bei ihren größeren Artgenossen sofort zu massiven Vertreibungsversuchen führen würde, sondern sich im Hin und Her der Wellen sogar ineinander verflechten. Doch trotzdem gibt es keinen Streit.

Ganz im Gegenteil, die Anemonen ziehen noch Vorteile aus ihrem Willen zum Zusammenhalt. Quasi Arm in Arm ihren Mann stehend wie Gewerkschaftsmitglieder auf einer Protestkundgebung können sie der Kraft der Wellen erfolgreicher widerstehen und wie Wissenschaftler herausgefunden haben, profitieren sie auch bei Ebbe von ihrer gegenseitigen Nähe, die dann ein rasches Austrocknen der zu grünen Knubbeln zusammengezogenen Blumentiere verhindert. Aufgrund des sogenannten Drei-Musketier-Effekts – Rücken an Rücken bietet man seinen Gegnern weniger Angriffsfläche als allein – sind sie in der Gruppe außerdem viel besser gegen Fressfeinde wie Meeresschnecken und Seesterne geschützt. Deren potenziell lebensbedrohliche Anwesenheit bekommen die im Verband lebenden Anemonen in der Regel auch schon viel früher mit als die mürrischen Einsiedler: Mittels eines Alarmpheromons warnt das tausendarmige Klonkollektiv seine Mitglieder, sobald sich Gefahr nähert.

Die Schlussfolgerung scheint auf der Hand zu liegen. Klone sind die klügeren und besseren Lebewesen. Sie streiten sich nicht um ein paar Zentimeter Felsboden, sondern kommen selbst dann prächtig miteinander aus, wenn sie sich gegenseitig enger auf der Pelle hocken als Kohlköpfe in einem Gemüsebeet und ziehen sogar noch Vorteile aus ihrem Gruppendasein. Die Anhänger der sexuellen Fortpflanzung hingegen sind egozentrische Individualisten, die nicht teilen können und auf jede Beeinträchtigung ihrer Interessen sofort mit vollkommen überzogenen Gewaltausbrüchen reagieren. Kain erschlug Abel noch wegen eines nicht recht brennen wollenden Reisighaufens, doch schon im Trojanischen Krieg ging es um eine Frau. Sexualität sorgt für Unfrieden und Eigensinn. Asexualität hingegen schafft Frieden und Harmonie.

Dieser Eindruck ändert sich allerdings schnell, wenn man den Blick von der Mitte der Klonkolonie weg und zu ihrem Rand hin gleiten lässt. Denn dort führen die Klone genauso erbittert Krieg gegen andere Kolonien, deren Gene nicht exakt ihren eigenen gleichen, wie es tiefer im Wasser die Einzelgänger gegen andere Einzelgänger tun. Nur auf noch viel ausgefeiltere und raffiniertere Weise.

Der australische Biologe David Ayre und sein Kollege Richard Grosberg von der University of California wurden zum ersten Mal Zeugen der Klonkriege, als sie einen ganzen Fels, der etwa zwei Meter Durchmesser hatte und praktisch komplett mit zwei großen Kolonien von *Anthopleura elegantissima* bedeckt war, in ihr Labor verfrachteten. Wenn die Flut kommt und die Seeanemonen auf ihren Felsen von Wasser überspült werden, öffnen sie sich und die Kolonien erwachen nach der erzwungenen Ruhephase während der Ebbe zu neuer Aktivität. Genau dann sind sie wegen des oft heftigen Wellengangs allerdings auch am schwersten zu beobachten. Jetzt im Labor jedoch simulierten die Wissenschaftler die Flut, indem sie einfach nach und nach immer mehr Wasser in das 800 Liter fassende Aquarium einließen, in das sie den Fels gehievt hatten. Was sie auf diese Weise beobachten konnten, war erstaunlich.

Zwischen den zwei Kolonien verlief ein mehrere Zentimeter breiter Streifen, der nicht mit Seeanemonen besetzt war. Die Forscher kannten solche Grenzstreifen bereits aus der freien Wildbahn und hatten auch schon bemerkt, dass die Klone, die an den Säumen dieser Streifen standen, oft schwere Verletzungen aufwiesen, die von kriegerischen Zusammenstößen mit den Klonen des gegenüberliegenden Saums stammen mussten. Wie Ayre und Grosberg jetzt entdeckten, stießen die äußersten Klone der einen Kolonie aber nicht einfach in regelmäßigen Abständen mit denen der anderen zusammen und zogen sich dann auf ihre Ursprungsposition zurück. Das strategische Verhalten der Anemonenklone war wesentlich komplexer.

Kaum kehrte die künstliche Flut zurück und erweckte die Blumentiere zu neuem Leben, fand stets das gleiche Ritual statt. Große Klone, die nicht am äußersten Rand standen, sondern manchmal erst in dritter oder vierter Reihe, pumpten ihre Angriffstentakel auf, beugten ihren Rumpf über die kleineren Klone vor ihnen und tasteten den Grenzstreifen ab, als würden sie darin nach etwas suchen. Bald erkannten die Biologen auch wonach. Immer wieder kam es vor, dass in den Stunden der Flut einer der kleineren Klone, die am äußersten Rand standen, ein paar Zentimeter vorwärts kroch, bis in die Mitte des Grenzstreifens hinein, wie um zu erkunden, ob es hier neu zu besiedelndes Grenzland gab. Nach genau solchen vorwitzigen Spähern streckten die großen Wächterklone aus den hinteren Grenzreihen pünktlich zum Anfang jeder Flut ihre nesselbesetzten Angriffstentakel aus.

Normalerweise erhielten die Späher ein paar Ohrfeigen, teilten selbst die eine oder andere aus und krochen dann geläutert zu ihrer Mutterkolonie zurück, meist nur bis zu ihrem Rand, gelegentlich aber auch bis tief in die inneren Reihen hinein, wie um sich dort vor weiteren Angriffen zu verstecken. Andere, hartnäckigere Pioniere hielten sich hingegen so lange im Grenzgebiet auf, bis sie schließlich aufgrund der vielen Attacken eingingen, sich ihr Fuß vom Fels löste und sie leblos im Aquarium herumtrieben. In einem besonders dramatischen Fall überlebte ein kleiner Polyp, den die Wissenschaftler Stumpy (Stummelchen) getauft hatten, zwar die Angriffe der gegnerischen Wächterklone. Als er schwer gezeichnet in seine eigenen Reihen zurückkehren wollte, gingen jedoch auch dort plötzlich die großen Wachklone auf ihn los. Vermutlich hatte er so viele Nesselzellen des Feindes an sich kleben, dass sie ihn nicht mehr als einen der ihren erkennen konnten.

Die Seeanemonen der Spezies *Anthopleura elegantissima*, die in der Gezeitenzone durch klonales Selbstkopieren Felsen besiedeln, unterscheiden sich in ihrem Aggressionsverhalten also kaum von denen, die als Einzeltiere im tieferen Wasser leben. Über genetische Tests konnte inzwischen auch einwandfrei belegt werden, dass beide tatsächlich ein und derselben Spezies angehören und nach wie vor ein reger genetischer Austausch zwischen ihnen stattfindet, die von beiden Polypenvarianten ins Wasser abgegebenen Keimzellen sich also weiterhin munter gegenseitig befruchten. Man geht davon aus, dass die weiter oben lebende Variante aus der weiter unten lebenden hervorgegangen ist, weil diese selbst zu groß wird, um sich bei starkem Wellensog mit ihrem Muskelfuß in der Gezeitenzone festhalten zu können. Andererseits ist weiter unten vermutlich ein größeres Körpermaß nützlich, um sich gegen die höhere Anzahl von Fressfeinden und Nahrungskonkurrenten durchzusetzen, die dort zu finden ist. Und sich in der Mitte zu teilen oder auch nur einzelne Körpersegmente abzugeben, brächte nur Nachteile mit sich, wenn eine Anemone erst einmal einen gewissen Durchmesser erreicht hat. All das sind aber eher Hypothesen als letztgültige Erklärungen für die seltsame Aufteilung der Lebensräume unter den beiden Varianten.

Manche Biologen sind ohnehin der Meinung, die asexuelle Fortpflanzung von Seeanemonen sei eigentlich gar keine Fortpflanzung, sondern nur eine andere Art Wachstum. Und tatsächlich liegt es gerade im Fall von *Anthopleura elegantissima* nahe, jede auch noch so große Klonkolonie der Spezies als mehrköpfigen Einzelorganismus zu betrachten. David Ayre und Richard Grosberg, die das strategisch komplexe Kampfverhalten am Rande der Kolonien entdeckt haben, stellten bei ihren Untersuchungen auch fest, dass in der Mitte der Kolonien stets besonders große Klone ihren Platz haben, die vor allem mit der Produktion der Keimzellen beschäftigt sind, die auch von den Kolonien jeden Sommer ins Wasser abgegeben werden. Diese Klone haben so gut wie keine Angriffstentakeln, während die ebenfalls recht großen Wächterklone an der Grenze der Kolonie zwar viele solche Tentakel aufweisen, aber in der Regel wesentlich schlechter ausgebildete Keimdrüsen.

So lässt sich eine Kolonie von *Anthopleura elegantissima* in gewisser Weise mit einem Bienenstock vergleichen, in dem auch genetisch ähnlich ausgestattete Einzelwesen verschiedene Aufgaben übernehmen und eine hohe Bereitschaft zeigen, sich für das Wohl der Gemeinschaft zu opfern. Doch eben auch der Vergleich mit einer einzigen großen Seeanemone drängt sich auf: mit mehreren Reproduktionsklonen in der Mitte, die wie der Mund des einzelnen Individuums jeden Sommer Keimzellen ausspucken, und wehrhaften Wachklonen am Rand, mit der sich die geklonte Riesenanemone genauso gegen Annäherungen anderer Riesenklone zu Wehr setzt wie die einzeln lebende Variante mit ihren Angriffstentakeln gegen andere, ebenfalls einzeln lebende Artgenossen. Auch der Mensch besteht ja letztendlich aus vielen Einzelzellen, die durch Teilung entstanden sind und jetzt jeweils auf ihre eigene Weise zum Wohl des Gesamtorganismus beitragen. Warum sollte sich dann nicht auch eine über einen Felsen ausgestreckte Seeanemone als in sich geschlossenes Ganzes betrachten dürfen?

7. Angeber

Anolis *gundlachi:*
Die aufmerksamkeitsheischende
Morgengymnastik der
Gelbkinnanolis

Die Tierwelt steckt voller Angeber. Obwohl dieses Buch erst im siebten von insgesamt 18 Kapiteln angekommen ist, sind auch darin bereits etliche aufgetaucht. Nachtigallmännchen und Buckelwalbullen versuchen, weibliche wie männliche Artgenossen durch ihren schönen Gesang zu beeindrucken, Schaben probieren das Gleiche mit ihrem Körpergeruch. Albatrosse tanzen für ihre Angebeteten, was ja noch ganz sympathisch ist, aber schon Strauße flechten in solche Darbietungen wenig feinsinnige visuelle Elemente wie das Aufblähen ihres rosa leuchtenden Halses und zorniges Fußstampfen ein. Im übrigen Tierreich ist es nicht anders. Der Pfau fächert seinen mit 100 schillernden Augen verzierten Schwanz auf, wenn er vor Artgenossen protzen will, dem Hahn schwillt der Kamm, dem Fregattvogel sein weithin sichtbarer Kehlsack. Hirsche lassen sich ein möglichst großes Geweih wachsen, um vor ihresgleichen anzugeben. Die urzeitlichen Riesenhirsche übertrieben es damit sogar dermaßen, dass es einer Theorie zufolge schließlich zu ihrem Aussterben führte, weil sie auf der Flucht vor Raubtieren ständig mit ihrem überdimensionalen Geweih an Bäumen und Sträuchern hängenblieben.

Doch was ist, wenn man vor anderen angeben will, aber niemand schaut hin? Was, wenn man nicht nur eine wunderschöne gelbe Kehlfahne hat, die man ausklappen kann wie ein Zugsignal, sondern auch in der Lage ist, auf echt sehenswerte Weise mit dem Kopf zu wippen, aber einem einfach niemand dabei zuguckt, weil es entweder zu dunkel ist oder alle potenziellen Zuschauer so weit weg sitzen, dass sie nichts von den Anstrengungen mitbekommen, die man ihretwegen auf sich nimmt? (Von dem Risiko, statt möglichen Partnerinnen und Rivalen Fressfeinden aufzufallen, ganz zu schweigen.)

Gelbkinnanolis sind zehn bis 15 Zentimeter große Echsen, die mit ihrem schlanken, grünlich-braunen Körper an Eidechsen erinnern, aber zur Ordnung der Leguanartigen gehören und näher mit Chamäleons und Agamen verwandt sind. Sie kommen vor allem auf Puerto Rico vor und heißen mit wissenschaftlichem Namen *Anolis gundlachi*, was auf den deutschen Zoologen Johann Gundlach (1810–1896) zurückgeht, der auf der Karibikinsel heute noch als Vater der dortigen Naturforschung verehrt wird. Wie Geckos haben sie verbreiterte Haftfinger an den Klauen, weswegen sie auch Saumfingerleguane genannt werden, und leben meist auf Bäumen im dichten Urwald, wo sie sich nachts sichere Verstecke vor Räubern suchen und tagsüber auf die Jagd nach Insekten gehen. Sowohl die weiblichen als auch die männlichen Gelbkinnanolis beanspruchen feste Reviere für sich. Bei den Männchen fallen diese jedoch in der Regel etwas größer aus, weil es ihnen nicht nur darauf ankommt, möglichst viel Nahrung darin zu finden, sondern auch möglichst viele Weibchen.

Um ihre Reviere zu verteidigen und die weiblichen Anolis in ihrer Umgebung zu beeindrucken, führen die Anolimännchen jeden Morgen und jeden Abend das gleiche Imponierritual aus. Dies geschieht von erhöhter Warte aus und nicht selten über mehrere Stunden hinweg, genau wie bei vielen Vogelmännchen des Urwalds, die zu den gleichen Tageszeiten mit ihren Gesängen ähnliche Ziele verfolgen. Statt sich auf einen Ast zu setzen und zu singen, heften die Anolimänner sich jedoch kopfüber an einen Baumstamm, wippen in regelmäßigen Abständen mit dem Kopf auf und ab und klappen zwischendurch ihre gelbe runde Kehlfahne aus, die sie mithilfe ihres Zungenbeins weit von Kinn und Hals abstrecken können.

Dabei kann es jedoch manchmal zu Problemen kommen, und zwar zu solchen, die den Vögeln mit ihrem rein akustischen Imponiergehabe erspart bleiben. Ist es noch sehr früh am Morgen oder schon recht spät am Abend, kann es zum Beispiel so dunkel im Urwald sein, dass man trotz noch so fleißigen Kopfwippens und Ausklappens seiner Kehlfahne keinem der auf den umliegenden Bäumen sitzenden Anolis auffällt. Den gleichen traurigen Effekt kann im dichten Dschungel auch starke Bewölkung haben. Überhaupt können einem Himmel und Wetter auf vielfältige Weise einen Strich durch die Rechnung machen. Mal bewegen sich die Sonnenstrahlen, die durch das Blätterdach fallen, zu ungünstig: Im einen Moment sitzt man noch im Rampenlicht, im nächsten aber schon in so tiefem Schatten, als sei man in den Bühnengraben gefallen. Ein anderes Mal bringt der Wind so viel Bewegung in die Blätter, dass man mit seinen eigenen Bewegungen dazwischen nicht mehr auffällt. Und manchmal schließlich sitzen alle potenziellen Zuschauer auch schlicht und einfach zu weit weg, um sie allein mit ein bisschen Kopfwippen dazu bringen zu können, zu einem hinüberzusehen.

In solchen Fällen hilft nur eins: Liegestütze. Wann immer ein Anolimännchen das Gefühl hat, von seiner Umwelt zu wenig beachtet zu werden, macht es Liegestütze. Es macht sie mit Armen und Beinen gleichzeitig, wippt zwei, drei Mal mit dem ganzen Körper in raschen Bewegungen auf und ab – und kann sich in einem Umkreis von etwa zehn Metern sofort wieder der ungeteilten Aufmerksamkeit all seiner Artgenossen sicher sein. Es ist, als hätte es ein paarmal laut in die Hände geklatscht. Auf diese Weise seines Publikums wieder gewiss, geht es nun erneut zu seinem Kopfwippen über, das es aus irgendeinem Grund für so unglaublich attraktiv hält, und klappt gleich darauf auch wieder seine gelbe Kehlfahne aus, als sei es die einzige exotische Echse auf ganz Puerto Rico, die diesen tollen Trick beherrscht.

Den amerikanischen Biologen Terry Ord und Judy Stamps waren die Liegestütze der Gelbkinnanolis bei ihren Forschungen im puertoricanischen Dschungel immer wieder aufgefallen. Sie kamen auch bald schon auf die Idee, es könnte sich dabei um eine Art Spezialsignal handeln, das die Echsen ihrem Imponierverhalten immer dann vorschalten, wenn die Sichtverhältnisse so ungünstig sind oder ihre Zuschauer so weit entfernt, dass sie anders nicht ihre Aufmerksamkeit erlangen können. Solche einleitenden Signale waren bereits bei anderen Tieren beobachtet worden, bei Fröschen zum Beispiel, die ihrem Quaken manchmal bestimmte niederfrequente Laute vorausschicken, oder bei Kojoten, die vor dem Heulen in der Regel mehrmals laut bellen. Auch dass Tiere solche einfachen, klaren Signale oft gebrauchen, um sich gegen akustisches oder visuelles Hintergrundrauschen durchzusetzen, und danach erst ihre eigentliche, komplexere Balz- oder Imponierbotschaft von sich geben, war bereits bekannt. Doch dass die Signale auch tatsächlich diesen Zweck erfüllen, war dem Wissen der beiden Forscher nach nie experimentell nachgewiesen worden und so dachten sie sich jetzt einen ganz besonderen Versuch aus, um diesen Beweis zu erbringen.

Ord und Stamps fertigten einen Latexabguss von einem Anolimännchen an, bemalten diesen Abguss lebensecht (die Farbe der Kehlfahne überprüften sie sogar mit Hilfe eines speziellen Photometers) und bauten ihm von zwei kleinen Motoren betriebene Gelenke ein, von denen ein Teil dafür sorgte, dass die Echsenattrappe sich auf realistische Weise auf und ab bewegte, und der andere, dass sie ihre Kehlfahne ausklappen konnte. Die Elektronik, über die sich die Gelenke fernsteuern ließen, sowie die Motoren und die 32 AA-Batterien, von denen die Motoren ihren Saft bekamen, brachten sie in einer grün angemalten Keksdose unter und positionierten diese dann mit der Attrappe darauf so auf einem Stativ im Urwald, dass andere Anolis denken mussten, der künstliche Anoli sitze ganz normal auf einem Baumstamm. Anschließend ließen sie ihren Roboter das typische Imponiergehabe der puertoricanischen Leguane ausführen, mal mit Liegestützen davor, mal ohne, und nahmen heimlich mit der Kamera auf, wie andere Anolis in der Umgebung darauf reagierten.

Tatsächlich zeigte sich, dass der Roboter schneller die Aufmerksamkeit seiner lebendigen Artgenossen auf sich zog, wenn er ein paar Liegestütze einschob, bevor er mit dem Kopf wippte und seinen Kehlsack ausklappte, besonders bei schlechten Lichtverhältnissen. Die Forscher glauben, die raschen, mit dem ganzen Körper ausgeführten Auf-und-ab-Bewegungen wirken im düsteren Dschungel wie eine Art Winken, ähnlich dem, mit dem man in einem schummrigen Restaurant versucht, einen von anderen Gästen abgelenkten Kellner dazu zu bringen, zu einem hinzusehen. »Das Signal muss schnell, klar und abrupt sein«, sagt Ord, der die Versuche leitete, »sodass es selbst aus dem Augenwinkel heraus noch zu erkennen ist.« Auch die Kehlfahne in rascher Folge ein paarmal auf- und zuklappen ließen er und Stamp ihr ferngesteuertes Reptil, so wie es andere Anoli-Arten machen, wenn sie von ihren Artgenossen beachtet werden wollen, und erzielten auch damit gute Ergebnisse.

Warum machen die Anolimännchen aber nicht immer vor ihren Imponierdarbietungen Liegestütze? Die Forscher vermuten, weil sie das auf Dauer zu viel Energie kosten würde. Ebenso kann es ja stets sein, dass sie mit dem Zusatzsignal nicht nur die Aufmerksamkeit ihrer Artgenossen auf sich lenken, sondern auch die eines puertoricanischen Eidechsenkuckucks oder eines Mungos, die beide gerne Anolis fressen. Sowohl der eine als auch der andere wurde bereits häufig dabei beobachtet, wie er sich auf einen mit dem täglichen Angeben beschäftigten Anolimann stürzte.

Poecilia reticulata: Die lohnende Mutprobe der Guppys

Schon einen Roboter zu bauen, um das Imponierverhalten von Eidechsen zu untersuchen, mag ausgefallen erscheinen. Doch um das Imponierverhalten ihrer Studienobjekte zu untersuchen, den besser als Guppys bekannten tropischen Fischen der Spezies *Poecilia reticulata*, hat sich ein kanadisch-amerikanisches Forscherduo ein noch ausgefalleneres Experiment einfallen lassen. Dabei kam zwar kein Roboter zum Einsatz, aber immerhin eine Buntbarschattrappe mit Glasaugen; ebenso wie eine auf Fischmaßstäbe reduzierte Hängebahn, in der einige der Teilnehmer des Experiments mit Sicherheit den Ritt ihres Lebens durchgemacht haben.

Guppys sind bei Zierfischzüchtern äußerst beliebt, weil sie nicht nur hübsch sind, sondern sich auch hübsch schnell vermehren. Ihr

Name geht auf den britischen Naturforscher Robert Lechmere Guppy (1836–1916) zurück, der davon im Jahre 1866 einige Exemplare auf Trinidad einfing und an das Britische Museum in London schickte. Wie sich später herausstellte, war die Spezies bereits von dem deutschen Zoologen Wilhelm Peters (1815–1883) wissenschaftlich beschrieben worden (der auch schon die von Johann Gundlach an das Berliner Naturkundemuseum geschickten puertoricanischen Anolis beschrieben hatte, um die es weiter oben ging). Doch der Name Guppy ist den paarungsfreudigen kleinen Süßwasserfischen trotzdem geblieben.

Guppy fand seine Guppys auf Trinidad, weshalb sie auch oft Trinidad-Guppys genannt werden, ihre ursprüngliche Heimat liegt aber wohl in den verschlungenen Flussläufen des südamerikanischen Festlands, nördlich des Amazonas. Weil sie Moskitolarven fressen und so zur Malariabekämpfung beitragen, wurden Guppys im Laufe der Jahrzehnte in vielen Ländern gezielt ausgewildert und sind heute praktisch überall heimisch, wo sie halbwegs warme Süßwassergewässer finden können. Auch in Deutschland haben viele der kleinen Aquariumsfische den Weg in die Freiheit gefunden und leben in den warmen Abflüssen von Thermalquellen, Kraftwerken oder Kläranlagen.

In der freien Wildbahn erreichen weibliche Guppys eine Größe von knapp fünf Zentimetern. Die Männchen werden nur etwa halb so groß, gleichen das aber gewissermaßen durch ein prächtig gefärbtes Schuppenkleid aus, in dem oft Orangetöne dominieren, aber auch alle anderen Farben des Regenbogens vorkommen können. Diese Disposition zum Farbenreichtum, gepaart mit ihrer raschen Vermehrungsrate, machte die Guppys auch von Anfang an bei Zierfischzüchtern so beliebt. Unter diesen genügt es allerdings inzwischen nicht mehr, nur mit neuen farblichen Kreationen bei den jährlichen Treffen und Tierschauen aufzuwarten. Auch von der überdimensional großen Schwanzflosse, die die meist männlichen Guppyfreunde den zu kurz geratenen Männchen angezüchtet haben, werden immer wieder neue, aufsehenerregende Varianten vorgestellt, was dazu geführt hat, dass Guppys heute in einer ähnlich unüberschaubaren Form- und Farbvielfalt vorliegen dürften wie Damenhüte.

Weibliche Guppys werden im Alter von etwa drei Monaten geschlechtsreif, die Männchen bereits früher. Mit dem Sex geht es zwischen den beiden allerdings schon vor der Geschlechtsreife des Weibchens los, denn wie die weiter oben beschriebenen Salamander- und Mäuseweibchen können auch weibliche Guppys den männlichen Samen in ihrem Körper speichern. Den Nachwuchs legen sie nicht in Form von Eiern ab, wie die meisten Fische, sondern bringen ihn nach etwa einmonatiger Tragzeit lebend zur Welt, in Würfen von bis zu 100 Babyguppys. Danach sind sie sofort wieder paarungsbereit.

Werden sie ihnen nicht gerade von Züchtern aufgedrängt, sind allerdings auch Guppyweibchen ziemlich wählerisch, was ihre Paarungspartner angeht. Meist bevorzugen sie Männchen, in deren Färbung nicht nur Orangetöne dominieren, sondern die auch besonders viel Leuchtkraft besitzen, und wie Untersuchungen ergeben haben, ist diese Wahl durchaus klug. Denn in der Regel sind männliche Guppys, die ein besonders prächtiges orangefarbenes Schuppenkleid haben, besser darin, Futter zu finden, und deswegen in einem besseren Ernährungszustand und gesünder als solche mit blasserem Äußeren – alles Qualitäten, die die Weibchen nur allzu gerne an ihren Nachwuchs weitergeben. Sieht man also in einem Fluss auf Trinidad oder neben einer deutschen Kläranlage einen Guppy unter der Wasseroberfläche schwimmen, der aussieht wie ein kleiner Goldfisch, sieht man einen Guppy, der bei den Damen gut ankommt. Allerdings gibt es ein Merkmal, das bei Guppyfrauen noch mehr zieht als ein auf gute Ernährung hinweisendes Erscheinungsbild, und das ist Mut.

Wie der kanadische Verhaltensforscher Jean-Guy Godin und der an der Universität Louisville in Kentucky tätige Biologe Lee Dugatkin herausfanden, geht beides normalerweise Hand in Hand. In ihrer natürlichen Umgebung werden Guppys von verschiedenen räuberischen Buntbarschen, Salmlern und Bachlingen gejagt und in Gegenwart dieser Raubfische veranstalten die männlichen Guppys regelrechte Mutproben, bei denen es darum geht, möglichst nah an einen sich anpirschenden Jäger heranzuschwimmen. Die Männchen machen das oft paarweise, wobei es ihnen offensichtlich darauf ankommt, ihren jeweiligen Rivalen vor den Augen der zuschauenden Weibchen auszustechen, und wie Godin und Dugatkin bei ihren Forschungen in freier Natur beobachten konnten, tragen dabei meist die prächtiger gefärbten Guppymännchen den Sieg davon. Um diesen Eindruck experimentell zu überprüfen, teilten die Forscher ein Aquarium mithilfe einer Plexiglasscheibe in zwei Bereiche, setzten in den einen eine gemischtgeschlechtliche Gruppe Guppys, in den anderen einen hungrigen Buntbarsch und stellten auch hierbei fest, dass ein Männchen umso mehr Mut beim Heranschwimmen an den Feind demonstrierte, je prächtiger gefärbt es war. Durch einen weiteren Versuch, bei dem sie statt des echten Buntbarschs eine an einer Laufschiene aufgehängte Attrappe benutzten, erfuhren die zwei Wissenschaftler auch einen möglichen Grund für den größeren Mut: Die körperlich fitteren, prächtigeren Fische besaßen offensichtlich bessere Reaktionen. Ließen Godin und Dugatkin ihre Attrappe plötzlich auf zwei an sie herangeschwommene Männchen zuschießen, flüchtete für gewöhnlich das prachtvollere bereits, bevor das blassere überhaupt recht begriffen hatte, was vor sich ging.

Gutes Abschneiden bei einer Mutprobe, folgerten die Forscher, stellt also für die Weibchen einen verlässlichen Hinweis auf die körperlich-geistige Fitness eines Männchens dar. Denn da es ein körperlich weniger fittes Männchen schnell das Leben kosten kann, wenn es sich bei einer solchen Mutprobe als furchtloser ausgibt, als es in Wirklichkeit ist, wird es das in der Regel erst gar nicht probieren. Vor den Mädels wie ein Held dazustehen, ist sicher toll. Doch wenn man tot ist, nützt es einem wenig.

Wenn aber ein prächtiges Schuppenkleid bei Guppymännchen nicht nur automatisch mit physischer Fitness gleichzusetzen ist, sondern auch mit Tapferkeit, was für einen Grund könnten dann prächtig gefärbte Männchen haben, diese immer wieder aufs Neue zu beweisen? Wäre es nicht klüger von ihnen, die riskanten Mutproben aufzugeben und sich ganz auf den Anschein von Kühnheit und körperlicher Überlegenheit zu verlassen, den ihr orange leuchtendes Schuppenkleid den Weibchen vermittelt? Könnten sie nicht auf die Idee kommen, sozusagen die Fliegerjacke und das Safarihemd anzubehalten, sich gefährliches Abenteurertum in Wirklichkeit aber lieber zu ersparen?

Wie Godin und Dugatkin mithilfe eines weiteren Versuchs zeigten, würde das nicht funktionieren. Dabei kombinierten sie das durch durchsichtige Wände geteilte Aquarium aus dem ersten Experiment mit der Laufschiene, die sie im zweiten Versuch verwendet hatten, und schickten dann ein paar ihrer kleinen Probanden auf eine Geisterbahnfahrt, die diese zweifellos nicht so schnell wieder vergaßen.

Die Wissenschaftler teilten ein circa 70 Zentimeter langes Aquarium mit zwei Plexiglasscheiben so auf, dass an einem Ende Platz für einen weiblichen Guppy war, am anderen für einen guppyfressenden Buntbarsch, und in der Mitte ein Freiraum von knapp einem halben Meter übrig blieb. Die beiden Guppymännchen, mit denen das Experiment pro Versuchslauf durchgeführt wurde, hatten also jede Menge Raum, um dem Weibchen zu zeigen, wie nah sie sich an das Monstrum hinter der Glasscheibe herantrauten. Da es Godin und Dugatkin bei diesem Versuch jedoch nicht darum ging, wie mutig bestimmte Guppymännchen sind, sondern wie sehr Weibchen auf mutige Guppymännchen stehen, durften die Männchen über das Ausmaß ihres Mutes nicht selbst entscheiden.

Die Forscher hängten zwei kleine durchsichtige Plastikkapseln vor der Trennscheibe zum Weibchen auf, von denen eine mithilfe einer über dem Aquarium angebrachten Laufschiene bis auf fünf Zentimeter an die Scheibe herangefahren werden konnte, hinter der der Raubfisch schwamm. Dann setzten sie nach dem Zufallsprinzip jeweils ein blasses und ein prächtiges Männchen in die beiden Kapseln und machten das eine vor den Augen des Weibchens zum Feigling, das andere mithilfe der ferngesteuerten Hängebahn zum Draufgänger.

Jeder Versuchslauf dauerte zehn Minuten. In dieser Zeit wurde derjenige Guppymann, der in den Augen des Weibchens zum Teufelskerl gemacht werden sollte, insgesamt sechsmal so nah an den Raubfisch herangefahren, dass er die Zähne in seinem Maul zählen konnte. Die prächtig gefärbten Guppymännchen waren solche tollkühnen Heldentaten natürlich gewohnt. Die blassen standen zweifellos eine Angst aus wie noch nie in ihrem Leben.

Dafür wurden sie nach dem Versuch allerdings ebenfalls mit etwas belohnt, was sie noch nie erlebt hatten. Denn wie Dugatkin bereits bei früheren Experimenten festgestellt hatte, sind Guppys imstande, sich Identität und Handlungen anderer Guppys zu merken. Als im Nachfolgetest also die Weibchen, die dem getürkten Wettkampf der Männchen beigewohnt hatten, sich für eines der beiden entscheiden mussten, erkannten sie in der Regel das Männchen wieder, das so todesmutig dem Barsch ins Auge geblickt hatte, und bandelten lieber mit diesem an als mit seinem Konkurrenten, selbst wenn es von seinem Äußeren her eher wie ein Feigling wirkte. Mehr noch als von heldenhaftem Aussehen ließen sich die Weibchen von heldenhaften Taten beeindrucken. So kam mancher blasse Feigling zum ersten Mal in seinem Leben in den Genuss, einem seiner attraktiveren Artgenossen bei der Balz die Schau zu stehlen.

Wenn weibliche Guppys so viel Wert auf Tapferkeit bei den Vätern ihrer Kinder legen, haben sie offenbar ein großes Interesse daran, tapfere Kinder zu bekommen, und wie sich bei einer Untersuchung an tropischen Fischen zeigte, die mit den Guppys sehr eng verwandt sind, geht diese Rechnung auch auf. Dabei prüfte ein britisch-australisches Forscherteam, wie beherzt im Labor aufgewachsene Fische, die von als besonders furchtlos geltenden Wildpopulationen abstammen, bei der Erforschung neuer Lebensräume vorgehen, und kam zu dem Ergebnis, dass der Mut der Eltern tatsächlich auf deren Kinder übergeht.

Im Fall der Guppys bleibt dann eigentlich nur noch die Frage, ob es im Hinblick auf das eigene genetische Fortbestehen wirklich so klug sein kann, lauter Jungfische in die Welt zu setzen, die bei jeder Gelegenheit auf Tuchfühlung mit hungrigen Raubfischen gehen. Doch auch dazu gibt es eine Untersuchung, diesmal wieder von dem kanadischen Guppyforscher Jean-Guy Godin. Dabei fand er heraus, dass dieses Manöver keineswegs so riskant ist, wie man intuitiv annimmt, sondern paradoxerweise den Raubfisch sogar oft dazu bringt, seinen heimlichen Angriff abzubrechen. Vielleicht verwirrt es ihn, dass einer der Winzlinge, an die er sich anpirscht, so viel unverschämten Mut zeigt. Vielleicht geht er auch einfach nur davon aus, dass ein Fisch, der ihn offensichtlich bereits bemerkt hat, schwerer durch plötzliches Vorwärtsschießen zu fangen ist als einer, der allem Anschein nach noch nichtsahnend vor sich hin träumt. Den Kürzeren ziehen jedenfalls mal wieder die blassen Feiglinge, wie so oft bei den Guppys, denn diese suchen sich die um ihre Beute gebrachten Raubfische zumeist als Ersatzopfer aus.

Limia perugiae: Die vergebliche Angeberei der Perugiakärpflinge

Liegestütze machen, damit jeder zu einem hinsieht, Raubfische ärgern, um zu beweisen, was für ein Teufelskerl man ist – normalerweise geht man davon aus, dass solches männliche Imponiergehabe in der Tierwelt auch zum gewünschten Erfolg führt. Der üblichste Weg, den Dicken zu machen, ist dabei sicherlich, vor weiblichen Artgenossen mit seinen körperlichen Vorzügen zu prahlen und die männlichen so unterzubuttern, dass sie einem sowohl beim Futter als auch bei den Frauen von ganz allein den Vortritt lassen. Männchen, die diese Strategie verfolgen und in den allermeisten Fällen auch die körperlichen Voraussetzungen dafür mitbringen, nennt man gemeinhin Alpha-Männchen und dass diese innerhalb ihres Gruppenverbands den meisten Fortpflanzungserfolg haben, galt lange als festes Credo in der Zoologie. Schließlich investieren sie ja nicht nur stärker in ihr körperliches Wachstum, was oft eine spätere sexuelle Reife zur Folge hat, sondern bringen auch mehr Energie für den Erhalt ihres hohen sozialen Ranges auf, was sich dann gerechterweise auch irgendwie auszahlen sollte. Doch wie der Glaube, alle Vogelfrauen seien ihren Männchen treu, ist auch dieses Credo mit der Erfindung des genetischen Vaterschaftstests ins Wanken gekommen. Den Dicken machen zahlt sich nicht immer aus, zumindest wenn man den damit erzielten Fortpflanzungserfolg als Maßstab anlegt. In manchen Fällen sogar so wenig, dass man beinah Mitleid mit den Angebern kriegen kann.

Perugiakärpflinge sind nahe Verwandte der Guppys und ähneln diesen nicht nur in Größe und Gestalt, sondern werden auch wie sie wegen ihres hübschen Schuppenkleids gerne als Zierfische gehalten. Ihre entwicklungsgeschichtliche Heimat liegt vermutlich ebenfalls auf dem südamerikanischen Festland. Heute kommen sie jedoch hauptsächlich in den warmen Quell- und Fließgewässern der großen Antilleninsel Hispaniola vor, die zwischen Kuba und Puerto Rico liegt und politisch in den instabilen Inselstaat Haiti und das beliebte Ferienziel der Dominikanischen Republik unterteilt ist.

Wie die Guppys sind die Perugiakärpflinge lebendgebärend und leben in gemischtgeschlechtlichen Verbänden. Allerdings sind bei ihnen nicht grundsätzlich die Männchen kleiner und die Weibchen größer, sondern unter den Männchen herrscht ein ausgeprägter Polymorphismus, was bedeutet, dass sie sich sowohl in der Pracht ihres Schuppenkleids als auch in ihrer Größe zum Teil dramatisch voneinander unterscheiden. Während die Weibchen in der Regel etwa vier Zentimeter groß werden, gibt es die Männchen in einem Größenspielraum von zwei bis sechs Zentimetern. Ob ein Männchen sehr klein oder sehr groß wird, ist davon abhängig, welche Ausführung bestimmter Gene es von seinen Eltern erbt, wobei ein zusätzlicher genetischer Mechanismus dafür sorgt, dass es auch Zwischengrößen gibt.

Große männliche Perugiakärpflinge brauchen doppelt so lange wie kleine, um auf ihre volle Körpergröße anzuwachsen, nämlich ungefähr sechs Monate. Doch haben sie diese erst einmal erreicht, führen sie sich auch sofort auf wie ausgemachte Alpha-Arschgeigen. Sie schubsen die anderen Männchen so lange herum, bis nur noch diejenigen sich mit ihnen anzulegen trauen, die halbwegs die gleiche Größe haben wie sie. Die kleineren Exemplare machen sich immer sofort schon aus dem Staub, wenn ein Alpha-Männchen es auf dieselbe Mückenlarve oder dieselbe Fischdame abgesehen hat wie sie, und verhindern nur so, dass die körperlich klar überlegenen Rüpel ihnen ernsthafte Verletzungen zufügen.

Der Unterschied im körperlichen Selbstbewusstsein zwischen den verschiedenen Kärpflingsmännchen tritt auch klar in ihrem Verhalten gegenüber den Weibchen zutage, welche – was vermutlich kaum überrascht – die größeren Männchen den kleineren deutlich vorziehen. Hat es einer der Alpha-Kärpflinge auf eine bestimmte Kärpflingsdame abgesehen, wirft er sich zunächst vor ihr in Pose, indem er seinen leuchtenden blauen Körper s-förmig verbiegt wie ein drohender Hai und seine schwarze Rücken- und gelbe Schwanzflosse aufstellt. Ist das Weibchen hinlänglich beeindruckt, prüft er, ob sie auch wirklich schon empfängnisbereit ist, indem er kurz mit seinem Maul ihre Genitalpore berührt, und führt dann sein sogenanntes Gonopodium in sie ein, seine zu einer Art Penis umgewandelte After-flosse, was das Weibchen gerne und geduldig über sich ergehen lässt. Bei den kleineren Männchen hingegen, die erst gar nicht versuchen, die Weibchen mit ihrem Äußeren zu beeindrucken, dient das charak-teristische Berühren der Genitalpore mit dem Maul vor allem dazu, den Kontakt zu dem Weibchen nicht zu verlieren, während dies in wilder Flucht vor ihnen durch irgendwelche Wasserpflanzen jagt. Der Geschlechtsakt sieht in diesem Fall meistens so aus, dass das Männ-chen versucht, das fliehende Weibchen auf ähnlich grobe Weise auf sein Gonopodium aufzuspießen wie ein Speerfischer sein Mittag-essen auf seine Jagdwaffe.

In Anbetracht der klaren Vorherrschaft, die die Alpha-Kärpf-linge über die anderen Männchen ausüben, und der ebenso klaren Präferenz der Weibchen für sie gingen selbst Biologen, die die Fische regelmäßig in freier Natur beobachteten, wie selbstverständlich davon aus, dass die Alpha-Männchen für den meisten Nachwuchs unter den Kärpflingen verantwortlich sind. Als jedoch eine Forscher-gruppe um den Molekularbiologen Manfred Schartl von der Uni-versität Würzburg sich daranmachte, diese Annahme mithilfe von genetischen Vaterschaftstests zu überprüfen, erlebte sie eine große Überraschung.

Die Forscher steckten zunächst ein kleines Gamma-Männchen und ein großes Alpha-Männchen mit zwei Weibchen in ein Aqua-rium und wunderten sich wenig, als der Nachwuchs, der aus dem Ver-such hervorging, praktisch zu 100 Prozent von dem Alpha-Männchen stammte. Dieses hatte ja schließlich schnell gegenüber dem verängstigten Winzling klargemacht, wer für welche Bereiche des gemeinsamen Zusammenlebens in ihrer neuen WG zuständig war.

· Dann steckten die Wissenschaftler jedoch vier Weibchen mit vier Männchen zusammen, deren Größe sich von zweieinhalb Zentimetern bis auf fünf Zentimeter hochstaffelte, eine Zusammensetzung, die derjenigen in freier Wildbahn schon wesentlich näherkam. Auch hier bildete sich schnell wieder eine feste Rangordnung heraus, bei der das größte Männchen erneut klar das Sagen hatte und das kleinste sich die meiste Zeit hinter einer Wasserpflanze versteckte. Als die Forscher dann jedoch den Nachwuchs, der aus dem Experiment hervorging, auf seine genetische Abstammung untersuchten, trauten sie ihren Augen kaum. Dieser stammte bei jedem einzelnen der vier Weibchen, die den Samen der Männchen im Genitaltrakt speichern können, von verschiedenen Vätern ab, wie üblich bei lebendgebärenden Kärpflingen. Doch die Vaterschaft beschränkte sich ausschließlich auf die zwei mittelgroßen Perugiakärpflinge, die das Versuchsaquarium bewohnt hatten. Sowohl das große Alpha-Männchen, das sich ständig als Obermacker aufspielte, als auch das kleine Gamma-Männchen, das ständig nur bibbernd in der Ecke hockte, hatte überhaupt keine Kinder gezeugt.

Schartl und seine Kollegen waren so verblüfft von dem Ergebnis, dass sie rasch das Alpha-Männchen noch einmal allein mit einem Weibchen in ein Aquarium setzten, um zu überprüfen, ob es überhaupt zeugungsfähig war. Doch der schöne große Alpha-Mann konnte, wenn er dazu kam. Sobald er allerdings auf eine Konkurrenzsituation traf, in der er mehr als ein anderes Männchen davon abhalten wollte, sich über das herzumachen, was er als ausschließlich seins betrachtete, kam er offenbar nicht mehr richtig dazu.

Diese spontane Schlussfolgerung bestätigte sich, als die Wissenschaftler sich noch einmal die Protokolle ansahen, in denen sie bis ins Detail das Verhalten der Kärpflinge im Verlauf des Experiments festgehalten hatten. Das Alpha-Männchen verbrachte ein ganzes Drittel seiner Zeit damit, anderen Männchen seine Vorrangstellung deutlich zu machen oder vor den Weibchen mit seinem tollen Aussehen zu protzen. Die kleineren Männchen hingegen verwendeten nicht einmal fünf Prozent ihrer Zeit auf diese Aktivitäten, versuchten dafür aber wesentlich öfter, sich heimlich mit den Weibchen zu paaren. Offenbar ist ihre Strategie die klügere. Und auch noch einen zweiten Unterschied stellten die Wissenschaftler zwischen ihnen und den prächtigen Alpha-Männchen fest: Im Verhältnis zu ihrem Körper haben die kleineren Männchen ein wesentlich größeres Gonopodium.

8. Akrobaten

Copella arnoldi: Das Synchronspringen der Spritzsalmler

Nicht nur wir Menschen essen gerne Kaviar, auch bei Tieren sind Fischeier eine äußerst beliebte Speise. Um ihm einen gewissen Vorsprung vor den allseits lauernden Fressfeinden zu verschaffen, bringen die im vorigen Kapitel behandelten Guppys deswegen ihren Nachwuchs lebend zur Welt. Die Weibchen entlassen ihn in Form von schwimmfähigen Minifischen ins Wasser, wodurch er bereits aktiv vor seinen Verfolgern flüchten kann. Ein anderer südamerikanischer Fisch, der zum Teil in denselben Flussläufen lebt wie die Guppys, verfolgt bei seiner Vermehrung das gleiche Ziel, hat dafür jedoch eine ganz andere Methode entwickelt. Auch seine Jungen sind praktisch bereits fertige kleine Fische, wenn sie zum ersten Mal mit den voller Gefahren steckenden Gewässern ihrer tropischen Heimat in Berührung kommen, genau wie die der Guppys. Doch dieser Fisch hat einen Trick gefunden, wie er seinem Nachwuchs diesen Vorsprung verschaffen kann, auch ohne ihn lebend zur Welt zu bringen.

Spritzsalmler sind schlanke kleine Süßwasserfische mit leicht nach oben stehendem Maul, einer auffällig weit hinten sitzenden Rückenflosse und einer gegabelten Schwanzflosse, deren oberer Teil bei den Männchen leicht vergrößert ist. Sie werden bis zu acht Zentimeter groß, wobei die Größe der Weibchen meist zwei, drei Zentimeter unter der der Männchen liegt, und haben ein hübsches, je nach Herkunftsgebiet mal silbern, blau oder rotbraun schimmerndes Schuppenkleid, das sie auch bei Zierfischhaltern sehr beliebt macht. Dass sie sich gut mit anderen Fischen vertragen und auf praktisch jede Art von Nahrung ansprechen, gefällt vielen Aquarianern ebenfalls. Denjenigen unter ihnen, die von ihrem Händler nicht über das ungewöhnliche Fortpflanzungsverhalten der Fische aufgeklärt worden sind, kann es jedoch passieren, dass sie eines Tages etwas an der Abdeckung ihres Aquariums finden, was sie an dieser Stelle nicht vermutet hätten.

Spritzsalmler kommen vor allem in Guyana, Surinam und im unteren Amazonasgebiet vor. Man findet sie sowohl in stehenden Sümpfen und Urwaldtümpeln als auch in Fließgewässern aller Art. Sie bewohnen jedoch stets nur den Rand der Gewässer und dort in der Regel allein solche Stellen, wo es reichlich überhängende Ufervegetation oder aber Wasserpflanzen gibt, deren Blätter wenigstens ein paar Zentimeter in die Luft ragen. Hier leben sie in losen Gruppen nahe der Oberfläche und ernähren sich von aufs Wasser fallenden Insekten und anderem Kleingetier. Während der Jugendzeit verstehen sich die Fische noch recht gut mit ihren Artgenossen. Doch setzt ihre sexuelle Reife ein, werden vor allem die Männchen aggressiv gegeneinander und tragen erbitterte Rivalenkämpfe aus, bei denen es oft so wirkt, als versuche das eine Männchen das andere mithilfe seiner Brustflossen von der Wasseroberfläche fernzuhalten.

Tatsächlich wird die Wasseroberfläche jetzt noch wichtiger für die Spritzsalmler, als sie nur zur Ernährung schon ist, denn die Männchen suchen sich ihre jeweiligen Territorien aus, indem sie ein kurioses Kunststück aufführen. Sie springen an das Blatt einer über das Wasser ragenden Pflanze und bleiben einen Moment lang wie eine an die Wand geworfene Nudel daran haften. Dann fallen sie ins Wasser zurück, probieren das Ganze noch ein paar weitere Mal und verteidigen die Stelle – soweit sie ihnen denn geeignet erscheint – anschließend wütend gegen alle anderen Männchen, die sich ihr zu nähern versuchen.

Haben die Männchen ihren Geschlechtsgenossen klargemacht, dass dieses spezielle übers Wasser hängende Blatt ganz allein ihnen gehört, gehen sie sich ein Weibchen suchen. Sie schwimmen zu dem Weibchen hin, spreizen vor ihm die Flossen, rammen es mit dem Kopf oder versuchen auf sonst eine Weise, sich bei ihm beliebt zu machen. Können sie es davon überzeugen, ihnen zu folgen, schwimmen sie mit ihm zu der Stelle mit dem Blatt zurück und dort führt das Paar dann einen der erstaunlichsten Fortpflanzungsakte auf, den es in der Tierwelt gibt.

Das Blatt hängt in der Regel etwa zehn Zentimeter über dem Wasserspiegel. Die beiden Spritzsalmler stellen sich parallel zueinander senkrecht ins Wasser und versuchen dann, das gleiche Kunststück, das das Männchen vorher allein vollbracht hat, zu zweit zu vollbringen. Sie wollen ihren Laich an die Unterseite des Blattes heften, damit ihre Jungen bis zum Schlüpfen vor eierfressenden Fischen und allen übrigen Räubern des Wassers sicher sind.

Das Synchronspringen klappt nicht auf Anhieb. In der Ausgangsstellung berühren sich die Köpfe der senkrecht stehenden Fische leicht, während ihre Körper etwas voneinander abgewinkelt sind. Dann probieren sie, sich mit mehreren plötzlichen Flossenschlägen gemeinsam in die Höhe zu katapultieren. Anfangs springt dabei oft ein Partner allein aus dem Wasser oder einen Sekundenbruchteil früher als der andere. Auch müssen die Fische erst herausfinden, wer von ihnen am besten auf welcher Seite springt. Zunächst wechseln sie die Seiten noch oft. Nach längerem Üben aber haben sie die beste Verteilung gefunden und jetzt schiebt das größere Männchen das Weibchen sogar zurück auf die »richtige« Seite, wenn es sich bei einem Versuch nicht von selbst dort einordnet. Dafür ist das Weibchen sozusagen für das »Jetzt!«-Sagen verantwortlich. Es leitet jeden Sprungversuch ein, indem es das Männchen kurz mit dem Kopf anstößt.

Die gemeinsamen Sprungübungen der Fische dauern oft mehrere Stunden, doch irgendwann gelingt das unwahrscheinliche Manöver. Dann legen Männchen und Weibchen eng aneinander geschmiegt die zehn Zentimeter Luftstrecke zurück und landen bäuchlings auf dem Blatt. Ähnlich wie bei einem nassen Bogen Papier an einer Wand sorgen hier die sogenannten Adhäsionskräfte des Wassers dafür, dass die beiden Fische mit ihren Flossen haften bleiben. Oft suchen die männlichen Spritzsalmler eine Stelle aus, wo die Blattunterseite sich nach unten neigt, so dass es ist, als würden die Fische wirklich vom Wasser aus an eine senkrecht daraus aufragende Wand springen. Doch wie die oben erwähnten Aquariumsbesitzer wissen, sind die Tiere ebenfalls in der Lage, an parallel zur Wasseroberfläche ausgerichtete Flächen zu springen – also mit einem halben Salto rückwärts an die Decke – und auch hier bleiben sie dann auf wundersame Weise mit ihren Flossen haften. Bis zu zehn Sekunden lang hängen sie Seite an Seite über dem Wasser und in dieser Zeit klebt das Weibchen sechs bis zwölf Eier an das Blatt, die das Männchen auf der Stelle besamt. Danach fallen die beiden gemeinsam oder einzeln in ihr ursprüngliches Element zurück, wo sie sofort wieder ihre Ausgangsstellung einnehmen, um das Kunststück zu wiederholen. Gelegentlich geht ein weiteres Weibchen neben dem Paar in Stellung und will gemeinsam mit ihm an das Blatt springen. Doch in der Regel wird dieses Weibchen sofort wieder von dem Männchen verjagt.

Bis zu 200 Eier legen die zwei Fische auf diese Weise an der Unterseite des Blattes ab, wobei es erstaunlich selten passiert, dass sie eines der bereits angeklebten Eier mit ihren Sprüngen wieder zurück ins Wasser stoßen. Warum sie die Sprünge synchron und nicht nacheinander ausführen, ist nicht klar. Vielleicht wollen die Weibchen so sichergehen, dass ihr Partner die komplizierte Laichtechnik auch wirklich beherrscht und sie nicht umsonst ihren kostbaren Rogen an die Ufervegetation pappen.

Nach dem akrobatischen Meisterstück ist der Laich vor Fressfeinden einigermaßen sicher, zumindest vor solchen, die im Wasser leben. Ein Problem jedoch bleibt. Im Gegensatz zu Insekteneiern sind Fischeier eigentlich nicht dafür gemacht, an den Unterseiten von Blättern heranzureifen. Innerhalb der fast 2 000 Arten umfassenden Tierordnung der Salmler sind jene der Spezies *Copella arnoldi* die einzigen, die ihren Laich an einem so ungewöhnlichen Ort unterbringen, und für sie wird keine Ausnahme gemacht. Ließen sie die Eier einfach so an dem Blatt hängen, würden diese zwar nicht gefressen, aber austrocknen.

Dass das nicht passiert, dafür sorgt jetzt das Männchen mit seiner an der Oberseite vergrößerten Schwanzflosse. Schon vor der Paarung hat der männliche Spritzsalmler damit etwas Wasser an das Blatt gespritzt, damit er und seine Sprungpartnerin besser daran haften.

Nun befeuchtet er mit der Flosse in aufopferungsvoller Fürsorge alle paar Minuten die empfindlichen Eier. Hat das Salmlerpaar seinen Laich an verschiedene Blätter geheftet, was ebenfalls vorkommt, dann schwimmt das Männchen in regelmäßigem Turnus zwischen den Blättern umher und bespritzt jede Laichstelle abwechselnd.

Nach zwei Tagen schlüpfen dann aus den Eiern winzige Fischlein, kullern mit den von ihrem Vater an das Blatt geworfenen Tropfen ins Wasser und flüchten sich dort sofort in den Schutz der Ufervegetation. Mancher Insektennachwuchs wird in Eiform auf dem Wasser abgelegt und erhebt sich nach dem Schlüpfen in den Himmel. Der Nachwuchs der Spritzsalmler geht den umgekehrten Weg.

Apus apus:
Die Luftnummer der Mauersegler

Apus apus, der wissenschaftliche Name der Mauersegler, geht darauf zurück, dass man in der Antike dachte, sie hätten keine Beine. *Apus* bedeutet fußlos und tatsächlich haben die Vögel nur kurze Stummelbeine mit nach vorne gerichteten Krallen, die ihnen beim Klettern am Mauerwerk gute Dienste leisten, aber zum Laufen kaum geeignet sind. Für fußlos kann man sie jedoch vor allem deswegen halten, weil sie praktisch nie irgendwo am Boden zu sehen sind. Der einzige halbwegs mit dem Erdboden verbundene Ort, den die schwalbenähnlichen, schiefergrauen Vögel ab und zu aufsuchen, ist ihr in Dachnischen oder erhöht liegenden Mauerlücken eingerichtetes Nest. Dort kommen sie hin, um ihre Eier abzulegen, sie zu bebrüten und später ihre Jungen zu füttern. Doch ansonsten machen die Mauersegler alles, aber auch wirklich alles in ihrem Leben in der Luft.

Das fängt schon unmittelbar nach dem Flüggewerden an. Nachdem sie Anfang Juni geschlüpft sind, werden die Jungvögel solange hochgepäppelt, bis sie etwa eineinhalbmal so schwer sind wie ihre Eltern. Dann fängt ihr Fluggefieder an sich auszubilden, sie machen in ihrer Bruthöhle bald täglich Liegestütze, bei denen sie ihren

Körper mit den Flügeln in die Höhe stemmen, und hungern sich schließlich zum Ende ihrer Nestlingszeit hin auf das ideale Fluggewicht von circa 40 Gramm herunter. Ihr Jungfernflug findet dann meist Ende Juli statt – und dauert von da an im Grunde genommen zwei Jahre.

Die jungen Vögel stürzen sich aus ihrer Bruthöhle und legen sofort eine solche Geschicklichkeit beim Fliegen an den Tag, als hätten sie nie etwas anderes getan. Wohl damit er nicht so leicht von Raubvögeln beobachtet werden kann, findet der Sprung aus dem Nest meist gegen Abend statt. Danach verbringen die frischgeborenen Flugkünstler gleich die erste Nacht in der Luft. Zusammen mit dem Großteil der Altvögel schrauben sie sich auf eine Höhe von bis zu 3 000 Metern hinauf, um in diesen luftigen Gefilden zu schlafen. Dabei gleiten sie auf dem Wind und schlagen nur gelegentlich mit den Flügeln, werden aber trotz Schlaf, Höhe und Dunkelheit nie allzu weit von ihrem Brutgebiet weggetrieben. Indem sie den nächtlichen Flug der Mauersegler mit einem Radargerät verfolgten, konnten zwei Forscher der schwedischen Universität Lund feststellen, wie die Vögel das anstellen. Sie fliegen stets schräg in den Wind hinein, je nach Windstärke in einem spitzeren oder flacheren Winkel, und ändern dabei alle paar Minuten die Richtung, sodass sie sich wie ein Pendel über ihrem Ausgangspunkt hin- und herbewegen. Nur bei sehr schwachem Wind gehen sie die Sache komplett anders an und fliegen schlummernd im Kreis.

Nach dem Verlassen des Nestes haben die Jungvögel meist noch ein paar Tage Zeit, sich bei den Altvögeln ihres Schwarms abzugucken, wie man am geschicktesten Insekten aus der Luft fängt. Mauersegler ernähren sich von fliegenden Käfern, Bienen und Wespen, von ausschwärmenden Ameisen und Blattläusen, aber auch von frisch geschlüpften Spinnen, die an ihren Seidenfäden wie an winzigen Gleitschirmen durch die Luft schweben. Je nach Wetterlage stellen sie ihrer Beute dicht über dem Boden oder hoch am Himmel nach und landen selbst zum Trinken nicht, sondern fliegen stattdessen flach über einen See oder Fluss hinweg und nehmen dabei wie ein Löschflugzeug Wasser mit dem Schnabel auf.

Kaum haben sie all das gelernt, kommt aber schon die nächste Herausforderung auf die Jungvögel zu. Ab Anfang August brechen die Mauersegler bereits wieder zu ihren Überwinterungsgebieten in Afrika auf. Statt auf gerader Strecke das Mittelmeer zu überqueren, nehmen sie dabei die Route über die spanische Halbinsel, wo sie immer noch genug Insekten in der Luft finden, um auf dem langen Zug nicht hungern zu müssen. Von dort fliegen sie dann bis ins südliche Afrika hinein, wo sie auch die folgenden Monate wieder ausschließlich in der Luft verbringen.

Manche Forscher glauben, dass die Mauersegler in ihrem afrikanischen Winterquartier ihr ungewöhnliches Schlafverhalten ausgebildet haben. Bevor sie zu sogenannten Kulturfolgern wurden und ihre Brutnischen vorwiegend in menschengemachten Gebäuden bezogen, brüteten die Mauersegler hauptsächlich in Felsspalten und Baumhöhlen – was manche Populationen immer noch tun – und suchten sich ähnliche Behausungen vermutlich auch stets in Afrika, um dort zu schlafen. Bei der hohen Zahl der Zugvögel, die auf dem Kontinent überwintern, wird es aber um solche Behausungen meist heftige Konkurrenz gegeben haben und das könnten die Mauersegler irgendwann zum Anlass genommen haben, ihren Schlafplatz einfach in den Himmel zu verlegen. Ob diese Theorie zutrifft oder nicht, jedenfalls setzen die Vögel auch in Afrika keinen Fuß auf den Boden. Sie bleiben über die gesamten Wintermonate hinweg in der Luft, bis sie sich im nächsten Frühling dann wieder aufmachen, zu ihren Brutgebieten auf der Nordhalbkugel zurückzuziehen.

Diese Brutgebiete erstrecken sich in einem breiten Streifen über den gesamten eurasischen Kontinent, im Norden bis hoch nach Lappland und in die russische Tundra, im Süden bis nach Nordafrika, Syrien, den Iran und Mittelchina hinein. In Deutschland finden sich laut NABU jährlich etwa 450 000 bis 900 000 Brutpaare ein. Diesen macht allerdings zu schaffen, dass bei Gebäudesanierungen ihre angestammten Brutnischen oft abgedichtet werden. Die Wende und der nachfolgende Renovierungsschub in Ostdeutschland haben die dort ansässigen Mauersegler-Populationen zum Teil um die Hälfte dezimiert.

In jene deutschen Städte und Ortschaften, wo die Mauersegler noch genug Brutmöglichkeiten finden, kehren sie ab Ende April zurück und dann kann man sie bei gutem Wetter wieder hoch am Himmel ihre geschickten Flugmanöver ausführen sehen, ihren gellenden Schreien lauschen – und sie wie jeder normale Mensch mit Schwalben verwechseln. Mit diesen weitverbreiteten Singvögeln verbindet sie zwar eine große Ähnlichkeit, aber keine nähere Verwandtschaft. Schwalben haben einen hellen Bauch, die ebenfalls dunkel gefiederten Mauersegler nur einen hellen Kehlfleck. Zwar haben auch sie wie die Schwalben einen gegabelten Schwanz. Doch sind sie mit 40 bis 45 Zentimeter Flügelspannweite etwas größer und haben gegen den Himmel gesehen eine charakteristische Ankersilhouette, die hilft, sie von den oft mit ihnen jagenden Schwalben zu unterscheiden.

Unterscheiden tun sich die beiden Vögel auch dadurch, dass Schwalben sich ausschließlich in ihrem Nest paaren, die Mauersegler aber auch diesen Aspekt ihres Lebens häufig in die Luft verlegen. Wenn die Jungvögel zum ersten Mal in ihr Sommerquartier zurückkehren, wagen sie sich noch nicht an diesen anspruchsvollen Akt der Luftakrobatik. Doch wenn sie im zweiten Jahr wiederkommen, suchen sich die männlichen Jungvögel eine Bruthöhle – kommen also nach fast zwei Jahren in der Luft zum ersten Mal wieder mit so etwas wie festem Boden in Berührung – und dann fordern auch sie eine Partnerin zu der halsbrecherischen Luftnummer auf.

Diese Aufforderung sieht dergestalt aus, dass sie sich im vollen Flug auf den Rücken eines weiblichen Vogels setzen und die beiden dann laut kreischend gen Boden stürzen. Das ist aber nur die Vorübung für den eigentlichen Akt. Dieser beginnt in einer Höhe von 50 bis 80 Metern und wird nur bei gutem Wetter ausgeführt. Diesmal fordert das Weibchen seinen Verehrer durch leichtes Flügelzittern von sich aus zu dem waghalsigen Manöver auf, woraufhin das Männchen sich erneut in seinen Rücken verkrallt. Das Weibchen hält die Flügel zwar weiterhin in Gleitstellung und bewegt sie höchstens noch, um ein Abrutschen des Männchens zu verhindern. Trotzdem verliert das Paar rasch an Geschwindigkeit und Höhe und fällt schließlich mehr oder weniger unkontrolliert auf den Boden zu. Nur zwei bis vier Sekunden

hat es in der Regel Zeit, um seine Geschlechtsöffnungen aneinander-
zupressen. Dauert der Luftakt länger, wird es für die Vögel brenzlig.
Normalerweise schaffen die Mauersegler es, sich kurz vor dem
Boden wieder voneinander zu lösen. Bei ihren amerikanischen Cou-
sins, den Weißbrustseglern, wurde aber auch schon beobachtet, wie
sie bei einer ihrer Luftnummern abstürzten. Diese birgt also durchaus
ein gewisses Verletzungsrisiko. Warum die Vögel nicht in größere
Höhen dafür aufsteigen, ist ein Rätsel, schließlich ist aus unzähligen
Actionfilmen bekannt, dass man bei ein paar Tausend Metern Höhe
reichlich Zeit hat, alles Mögliche im freien Fall anzustellen. Andererseits weiß die Wissenschaft ja bis heute nicht einmal, was die Mauersegler überhaupt dazu antreibt, sich im Flug zu paaren. Sie könnten
es ja genauso gut in aller Ruhe in ihrem gemütlichen Nest tun.

Auch das Material für dieses Nest holt sich das Vogelpaar natürlich ausschließlich aus der Luft. Blätter, Grashalme, Federn, Haare,
Papierfetzen – all das interessiert die beiden Mauersegler nur, wenn
es vom Wind getragen durch die Luft schwebt, andernfalls nicht. Vielleicht hatten die alten Griechen ja doch recht und die Vögel haben
wirklich keine Füße.

Papilio xuthus:
Das zweite Augenpaar
der Schmetterlinge

Bei der Ausbildung von Kampfpiloten gilt die Luftbetankung
als eines der Manöver, das am schwierigsten zu lernen ist. Der Pilot
muss dabei im vollen Flug einen an einem ausfahrbaren Arm sitzenden Stutzen in den Fangtrichter des Tankflugzeugs einführen und so
lange seine Position halten, bis der Tankvorgang beendet ist. Die Prozedur ist so heikel, dass es dabei immer wieder zu Unfällen kommt
und 1989 die SPD sogar einen Antrag im Bundestag stellte, die mili-
tärischen Luftbetankungsübungen im deutschen Luftraum ganz zu
verbieten.

Wenn Mauersegler sich im Flug paaren, müssen sie keinen Stutzen in irgendeinen Trichter einführen, sondern einfach nur ihre Geschlechtsöffnungen aufeinanderpressen, was die Sache vermutlich ein wenig einfacher macht als eine Luftbetankung. Schmetterlinge jedoch, die bei der Paarung auch manchmal gemeinsam durch die Luft fliegen, haben Geschlechtsorgane, deren mechanische Komplexität über die eines simplen Stutzen-Trichter-Systems noch weit hinausgeht. Die winzigen Genitalien der Falter, die ganz am Ende ihres Hinterleibs liegen, weisen verschiedene Chitinklappen und sich gegenseitig komplementierende Kuhlen und Knubbel auf, die allesamt erst perfekt ineinandergreifen müssen, *bevor* es überhaupt zum Einführen des Stutzens in den Trichter kommen kann. Und um sicherzugehen, dass bei den gemeinsamen Flugmanövern und Paarungsverrenkungen auch alles gut sitzt, haben die männlichen Falter einen erstaunlichen Kontrollmechanismus entwickelt.

Im Sommer 1980 untersuchte der Biologe Kentaro Arikawa neuronale Vorgänge im Hinterleib von Japanischen Schwalbenschwänzen, nahen Verwandten der europäischen Schwalbenschwänze, die ähnlich gemustert, aber noch etwas größer sind. Arikawa, der heute als Professor an der Universität von Yokohama City lehrt, war damals noch Doktorand dort und interessierte sich speziell für die Nervenreize, die von den winzigen Sinneshärchen am Hinterleib der Falter verursacht werden. Um diese Reize zu messen, hatte er unter dem Mikroskop den Unterleib eines Schwalbenschwanzes aufgeschnitten und haarfeine Elektroden an die freigelegten Nervenknoten angesetzt. Eine Nervenzelle störte den Forscher jedoch bei seinen Messungen, weil sie auch dann noch einen Reiz in Form eines elektrischen Aktionspotenzials anzeigte, wenn er die Sinneshärchen gar nicht stimulierte. Verwirrt von der unerklärlichen Nervenaktivität, die immer wieder seine Untersuchungen störte, schaltete Arikawa schließlich frustriert das Licht seines Mikroskops aus, stellte in dem Moment jedoch überrascht fest, dass auch die verrücktspielende Nervenzelle plötzlich keinen Mucks mehr von sich gab. Zuerst dachte er, es hätte sich vielleicht irgendein Kontakt gelockert. Doch als er das Licht des Mikroskops wieder einschaltete, um nachzusehen, wurde auch die Nervenzelle sofort wieder von einem elektrischen Reiz durchströmt.

Arikawa hatte durch Zufall herausgefunden, dass der Hinterleib von *Papilio xuthus*, wie der Japanische Schwalbenschwanz mit wissenschaftlichem Namen heißt, auf Licht reagiert. Er fand noch weitere Nervenzellen im Hinterleib des Schmetterlings, die bei Licht elektrische Reize weiterleiteten, und bald auch die dazugehörigen Sinneszellen, die diese Reize meldeten. Bei den männlichen Faltern lag eine solche Zelle unmittelbar unterhalb des sogenannten Scaphiums, einer harten, einfaltbaren Chitinklappe, mit der das Männchen bei der Paarung den Genitalapparat des Weibchens »packt«, eine weitere unmittelbar unterhalb des Penis. Die Zellen entpuppten sich als sogenannte Fotorezeptoren, über denen kleine durchsichtige Hautfenster lagen, durch die sie Lichtreize aufnehmen konnten. Das Schmetterlingsmännchen, erkannte Arikawa, hatte also quasi ein zusätzliches Paar Augen auf seinem Geschlechtsorgan. Es konnte sozusagen mit seinen Genitalien sehen. Doch wozu um Himmels willen mochte das gut sein?

Der japanische Biologe brauchte mehr als 20 Jahre, um dieses Rätsel zu lösen. Schmetterlinge haben nicht nur direkt an ihrem Geschlechtsorgan eine verhärtete Chitinklappe, mit der sie den Genitalknubbel des Weibchens bei der Paarung festhalten. Ihr Geschlechtsorgan wird auch außen von zwei solchen Klappen umschlossen, die sie beim Paarungsakt öffnen, um damit das gesamte hintere Körperende des Weibchens zu umfassen und so für eine feste Verbindung zwischen den beiden Hinterleibern zu sorgen. Arikawa und seine Kollegen fanden heraus, dass diese Valvae genannten Klappen sich so weit wie möglich öffneten, wenn Licht an die auf den Genitalien liegenden Fotorezeptoren drang, sich aber fest schlossen, sobald die Rezeptoren im Dunkeln lagen. Aufgrund der besonderen Lage des zweiten Augenpaars hatten sich die Wissenschaftler ohnehin schon gedacht, dass dieses eine Rolle bei der Paarung spielen musste, und überprüften diese Annahme jetzt mithilfe eines Experiments.

Die Forscher fixierten einige paarungsbereite Schwalbenschwanzweibchen in einem großen Käfig und ließen zuerst normale

Schwalbenschwanzmännchen auf sie los und anschließend solche, denen sie ihr zweites Augenpaar ausgebrannt oder mit Wimperntusche übermalt hatten. Bei der Paarung der Schmetterlinge bringt sich das Männchen zunächst in eine Position, in der sein Bauch dem des Weibchens gegenüberliegt, und tastet dann mit geöffneten Valvae den langen Hinterleib seiner Partnerin ab, an dessen Ende wie bei den Männchen die Genitalien liegen. Konnten die Schmetterlingsmännchen mit ihrem zweiten Augenpaar jedoch nichts mehr sehen, hatten sie deutliche Schwierigkeiten, die Genitalien ihrer jeweiligen Partnerin zu finden, und dann kam es wesentlich seltener zu einer erfolgreichen Begattung. Bei einem weiteren Experiment passten die Forscher die Genitalien eines Weibchens so in die eines Männchens ein, wie es von der Natur vorgesehen war, und maßen dabei wieder die elektrische Aktivität in den Nervenzellen des Männchens. Die Fotorezeptoren am Geschlechtsorgan des Männchens leiteten erst dann keine Reize mehr weiter, wenn sich jede Halteklappe an seinem Hinterleib vollständig geschlossen hatte und dieser fest und passgenau mit dem des Weibchens verbunden war. Erst wenn die Augen am Geschlechtsorgan des Männchens melden, dass durch keinen Spalt mehr Licht zu ihnen dringt, weiß das Männchen, das Ankoppeln an das Weibchen war erfolgreich. Und erst dann fährt es auch seinen Penis aus.

Die Kopulation der Schwalbenschwänze dauert ungefähr eine Stunde. In freier Natur beginnt sie meist auf irgendeiner wackligen Blume oder sogar während das Weibchen noch an der leeren Hülle der Puppe hängt, aus der es gerade erst geschlüpft ist. Oft kommt es dabei vor, dass einer der Partner seinen Halt verliert und am Hinterleib des anderen hängend oder sogar hektisch mit den Flügeln schlagend in der Luft baumelt. Auch fliegen die Schmetterlinge manchmal während des Akts zusammen davon, besonders, wenn sie von potenziellen Fressfeinden gestört werden. Bei der Luftbetankung von Düsenjets sorgt der Luftsog dafür, dass Stutzen und Trichter so lange fest ineinander sitzen, bis der Jetpilot seine Geschwindigkeit drosselt und sie dadurch wieder trennt. Trotz der vielfältigen Chitinklappen und einfaltbaren Strukturen, mit denen das Schwalbenschwanzmännchen das Weibchen bei der Paarung festhält, ist die Verbindung zwischen den beiden jedoch offenbar weniger stabil und deswegen hat das Männchen diesen praktischen optischen Prüfsensor entwickelt, den, wie Arikawa im Laufe seiner Forschungen herausfand, übrigens auch viele andere Schmetterlingsmänner besitzen.

Auch sonst scheinen Schmetterlinge der Luftwaffe in technischer Hinsicht einiges vorauszuhaben. Wie amerikanische Forscher bei Untersuchungen an Monarchfaltern herausfanden, können bei ihnen die Männchen nicht nur mithilfe spezieller Sensoren feststellen, ob ihr Stutzen richtig sitzt, sondern auch, wie gut der »Tank« des Weibchens bereits gefüllt ist. Wenn das Männchen das Weibchen nicht direkt schon überfällt, nachdem es aus seiner Puppe geschlüpft ist, kann es nämlich gut sein, dass es sich bereits mit anderen Männchen gepaart hat. Laut Michelle Solensky vom College of Wooster in Ohio, die die gerade erst durchgeführten Untersuchungen leitete, testet das Männchen ähnlich wie mit einem »Tankstab« dann, wie viel Sperma das Weibchen schon in seinem Geschlechtsapparat gespeichert hat. Ist es besonders viel, erhöhen die Männchen die Menge des Spermas, das sie selbst in das Weibchen pumpen, um so ihre Chance zu verbessern, der Vater des Nachwuchses zu sein, den das Weibchen zur Welt bringt.

Bei der Eiablage kommt dann das zusätzliche Paar Augen zum Einsatz, das auch die Weibchen an ihren Genitalien aufweisen. Laut Kentaro Arikawa zeigt es dem Weibchen an, ob der Genitalknubbel, mit dem es die Eier auf Pflanzenblättern absetzt, weit genug aus dem Hinterleib herausgedrückt ist. So verhelfen die Fotorezeptoren dem Weibchen ebenso zu einer erfolgreichen Eiablage wie vorher dem Männchen zu einer erfolgreichen Paarung.

9. Achtfüßer

Octopus vulgaris:
Der an Umarmungen arme Akt
der Gemeinen Kraken

Achtfüßer sind seltsame Tiere und auch auf dem Gebiet der Fortpflanzung verhalten sie sich so konsequent merkwürdig, dass sie ein eigenes Kapitel in diesem Buch verdient haben. Sie gehören zur Tiergruppe der sogenannten Cephalopoden oder Kopffüßer, also jenen Tieren, die nur aus einem Kopf und einer Vielzahl von Armen oder Füßen zu bestehen scheinen (griechisch *cephalos* bedeutet Kopf, *podos* heißt Fuß). Im Unterschied zu anderen Kopffüßern wie Kalmaren und Sepien haben sie jedoch statt zehn Armen nur acht, weswegen sie mit wissenschaftlichem Namen auch Octopoda (griechisch *octo* = acht) oder eben Achtfüßer genannt werden. Mit den Kalmaren und Sepien haben sie gemeinsam, dass die meisten von ihnen bei Gefahr Tinte aus einem Beutel im Körperinnern ausstoßen können, um unter dem Schutz der Tintenwolke vor ihrem Gegner zu flüchten, weshalb sie allgemein auch als Tintenfische bezeichnet werden. Wer es etwas genauer nimmt, bezeichnet sie als Kraken, was als Begriff der nordischen Mythologie entstammt, in der so ein krakenähnliches Seemonster genannt wird, und vom Sinn her auf die norwegische Bezeichnung für einen verkrüppelten Baum zurückgeht, dessen nackte Äste ähnlich von seinem Rumpf abstehen wie die Gliedmaßen des fremdartig aussehenden Tieres.

Wie alle Kopffüßer gehören Kraken zum Tierstamm der sogenannten Mollusken oder Weichtiere und ihre nächsten Verwandten sind so schlichte, uncharismatische Kreaturen wie Schnecken und Muscheln. Zumindest von der britischen Regierung werden Kopffüßer jedoch als so intelligent und empfindsam eingeschätzt, dass sie Wissenschaftlern verboten hat, ohne vorherige Betäubung Versuche an ihnen durchzuführen. Kopffüßer sind sehr alte Tiere, deren Geschichte vor etwa 500 Millionen Jahren in den flachen Gewässern des späten Kambriums beginnt. Die ältesten Fossilien, die man von Kraken gefunden hat, sind nur etwa 60 Millionen Jahre alt. Allerdings haben sie auch noch weniger feste Bestandteile in ihrem Körper als Kalmare oder Sepien, was das Auffinden von Krakenfossilien beträchtlich erschwert, und wissenschaftliche Schätzungen gehen davon aus, dass ihre Entwicklungsgeschichte noch sehr viel weiter als diese Zeitspanne in die Vergangenheit zurückreicht. Früher dachte man, Kraken seien ausschließlich in flachen Küstengewässern zu finden, wo sie sich gut getarnt mithilfe der Saugnäpfe an ihren Armen über Fels- und Korallenböden hangeln. Inzwischen wurden jedoch auch einige frei schwimmende Arten entdeckt, die angetrieben von ihrer körpereigenen Wasserdüse durch die oberen Schichten des offenen Ozeans oder sogar die dunklen Weiten der Tiefsee schweben.

Octopus vulgaris, der Gemeine Krake, gehört der klassischen, »benthisch« oder am Meeresboden lebenden Kategorie an. Exemplare aus dem Mittelmeer wurden schon im vierten Jahrhundert vor Christus von Aristoteles in seiner *Historia animalium* beschrieben. Doch in von Küste zu Küste leicht abweichenden Ausprägungen kommt diese Krakenart in den tropischen und gemäßigten Gewässern der gesamten Welt vor, wo sie nie weiter als etwa 150 Meter vom Ufer entfernt in Fels- oder Korallenriffen lebt. Hier hausen die unauffälligen Tiere, deren Arme eine Länge von bis zu einem Meter erreichen können, einzeln in engen Felshöhlen und gehen nachts im Umkreis von etwa 20 Metern auf Beutezug. Dabei fangen die Kraken hauptsächlich Krabben, Langusten und andere Krebstiere, deren Schale sie entweder mit dem harten Chitinschnabel knacken, der zwischen ihren Armen sitzt, oder mit einer speziellen Raspelzunge aufbohren, um dann ihren lähmenden und gewebelösenden Speichel ins Innere zu spritzen. Doch auch Muscheln, Schnecken und so manchen übertölpelten Fisch zerren sie in ihre Höhle zurück und praktisch die einzige Chance, die man als Taucher hat, einen Kraken aufzuspüren, ist, nach dem Haufen leerer Schalen und Gehäuse Ausschau zu halten, die stets wie ein kleiner Müllhaufen vorm Höhleneingang der ordentlichen Tiere liegen.

Wie bei einem Geschöpf wenig überrascht, das acht bis zu ein Meter lange Exemplare davon besitzt, benutzen Kraken für fast alles ihre Arme und sind mit diesen auch äußerst geschickt. Ihren Trichter oder Sipho, mit dessen Hilfe sie blitzschnell davonschießen können, indem sie in den Körpermantel eingesogenes Wasser ruckartig daraus ausstoßen, verwenden sie nur in Zwangslagen (noch vor der Tintenwolke). Ansonsten ziehen sie sich mit ihren biegsamen Gliedmaßen, an deren Unterseite jeweils zwei Reihen Saugnäpfe sitzen, bedächtig über den Untergrund, strecken die Arme zu einem großen Fangschirm aus, wenn sie sich auf eine Krabbe stürzen wollen, oder tasten damit in den vielen versteckten Löchern und Spalten des Riffs aufmerksam nach Beute. In den Saugnäpfen sitzen sogenannte Chemorezeptoren, die es den Kraken erlauben, potenzielle Beutetiere praktisch mit den Armen zu schmecken. Außerdem besitzt jeder Arm ein eigenes kleines Gehirn, wodurch er bereits reagieren kann, noch bevor ein Reiz bei dem ringförmig um den Schnabel herum angeordneten Zentralgehirn gelandet ist. Außer zur Jagd benutzen die Kraken ihre Arme auch dazu, zusätzliche Steine vor ihre Höhle zu legen, um diese besser zu tarnen, oder im Kampf mit anderen Kraken, wobei sie diese manchmal regelrecht zu erwürgen versuchen, indem sie ihnen den im Körpermantel gelegenen Hohlraum abschnüren, in dem die Kiemen liegen. In Gefangenschaft sind Kraken bereits nach kurzem Training in der Lage, mit ihren Armen Einmachgläser aufzudrehen, in denen Garnelen verschlossen sind, und auch wenn ein Pfleger nur die Hand zu ihnen ins Wasser steckt, strecken viele Exemplare sofort die Arme danach aus, um mit ihm zu schmusen.

Nur beim Sex der Kraken ist alles anders. Dieser läuft zwar nicht vollkommen armlos ab. Aber doch so seltsam arm an Umarmungen, dass man sich nur wundern kann.

Beim Inselvolk der Japaner, dem aus dem Meer gefischte Kraken schon seit Jahrtausenden als Nahrung dienen, sind diese nicht nur wie bei Griechen und Römern auf Krügen, Vasen und anderen züchtigen Tonwaren abgebildet, sondern auch bereits früh auf erotischen Stichen, auf denen Frauen von mannsgroßen Kraken umarmt werden und sich, nun ja, von deren zahlreich zur Auswahl stehenden Tentakeln verwöhnen lassen. Innerhalb der eigenen Spezies sind Umarmungen bei solchen Aktivitäten jedoch anscheinend nicht so angesagt. Zwar kommt es vor, dass sich der männliche Krake mit ausgebreiteten Armen auf das Weibchen stürzt wie auf eine Krabbe, die es zu erbeuten gilt. Aber vielarmig umschlungen wälzen sich die beiden Weichtiere anschließend nur über den Meeresgrund, wenn das Männchen sich aus Versehen im Geschlecht geirrt hat. Viel öfter als aufeinandersitzend paaren sich die Kraken allerdings sowieso praktisch ohne jeden Körperkontakt. Dann hocken die beiden Partner bewegungslos in einem Meter Entfernung voneinander auf dem Riffboden und das Männchen legt so nüchtern und geschäftsmäßig einen seiner Arme zu dem Weibchen hinüber, als handele es sich dabei um eine über den Meerboden verlaufende Ölpipeline.

Sieht man zwei Kraken in dieser Position auf dem Riff sitzen, glaubt man zuerst, die sensiblen Tiere seien über die Phase des Händchenhaltens noch nicht hinausgekommen. Doch die beiden Achtfüßer sind schon voll bei der Sache und diese dauert in der Regel ein bis zwei Stunden lang.

Zur Paarung benutzt das Männchen einen speziellen Arm, der in der Fachsprache Hectocotylus genannt wird und bei den Gemeinen Kraken für gewöhnlich der zweite Arm von hinten auf der rechten Seite ist. Die Männchen, die wie die Weibchen nur ein bis zwei Jahre leben, werden mit etwa sechs Monaten geschlechtsreif und produzieren dann sogenannte Spermatophoren, mit einer Schutzhülle versehene Spermapakete, von denen sie etwa 50 Stück in einem speziellen Beutel in ihrem Innern einlagern. Bei der Paarung übertragen sie dann vier bis acht dieser Spermatophoren mit ihrem Spezialarm an das Weibchen, im Durchschnitt etwa eine Spermatophore alle 15 Minuten.

Über eine Art Penis, der in das Innere der Mantelhöhle reicht, scheidet das Männchen eines der etwa fünf Zentimeter langen Spermapakete aus und nimmt es mit einer besonderen Greifvorrichtung an der Basis seines Paarungsarms auf. Auf dessen Unterseite verläuft eine schmale Rinne, über die das längliche Spermapaket dann zu dem Weibchen hinüberwandert. Wie das genau vor sich geht, ist unklar. Bei manchen Forschern heißt es, das Paket würde mithilfe von den Arm entlanglaufenden Muskelkontraktionen zum Weibchen befördert. Andere Wissenschaftler haben beobachtet, dass die Kraken nach dem Einsetzen des Pakets in den Arm plötzliche Pumpbewegungen mit ihrem Köpersack ausführen, und glauben deshalb, die Keimzellen werden von den Tieren quasi hydraulisch zu ihrer Partnerin hinübergeschossen.

Die Spitze des Hectocotylus ist löffelartig verformt und wird vor der Paarung vom Männchen in die Mantelhöhle des Weibchens eingeführt, wo neben den Kiemen und den Ausgängen der Ausscheidungsorgane auch die Eingänge zu den Eileitern liegen. Man vermutet, dass die Spitze des Paarungsarms über chemische Reize zu den Eileitern findet. Wenn man den Paarungsarm als einen verlängerten Penis betrachtet, hat dieser also nicht nur ein eigenes Gehirn, sondern kann auch noch riechen. Hat das Männchen mit seinem Hectocotylus jedenfalls eins der Spermapakete erfolgreich zu einem der Eileiter des Weibchens transferiert, platzt das Paket dort auf wie ein Knallbonbon und die Spermien wandern in eine spezielle Drüse, in der das Weibchen sie über mehrere Monate hinweg speichern kann.

Für gewöhnlich endet der Paarungsakt genauso umarmungslos, wie er angefangen hat. Entweder zieht das Männchen einfach den Arm aus der Mantelhöhle des Weibchens oder dieses wacht aus seiner wie erstarrt wirkenden Sitzposition auf und kriecht davon. Findet das Weibchen eine geeignete Bruthöhle, klebt es dort lange Eierschnüre an die Decke, die insgesamt bis zu 500 000 Eier enthalten können und die das Weibchen bis zum Schlüpfen der Jungen aufopferungsvoll umsorgt. Manchmal über eine Zeit von vier Monaten hinweg reinigt es das kostbare Gehänge regelmäßig mit den Armspitzen und strahlt es mit seinem Sipho mit Wasser ab, damit die Eier genug Sauerstoff kriegen. Während dieser ganzen Zeit nimmt das Weibchen keine Nahrung zu sich und kaum sind die Jungen geschlüpft, geht es jämmerlich zugrunde.

Von den vielen Tausend geschlüpften Minikraken überleben nur wenige die Wochen, in denen sie als tierisches Plankton durchs Meer treiben. Doch ein paar werden groß genug, um sich irgendwann auf dem Meerboden niederzulassen, eine eigene Höhle zu beziehen und sich schließlich ebenfalls wieder einen anderen Kraken zur Paarung zu suchen. Warum diese mit so wenig Armeinsatz und aus größtmöglicher Entfernung abläuft, weiß die Forschung noch nicht genau. Doch da Kraken erwiesenermaßen zum Kannibalismus neigen, glauben manche Forscher, dass die schalen- und schutzlosen Weichtiere diese Form der Fernpaarung praktizieren, um das Risiko zu verringern, statt in den Armen im Magen ihres Paarungspartners zu landen. Manche sind bei der Paarung sogar besonders vorsichtig. Dann hocken beide Kraken mit größtmöglichem Abstand voneinander in einer Felsnische und wäre da nicht der Arm zwischen ihnen, der wie ein kleines Tiefseekabel von einer Nische zur anderen verläuft, man käme nie auf die Idee, womit sie gerade beschäftigt sind.

Argonauta argo: Der seltsame Wurmbefall der Papierbootkraken

Gemeine Kraken bleiben beim Geschlechtsverkehr auf Armlänge voneinander entfernt. Das Krakenmännchen kann bei der Paarung, die sich manchmal über Stunden hinzieht, vermutlich über weite Strecken abschalten und über andere Dinge nachdenken. Denn wie wir im vorigen Kapitel gesehen haben, hat sein spezieller Paarungsarm nicht nur einen eigenen Geruchssinn, mit dessen Hilfe er die Geschlechtsorgane des weiblichen Kraken aufspürt, sondern auch ein eigenes Gehirn. Es gibt jedoch Kraken, bei denen dieser penisartige Spezialarm ein noch größeres Eigenleben führt und die Paarung auf sogar noch distanziertere Weise stattfindet. Dabei handelt es sich um die sogenannten Papierbootkraken, die selbst für Krakenmaßstäbe äußerst eigentümliche Lebewesen sind.

Als der Hectocotylus, der spezielle Paarungsarm der Kraken, seinen Namen bekam, wurde er gar nicht für einen solchen gehalten. Der französische Naturforscher Georges Cuvier (1769–1832) fand bei der Untersuchung eines weiblichen Papierbootkraken mehrere wurmförmige Gebilde in dessen Mantelhöhle, die auch immer noch Schlängelbewegungen ausführten, und hielt diese Gebilde für Parasiten, von denen das Weibchen befallen war. Aufgrund der vielen Saugnäpfe, die die kleinen Schmarotzer am Bauch trugen, gab er ihnen den Namen *Hectocotylus octopodis*, was in etwa »bei Achtfüßern vorkommender Hundertnapf« bedeutet. Wie sich später herausstellte, handelte es sich dabei jedoch gar nicht um parasitäre Würmer, sondern um die Paarungsarme männlicher Papierbootkraken, die in der Mantelhöhle offenbar auf eine gute Gelegenheit warteten, um in die Eileiter des Weibchens einzudringen.

Im Gegensatz zu den Gemeinen Kraken leben Papierbootkraken nicht am Meeresboden, sondern frei schwimmend auf hoher See. Sie wurden schon in allen Weltmeeren aus dem Wasser gefischt und schwimmen meistens nah der Wasseroberfläche, können allerdings auch auf Tiefen von bis zu 300 Metern abtauchen. Ihren Namen tragen sie wegen der dünnen weißen Kalkschale, die die Weibchen der Spezies umgibt. Sie ist halbkreisförmig, an einem Ende eingerollt und ähnelt auf den ersten Blick stark der Schale des Nautilus, der als einer der ursprünglichsten aller Kopffüßer gilt und in ähnlicher Form schon seit rund 500 Millionen Jahren durch die Ozeane schwebt. Die Schale des Papierbootkraken ist jedoch innen nicht in die mit Gas befüllbaren Kammern unterteilt, über die der Nautilus seinen Auftrieb tariert, außerdem von der Form her flacher und außen in einem kunstvoll wirkenden Rippenmuster strukturiert. Auch ist sie naturgeschichtlich gesehen eine viel neuere Entwicklung.

Man nimmt an, dass alle Kopffüßer von urzeitlichen Weichtieren abstammen, die wie der Nautilus in schützenden Kalkgehäusen lebten. Sämtliche Kopffüßer außer dem Nautilus verlegten dieses Gehäuse im Laufe ihrer evolutionären Entwicklung nach innen oder ließen es sogar ganz verschwinden, wie die Kraken. Diese nutzen heute stattdessen Felshöhlen als schützendes Gehäuse oder versuchen, Räubern erst gar nicht aufzufallen, indem sie ihr Äußeres möglichst gut der Umgebung anpassen. Die Papierbootkraken zogen es aber offenbar vor, wieder zur alten Form des Schutzes zurückzukehren. Einer Theorie zufolge fingen sie irgendwann an, in den leeren Schalen von Ammoniten zu hausen, nautilusähnlichen Kopffüßern aus der Kreidezeit. Mit der Zeit lernten sie dann, diese Schalen mithilfe kalkhaltiger Körperausscheidungen zu reparieren, und kamen auf diesem Wege schließlich dazu, eigene Schalen herzustellen.

Mit wissenschaftlichem Namen heißen die Papierbootkraken *Argonauta argo*, was sie als Besatzungsmitglieder der sagenhaften »Argo« ausweist, auf der der griechische Held Jason seinen Abenteuern entgegenfuhr, und schon in Jules Vernes Roman *20 000 Meilen unter dem Meer* (1870) tauchen sie auf und segeln vor den erstaunten Augen des Erzählers mithilfe eigenartiger Häute an ihren Armen in ihrer bötchenförmigen Schale durch die See. Tatsächlich besitzen die Tiere an zwei Armen segelartige Häute, die sie über die Außenseiten ihrer Schale legen können (und mit deren Hilfe sie diese vermutlich auch herstellen). Doch natürlich benutzen die Kraken diese Häute genauso wenig zum Segeln, wie sie ihr »Papierboot« benutzen, um damit durchs Wasser zu schippern. Die Häute dienen ihnen dazu, auch auf der Schale ihre Tarnfärbung beibehalten zu können, die oben, wo ihr Schnabel, ihre Augen und ein Teil ihrer nach vorne gewölbten Arme aus der Schale ragen, dunkelviolett oder -lila ist, sodass sie für einen über sie hinwegfliegenden Vogel mit der dunkelblauen Tiefe unter ihnen verschmelzen, auf der Unterseite hingegen hell wie der über ihnen liegende Himmel. Auch um im Wasser jagende Räuber zu verwirren, verwenden die Kraken diese Häute, indem sie sie unvermittelt von der hellen Schale zurückziehen und so eine Art Blitzlichteffekt erzielen. Und auch beim Beutefang schließlich scheinen sie den Tieren zu helfen. Beim Füttern von Papierbootkraken wurde beobachtet, wie jedes Mal, wenn ein essbarer Happen die membranartige Haut auf der Außenseite der Schale berührte, ein Arm darüber hinwegschnellte und den Happen packte. Deshalb wird vermutet, dass die Kraken auch in freier Wildbahn die Krebstiere, Flügelschnecken und Quallen, von denen sie sich ernähren, hauptsächlich erbeuten, indem sie einfach warten, bis sie gegen sie schwimmen. Zwar können sie wie der Nautilus auch ihre krakentypische Wasserdüse zur Fortbewegung nutzen. Doch dabei wirken ihre Bewegungen ungeschickt und wenig zielgerichtet.

Ihr hübsches »Boot« benutzen die Papierbootkraken nicht nur zu ihrem eigenen Schutz, sondern auch zu dem ihrer Jungen. Wie bereits erwähnt, wird das feine Kalkgehäuse nur von den Weibchen der Spezies ausgebildet und diese befestigen an dessen gewölbeartigem Rücken ihre Eierschnüre, genauso wie bodenlebende Krakenweibchen an der Decke einer Felshöhle. Die Gehänge enthalten Eier in verschiedenen Reifestadien und schlüpft ein Teil des in der Schale ausgebrüteten Nachwuchses, spuckt die Mutter ihn mithilfe ihrer Wasserdüse ins Meer. Wie die Weibchen der Gemeinen Kraken können auch die der Papierbootkraken den bei der Paarung empfangenen Samen der Männchen speichern. Im Gegensatz zu beinah allen anderen Kraken und Kopffüßern speichern sie aber nicht nur die Samenpakete der Männchen in ihrem Körper, sondern gleich den ganzen Paarungsarm, mit dem diese Pakete normalerweise übertragen werden – was den großen Cuvier auch zu seinem Irrtum hinsichtlich des vermeintlichen Wurmbefalls verleitete.

Doch wie gelangt der Arm in die Mantelhöhle des Weibchens? Und was passiert mit dem dazugehörigen Männchen? Die Schalen der Weibchen erreichen einen Durchmesser von bis zu 45 Zentimetern und sind beliebte Dekorationsobjekte. Der Körper des darin enthaltenen Krakenweibchens ist mit Armen in der Regel etwa 30 Zentimeter lang. Die Männchen werden jedoch nur einige Zentimeter groß, und würde man nicht regelmäßig Männchen finden, die ihre Paarung offenkundig bereits hinter sich haben, könnte man leicht annehmen, dass es ihnen genauso geht wie vielen Spinnenmännchen, bei denen der Paarungsarm das Einzige ist, was von ihnen nach der Paarung übrig bleibt, zumindest in diesem Teil des weiblichen Körpers. Schließlich haben sie genau dieselbe Größe wie die kleinen Meerestiere, die die Weibchen sich mit einem blitzartig hervorschnellenden Arm schnappen, wenn sie ihnen gegen die Schale schwimmen.

Doch diesem Schicksal entgeht der männliche Papierbootkrake durch einen außergewöhnlichen Trick. Der winzige Krakenmann trägt seinen Hectocotylus, der ungefähr dreimal so lang ist wie er selbst, normalerweise in einem dicken Beutel mit sich herum, der neben seiner Mundöffnung an der Unterseite seines Körpers hängt. Kommt der kleine Krake jedoch in die Nähe eines Weibchens, bringt er diesen Beutel zum Platzen und rollt sein beachtliches Begattungsorgan aus. Manche Männchen gehen nun das Wagnis ein, nah genug an die große Krakenfrau heranzuschwimmen, um den Hectocotylus selbst in deren Mantelhöhle einführen zu können, wobei die enorme Länge des Penisarms ja immerhin für einen gewissen Sicherheitsabstand sorgt. Andere Männchen wollen aber noch nicht einmal dieses Risiko eingehen und lassen ihr bestes Stück die Sache lieber allein erledigen. Dann trennt sich der Hectocotylus an einer Sollbruchstelle nahe seiner Basis ab und schwimmt selbstständig zu dem Weibchen hin. Nach der Begattung stirbt das Männchen sowieso. Doch indem es sich rechtzeitig von seinem Paarungsarm trennt, kann es wenigstens sicher sein, dass dieser nicht möglicherweise mit ihm zusammen im Magen des Weibchens landet statt in dessen Fortpflanzungstrakt.

Tremoctopus violaceus: Das Riesenweib der Löcherkraken

Vor der Küste Australiens sind Forscher vor einiger Zeit zum ersten Mal auf einen lebenden männlichen Löcherkraken gestoßen. Der Tintenfischexperte Mark Norman machte zusammen mit einigen Kollegen einen Nachttauchgang in der Nähe des nördlichen Great Barrier Reefs, als ihm das kleine Kerlchen vor das Licht seiner Taschenlampe schwamm. Es war gerade mal zweieinhalb Zentimeter groß, hatte einen violett schimmernden Körper, große Augen und beinah durchsichtige Arme, von denen einer – der Paarungsarm – noch in einem dicken weißen Sack an der Körperunterseite aufgerollt war. Norman kennt sich mit Kraken aus wie kein Zweiter, doch diesen konnte er nicht gleich einordnen. Als Löcherkraken vermochte er ihn erst zu identifizieren, als er ihn später mit Exemplaren verglich, die tot in den Netzen anderer Forscher gelandet waren, und auch diese hatten allein anhand ihres Paarungsarms der richtigen Spezies zugeordnet werden können.

Wie bei den oben behandelten Papierbootkraken ist der Paarungsarm bei den Löcherkraken viel größer als das ganze Männchen selbst, er bricht bei der Paarung ab und schwimmt selbstständig in die Mantelhöhle des Weibchens. Außerdem ist er von charakteristischen Warzen gesäumt und hat eine auffällige Samentasche an der Spitze, sodass die tot aus dem Meer gefischten Minimännchen, die diesen unverwechselbar aussehenden Paarungsarm noch besaßen, nach einigem Rätseln den Weibchen der Spezies *Tremoctopus violaceus* zugeordnet werden konnten, bei denen genau solche Paarungsarme schon oft gefunden worden waren. Ohne diese entscheidende Verbindung wäre wohl Mark Norman genauso wenig wie irgendein Forscher vor ihm auf die Idee gekommen, die beiden Kraken miteinander in Zusammenhang zu bringen. Denn während die männlichen Löcherkraken gerade mal zweieinhalb Zentimeter groß werden und kaum ein Viertelgramm wiegen, erreichen die Weibchen eine Größe von bis zu zwei Metern und können ein Gewicht von bis zu zehn Kilo auf die Waage bringen.

Genau wie die weiblichen Papierbootkraken wirken die Weibchen der Löcherkraken wie unmittelbar einer in den buntesten Farben gemalten Fantasiewelt entsprungene Fabelwesen. Auch sie leben im offenen Wasser und sind in allen tropischen und subtropischen Meeresregionen zu finden. Auf den ersten Blick sehen sie aus wie ganz normale, violettfarbene Kraken, die mithilfe des aus ihrem Körpermantel ragenden Siphos, aus dem sie Wasser ausstoßen können, durch die oberen Wasserschichten schweben. Doch wenn sie sich bedroht fühlen, rollen sie ihre hinteren Arme aus, die sie normalerweise eingezogen zwischen den anderen Armen tragen, wodurch sich ihre Gestalt radikal ändert. An den Armen hängen riesige Hautmembranen, die sie dann beim Schwimmen hinter sich herziehen wie einen ausgebreiteten Umhang. Plötzlich wirken sie wie ein mit flatterndem Gewand durchs Wasser schwebendes Gespenst oder als hätten sie sich gerade in eine Art Kraken-Superman verwandelt (wenn man bei YouTube »Tremoctopus defense mechanism« eingibt, kann man sich vor Japan gemachte Aufnahmen dieser erstaunlichen Verwandlung ansehen). Die Häute sind mit grün schimmernden Augenflecken besetzt, sogenannten Ocelli, und dienen höchstwahrscheinlich der Abschreckung von Fressfeinden. Sollten diese sich von der Superman-Nummer nicht beeindrucken lassen, können die Kraken Teile des Umhangs abwerfen und ihre Verfolger so zusätzlich verwirren. Löcherkraken heißen sie wegen der großen Wasserporen, die sie auf dem Rücken sowie seitlich des Siphos haben und deren Funktion noch unbekannt ist. Im Englischen werden sie *blanket octopus* genannt, was so viel wie »Deckenkrake« heißt und sie zumindest im Fluchtmodus wesentlich treffender beschreibt.

Man glaubt, dass die Löcherkraken die eigentümlichen Membranen auch als eine Art Nahrungsdetektor verwenden, denn es wurde beobachtet, wie sie mit den Armen darüberfahren, sobald etwas dagegenschwimmt, genau wie die Papierbootkraken über die Membranen, die sie über ihrer Schale tragen. Doch wie diese Achtfüßer scheinen sich die Löcherkraken zum Nahrungserwerb auch gerne der Arme eines anderen Lebewesens zu bedienen, das wie sie häufig durch die oberen Wasserschichten der Meere schwebt. Papierbootkraken werden regelmäßig dabei beobachtet, wie sie auf den Schirmen von Quallen sitzen, an denen sie sich mit ihren Armen festklammern. Das dient ihnen zur Fortbewegung, zum Schutz, aber auch zum Futtererwerb, denn sie bohren von oben Kanäle bis in den Magen der Qualle und schmarotzen so von den winzigen Krebs- und Fischlarven, die diese mit ihren Tentakeln fängt. Löcherkraken nutzen Quallentenakel auf noch direkterem Wege. Sie reißen sich Stücke von den Fangfäden der Portugiesischen Galeere ab, einer sogenannten Staatsqualle, die auch Menschen gefährlich werden kann, und legen sich diese auf ihre eigenen Arme, vermutlich um mit dem lähmenden Nesselgift, das die Fäden enthalten, erfolgreicher kleine Fische und andere Beutetiere überwältigen zu können. Allerdings greifen nur die winzigen Männchen und sehr junge weibliche Löcherkraken auf diese verblüffende Form der Aufrüstung zurück. Sobald sie größer als sieben Zentimeter sind, brauchen die Weibchen die zusätzlichen Waffen anscheinend nicht mehr.

Der Größenunterschied zwischen den Geschlechtern ist bei den Löcherkraken so groß wie sonst nur bei einzelnen Spinnen, Krebstieren und Würmern, also insgesamt sehr viel kleineren Tieren, und wenn das Männchen das 100 Mal so große und bis zu 40 000 Mal so schwere Weibchen mit seinem gespensterhaften Umhang vor sich hat, schießt es seinen Penisarm vermutlich in den meisten Fällen schon aus purem Schreck ab. Norman und seine Kollegen glauben, die Männchen werden nicht größer, weil sie so schneller ausgewachsen sind und sich früher auf die Suche nach einer Fortpflanzungspartnerin machen können. Dabei ist die Hauptsache, dass sie in den Weiten des Ozeans ein Weibchen finden, den Rest erledigt ihr abtrennbarer Penisarm dann ja sowieso ohne sie. Bei dem Weibchen hingegen ist die Größe nützlich, denn je größer es ist, desto mehr Eier kann es auch produzieren. Diese legt es dann nicht wie andere Kraken in einer Höhle ab, sondern trägt sie bis zum Schlüpfen der Jungen an den Armen mit sich herum.

10. Liebesgeschenke

Panorpa vulgaris:
Die liebesverlängernden Geschenke
der Skorpionsfliegen

Eine 2008 an einer amerikanischen Hochschule durchgeführte Umfrage hat ergeben, dass viele der männlichen Studenten dort schon einmal versucht haben, eine ihrer Kommilitoninnen mithilfe eines Geschenks dazu zu bringen, mit ihnen ins Bett zu steigen, und viele der Studentinnen auch bewusst auf solche Deals eingehen. Dem Evolutionspsychologen Daniel Kruger, der die Studie an seiner Heimatuniversität in Michigan durchführte, war dieses Verhalten bereits aus anderen Studien bekannt. Doch in diesen waren immer Frauen in wirtschaftlich unsicheren Verhältnissen befragt worden, die so versuchten, ihren ärmlichen Lebensstandard etwas aufzubessern. Die knapp 500 Studenten der School of Public Health in Ann Arbor, die bei Krugers Umfrage mitmachten, hatten aber eigentlich alles, was sie brauchten, weshalb der Psychologe annimmt, dass diese Art von Tauschgeschäft tief in unsere von der Evolution beschriebene Festplatte eingebrannt ist. Die Liebesgeschenke, die bei den Transaktionen über den Tisch gingen, bestanden mal aus einer Karte für einen begehrten Sportevent der Universität, mal aus einer Designerhandtasche.

Bei Skorpionsfliegen genügen schon Spuckebällchen und tote Käfer. Die etwa zwei Zentimeter großen Fluginsekten haben ein mindestens genauso reges Sexualleben wie amerikanische Universitätsstudenten, aber während es bei diesen auch zu Geschlechtskontakten ohne materielle Vorteilnahme kommt, geht bei den Skorpionsfliegen ohne Geschenke praktisch gar nichts. Weswegen um diese unter den männlichen Fliegen auch ein erbitterter Kampf geführt wird.

Skorpionsfliegen sind mehr oder weniger über die gesamte nördliche Erdhalbkugel verbreitet, und auch in Deutschland kann man sie im Sommer an schattigen Waldrändern zwischen den Blättern niedriger Sträucher und dem Erdreich hin- und herfliegen sehen. Aufgrund ihrer schwarz gefleckten Flügel ist ihre Erscheinung von Weitem nicht besonders auffällig, von Nahem dafür jedoch umso mehr. Der Kopf der schlanken Insekten, die zu den *Mecoptera* oder Schnabelfliegen gezählt werden, besitzt eine schnabelartige Verlängerung, die sie aussehen lässt, als habe man ihnen heimlich ein paar Storchengene eingepflanzt oder als wollten sie zu einem venezianischen Maskenball. Die Männchen tragen zusätzlich den nach oben gebogenen, auffälligen roten Schwanz eines Skorpions am Hinterleib, was ihnen erst recht das Aussehen von winzigen Fabeltieren gibt und jeden, dem sie auf dem Arm landen, dazu veranlasst, in heller Panik nach ihnen zu schlagen. Doch der Skorpionsschwanz, von dem die Fliegen ihren Namen haben, ist vollkommen harmlos, sowohl für Menschen als auch für andere Insekten. Es handelt sich um keine Waffe, sondern um das Begattungsorgan der Männchen, welches diese in ihrem etwa einen Monat dauerndem Leben so oft wie möglich zum Einsatz zu bringen versuchen.

Will sich eine männliche Skorpionsfliege der Spezies *Panorpa vulgaris*, deren Verhalten besonders gut erforscht ist, mit einem Weibchen paaren, hat sie drei Möglichkeiten. Entweder sie bietet dem Weibchen an, an einem der toten Insekten zu kauen, die die Hauptnahrung der Skorpionsfliegen ausmachen, oder sie stellt mithilfe ihrer riesigen Speicheldrüsen kleine Spuckebällchen her und bietet diese dem Weibchen zum Fressen an oder aber sie versucht ihr Glück ganz ohne jedes Liebesgeschenk. Letzteres ist die Methode, die dem Männchen mit Abstand am wenigstens Stress, Streit und Gefahr für sein Leben verursacht, aber leider auch diejenige, die am wenigsten Erfolg verspricht. Gelegentlich kann zwar ein Skorpionsfliegenmännchen ein Weibchen ausschließlich mithilfe seines Charmes zu einem Schäferstündchen überreden, doch dieses wird dann oft so schnell wieder abgebrochen, dass es zum eigentlichen Ziel des Männchens, der Übertragung seiner Spermien, gar nicht kommt. Denn die Weibchen machen die Dauer ihrer körperlichen Zuwendung ganz unmittelbar davon abhängig, wie groß und zahlreich die Geschenke sind, die sie von einem Männchen erhalten.

Die Nummer mit dem toten Insekt ist dabei das direkteste Verfahren. Das Männchen sucht sich einen verletzten Käfer oder eine tote Fliege (wobei es sich auch durchaus um eine aus der eigenen Art handeln darf), winkt mit den Flügeln und klopft mit seinem Skorpionsschwanz auf den Boden, um ein Weibchen anzulocken, und bringt sich dann in die zum Andocken des Begattungsorgans nötige V-Stellung zu seiner Partnerin, während diese sich ihrerseits über die dargebotene Insektenleiche hermacht. Ist an dem Insekt noch recht viel dran, dauert die Kopulation ungefähr eine halbe Stunde, was dem Männchen ermöglicht, etwa 200 bis 300 Spermien in das dafür vorgesehene Speicherorgan im Genitaltrakt des Weibchens einzufüllen (ja, Wissenschaftler haben jede einzelne der etwa drei Millimeter langen, aber extrem dünnen Spermien unter dem Mikroskop gezählt). Damit kann das Männchen schon sicher sein, einen gewissen Anteil der Eier zu befruchten, die das Weibchen später in der Erde ablegen wird und die stets wie im Lotterieverfahren von allen Männchen befruchtet werden, mit denen sich ein Weibchen bis zum Zeitpunkt der Eiablage gepaart hat. Will das Männchen die Zahl der Nachkommen, die es mit einer Partnerin zeugt, aber vergrößern, muss es statt toter Insekten Spuckebällchen als Liebesgabe wählen.

Die von ihrer Konsistenz her recht festen Bällchen, die im Fachjargon Sekretbonbons heißen, werden von den Männchen oft auf die Oberseite von Blättern geklebt und gleichen dann eher winzigen weißen Stäbchen. Während das Weibchen davon frisst und gleichzeitig mit dem Männchen kopuliert, produziert dieses weitere Sekretbonbons, wobei manche Männchen auf die stattliche Zahl von sechs bis sieben Bonbons pro Beischlaf kommen und diesen dementsprechend auf eine Länge von drei bis vier Stunden hinauszögern können. Das reicht, um bis zu 1800 Spermien in dem Weibchen unterzubringen und sich in der Gewissheit wiegen zu dürfen, dass ein guter Teil der wie kleine braune Raupen aussehenden Skorpionsfliegenlarven, die noch im selben Sommer oder dann im nächsten Frühling durch das

Erdreich kriechen, die eigenen Gene trägt. Besonders erfolgreiche Skorpionsfliegenmänner kommen im Leben auf bis zu 100 produzierte Sekretbonbons, woraus sich im Idealfall etwa 50 Stunden reiner Sex und ungefähr ebenso viele Nachkommen ergeben.

Um die Speichelbonbons zu produzieren, braucht man allerdings nahrhafte Insekten, genauso wie wenn man diese den Weibchen in ihrer ursprünglichen Form darbietet, und deswegen verbringen die Männchen die Zeit, in der sie keinen Sex haben, hauptsächlich damit, nach Nahrung zu suchen. Dabei ist der Streit, den die Männchen untereinander um die Insektenkadaver führen, so erbittert, dass manche von ihnen zu der extremen Maßnahme greifen, sie sich aus Spinnennetzen zu stehlen. Zwar können sich die Fliegen auf Spinnennetzen bewegen, ohne kleben zu bleiben, und bleiben sie doch einmal kleben, würgen sie einen braunen Verdauungssaft hoch, der die Spinnenseide auflöst und auch als Abwehrmittel gegen die eventuell angreifenden Besitzer des Netzes funktioniert. Ebenso wird oft beobachtet, wie die Männchen attackierende Spinnen mit Schlägen ihres dicken Skorpionsschwanzes vertreiben. Trotzdem ist der Futterklau gefährlich und neben dem Verspeistwerden von Vögeln, Eidechsen und räuberischen Insekten eine der Haupttodesursachen der Fliegenmänner.

Vielleicht deswegen haben sich die Männchen der in Nordamerika lebenden Schnabelfliegen der Spezies *Hylobittacus apicalis*, die mit den Skorpionsfliegen eng verwandt sind, eine weniger gefährliche Strategie ausgedacht, um an die für den Erfolg bei den Frauen so wichtigen Liebesgeschenke heranzukommen. Im Gegensatz zu Skorpionsfliegen ernähren sich diese Fliegen aus der Familie der Mückenhaften, die kleinen, mit Schnäbeln versehenen Schnaken ähneln, von lebenden Insekten, die sie erbeuten, indem sie sich von Pflanzen hängen lassen und mit ihren langen Hinterbeinen nach ihnen greifen. Um Weibchen anzulocken, halten sich die Männchen in der gleichen Position ein erbeutetes Insekt vor den Bauch und rufen so die Weibchen dazu auf, von ihrem »Geschenk« zu fressen. Geht ein Weibchen auf das Werben ein, hängt es sich dem Männchen gegenüber und legt die Flügel an, woraufhin das Männchen ihm auf Bauchhöhe das leckere Insekt und weiter unten gleichzeitig sein Begattungsorgan entgegenstreckt.

Manchmal hängt sich aber auch dem balzenden Männchen ein anderer Fliegenmann gegenüber und legt ganz nach Art eines Weibchens die Flügel an, damit der vor ihm hängende Dummkopf ihn für ein solches hält und ihm voll bebender Erwartung sein Liebesgeschenk überreicht. Bei rund einem Drittel aller Betrugsversuche kann der listige Dieb seinem Opfer das Geschenk auch entreißen – nur um sich sofort danach ebenfalls damit an einen Pflanzenstängel zu hängen und darauf zu hoffen, dass sich *ihm* eine Schnabelfliege mit ernsthafteren Absichten gegenüberhängt.

Oenanthe leucura:
Die scheinbar sinnlosen Brautgaben des Trauersteinschmätzers

Ein Vogel, der hauptsächlich in den kargen Felslandschaften Südspaniens und Nordafrikas vorkommt, macht seiner Braut besonders nutzlose Geschenke. Der schwarze, etwa spatzengroße Singvogel mit dem weißen Schwanz trägt unzählige Steine zum Nistplatz des Weibchens und schichtet sie dort zu einem großen Haufen auf. Die Steine dienen weder dem Nestbau noch der Balz der Vögel und haben deswegen Ornithologen und Verhaltensforschern jahrelang Rätsel aufgegeben. Erst als einige von ihnen anfingen, selbst in der sommerlichen Hitze der südspanischen Felslandschaften kleine Steinchen von einem Ort zum anderen zu tragen, kamen sie auf den Grund für das seltsame Verhalten.

Trauersteinschmätzer gehören zur Gattung der Steinschmätzer, die so genannt werden, weil sie oft in besonders steinigen, kargen Gegenden leben und ihre Stimme einen »schmatzenden« Klang hat. Die Trauer tragen sie wegen ihres Gefieders im Namen, das beim Männchen von einem tiefen, glänzenden Schwarz und beim Weibchen nur unmerklich matter ist. Im Gegensatz zu vielen weiter nördlich vorkommenden Vögeln, die im Winter nach Süden ziehen, leben die Trauersteinschmätzer das ganze Jahr über in ihren kargen Felslandschaften und ernähren sich und ihre Jungen dort hauptsächlich von Ameisen und anderen Insekten, können aber auch kleine Eidechsen, Skorpione und Hundertfüßer erbeuten. Männchen und Weibchen bilden in der Regel feste Paare, die oft nicht nur während der Brutzeit, sondern auch sonst gemeinsam ein mehrere Hektar großes Stammrevier bewohnen. Balz und Paarung der Vögel sind meist schon Ende Januar abgeschlossen. Der erste Nestbau, auf den im Verlauf der Brutsaison noch mehrere weitere folgen können, findet dann für gewöhnlich Anfang März statt.

Zwischen diese beiden Stationen der jährlich aufs Neue eingegangenen Vogelehe, die sonst eigentlich unmittelbar ineinander übergehen, schiebt der männliche Trauersteinschmätzer aber noch ein eigenartiges, bis zu drei Wochen dauerndes Ritual. Die Vögel suchen sich normalerweise etwas erhöht liegende kleine Felshöhlen als Nistplätze, die oft durch einen Überhang getarnt sind, und zu diesem künftigen Nistplatz trägt das Männchen jetzt eine Unmenge kleiner Steine, die es sich in einem Umkreis von etwa zehn Metern zusammensucht und in der Nisthöhle zu einem großen Haufen aufschichtet. Die Steine sind meist flach, was es dem Männchen erleichtert, sie beim Fliegen im Schnabel zu tragen, und wiegen manchmal nur ein paar Gramm, manchmal aber auch mehr als die Hälfte des Körpergewichts der etwa 40 Gramm schweren Vögel. Einige Männchen begnügen sich damit, nicht mehr als drei oder vier Steine pro Tag herbeizuschleppen, andere machen es jedoch nicht unter 70 und kommen so am Ende der »Tragzeit« auf Gesamtzahlen von mehr als 1 000 durch die Luft geflogenen Steinen, die zusammen ein Gewicht von über zehn Kilo auf die Waage bringen. Auch der Durchschnittsvogel trägt bei der merkwürdigen Übung aber schon rund 300 Steine vom Boden zu dem meist ein paar Meter erhöht liegenden Nistplatz hinauf und transportiert damit eine Gesamtlast von etwa zwei Kilogramm.

Zunächst ging man natürlich davon aus, die Steine dienten als Nistmaterial. Ist das Männchen mit seiner Sisyphosarbeit fertig, baut das Weibchen ein Nest aus trockenen Zweigen und Ziegenhaaren in die Nisthöhle und da deren Boden oft etwas abschüssig ist, kann das Weibchen die Steine als Stütze oder Bodenausgleich in vielen Fällen gut gebrauchen. Genau dazu sind die Steine also da, dachten sich viele Forscher, und genau damit ist ihr Zweck auch in den meisten Ornithologie-Handbüchern beschrieben.

Juan Moreno vom Staatlichen Naturkundemuseum in Madrid und Manuel Soler, Evolutionsbiologe an der Universität von Granada, genügte diese Erklärung jedoch nicht. Den beiden Wissenschaftlern schienen mehrere Punkte am Verhalten der Trauersteinschmätzer dieser einfachen Lösung zu widersprechen. Zum einen trägt der männliche Vogel nicht alle Steine zu dem künftigen Nistplatz, sondern fliegt mit vielen auch zu anderen möglichen Nisthöhlen oder legt sie sogar an Orten ab, die für einen Nestbau überhaupt nicht in Frage kommen. Auch entscheidet sich das Weibchen nach der ganzen Plackerei des Männchens häufig um und nistet in einer vollkommen anderen Höhle, in der im Zweifelsfall gar keine Steine liegen. Ebenso besteht das Männchen stets darauf, neue Steine zu einer potenziellen Nisthöhle zu tragen, selbst wenn dort schon massenweise Steine aus vorhergehenden Brutperioden herumliegen, und häuft seine Steine auch dann in einer Höhle auf, wenn deren Boden komplett eben ist und das Weibchen zum Bau seines Nestes eigentlich gar keine Steine braucht.

Dienten die Steine vielleicht gar nicht als Stütze, fragten sich die Wissenschaftler, sondern hatten sie womöglich irgendeine andere nestbauliche Funktion? Schützten die Steinhaufen das Weibchen und seine Brut vielleicht vor Regen und Wind? Oder speicherten sie möglicherweise die hohe Tageshitze, zu der es im Lebensraum der Vögel kommen kann, und milderten so plötzliche Temperaturstürze in der Nacht ab?

Moreno und Soler überprüften mit ihrem Team beide Thesen, kamen jedoch zu dem Schluss, dass beide unplausibel sind. Die Steinhaufen mochten zwar an manchen Nistplätzen wie eine Art Wall funktionieren, der Wind und Staub abfängt und das Nest vielleicht auch vor ein paar Regentropfen schützt. Doch wirklich wichtig konnte dieser Wall den Weibchen nicht sein, denn dafür brüteten sie zu oft in Höhlen, wo er nicht vorhanden war und auch nicht durch natürliche Steinformationen ersetzt wurde. Auch wie hoch die Temperaturschwankungen in einer Höhle waren, war den Weibchen bei der Wahl ihres Nistplatzes offenkundig egal und die Männchen schichteten in Höhlen mit starken Schwankungen auch keine besonders großen Steinhaufen auf, die, wie die Forscher schließlich anhand eines Versuchs feststellen mussten, auch gar keinen Einfluss auf die Temperatur in einer Höhle hatten. Überhaupt war der Bruterfolg der Trauersteinschmätzer nicht sonderlich wetterabhängig, wie das Team bei seinen Langzeitbeobachtungen erkannte.

Einige andere Forscher hatten spekuliert, die Steinhaufen könnten als Schutz oder Tarnung vor Fressfeinden dienen, doch auch diese These verwarfen Moreno und Soler. Die Notwendigkeit, Steine zu der Nisthöhle hinaufzufliegen, hielt die Vögel sogar in der Regel davon ab, solche Höhlen zu wählen, die mehr als nur ein paar Meter über dem Boden lagen und sie somit vor bodenlebenden Räubern wie Reptilien und Nagern besonders gut geschützt hätten. Tarnung schienen die Steine den Vögeln ebenfalls keine besonders gute zu bieten, denn die Forscher benutzten die Steinhaufen ja selbst als visuellen Hinweis, um die Nistplätze der Trauersteinschmätzer aufzuspüren. Wie sich bei den Feldstudien der Wissenschaftler herausstellte, werden solche Nester, in deren Umgebung besonders viele Steinhaufen liegen, auch tatsächlich besonders oft ausgeraubt.

Wenn die Steine aber weder als Stützmaterial notwendig waren, noch das Nest gegen schlechtes Wetter oder Fressfeinde schützten, wozu konnten sie dann gut sein? Natürlich war in den Diskussionen der Forscher schon der Gedanke geäußert worden, das Männchen könnte die Steinhaufen aufschichten, um das Weibchen zu beeindrucken. Doch diese Lösung fiel eigentlich aus, weil zum Zeitpunkt des Aufschichtens Balz und Paarung ja schon abgeschlossen waren und man annahm, dass wie die meisten Ehemänner auch die männlichen Trauersteinschmätzer danach keine Notwendigkeit mehr sahen, bei ihrer Partnerin mit irgendwelchen sinnlosen Renommieraktionen zu punkten. Allerdings war den Forschern bei ihren Beobachtungen immer wieder aufgefallen, dass das Weibchen zwar so gut wie nie selbst Steine durch die Luft trug, aber stets aufmerksam zusah, wenn das Männchen dies tat und manche der transportierten Steine dabei auch mit dem Schnabel anhob, als wollte es deren Gewicht prüfen. Ebenso wussten die Wissenschaftler von Studien an anderen Vögeln, dass es in manchen Fällen durchaus im Interesse der Männchen sein kann, auch nach der Eheschließung noch Eindruck bei ihrer Partnerin zu schinden. Denn diese machen es manchmal von der Attraktivität und Fitness eines Partners abhängig, wie viele Eier sie legen und wie gut sie sich später um die daraus schlüpfenden Küken kümmern.

Um ihre neue Hypothese zu überprüfen, fingen die Forscher an, selbst kleine Steine zu den Nisthöhlen der Vögel hin oder von diesen weg zu tragen. Von manchen Nistplätzen entfernten sie sämtliche aus anderen Nistzeiten stammenden Steine, sodass unmittelbar vor dem Nestbau nur die Steine dort vorhanden waren, die das Männchen neu herbeigeschleppt hatte, und verglichen dann das Brutverhalten der zu diesen Nistplätzen gehörenden Weibchen mit dem von Weibchen, an deren Nistplatz zusätzlich auch noch Unmengen alter Steine lagen. Wie sich herausstellte, hatte die *reine Anzahl* der vorhandenen Steine weder Einfluss darauf, wie früh ein Weibchen mit dem Eierlegen anfing, noch wie viele Eier es legte oder wie gut es sich später um die Küken kümmerte. Wie die Forscher mit einem zweiten Experiment belegen konnten, wurde das Brutverhalten eines Weibchens aber sehr wohl davon beeinflusst, wie viele *neue* Steine es ein Männchen durch die Luft tragen sah.

Bei ihrem zweiten Experiment legten die Forscher bei manchen Männchen heimlich Steine zu denen dazu, die sie in der Nisthöhle aufschichteten, oder nahmen heimlich welche davon weg. So konnten sie die Männchen dazu bringen, entweder weniger oder mehr Steine als normal vor den Augen des Weibchens durch die Luft zu schleppen, und wie die Wissenschaftler vermutet hatten, zeitigte das deutliche Auswirkungen auf den anschließenden Bruterfolg des Paares. Weibliche Trauersteinschmätzer, die ihre Männchen besonders viele und schwere Steine durch die Luft tragen sehen, fangen früher mit dem Brüten an, legen mehr Eier und geben sich mehr Mühe bei der Aufzucht der aus dem Gelege hervorgehenden Jungen. Das Steineschleppen, bei dem die Männchen zum Teil enorme Kraftanstrengungen unter Beweis stellen, ist im Grunde nichts anderes, als würde sich ein Menschenmann auf eine Hantelbank legen und vor den Augen seiner Partnerin Gewichte stemmen. Die Vogelfrau kann daraus ableiten, wie viel Mühe sich das Männchen bei der Versorgung der Jungen geben wird, um die es sich mit ihr zusammen kümmert, und vermutlich auch, wie gesund und fit der gemeinsame Nachwuchs sein wird. Danach entscheidet sie dann, wie viel Energie und Mühe sie selbst in das Gelege investiert.

Obwohl die aufwendige Stärkedemonstration heute mit dem Nestbau nichts mehr unmittelbar zu tun hat, könnte sie aus Verhaltensweisen entstanden sein, die sich ursprünglich mal darauf bezogen. Wenn Vögel aus der Familie der Drosselartigen, zu der die Trauersteinschmätzer meist gezählt werden, sich ihren Nistplatz einrichten, übernehmen die Weibchen normalerweise den Feinausbau, das heißt das Auspolstern mit Grashalmen oder Tierhaaren, beim vorher zu bewältigenden Rohbau jedoch müssen auch die Männchen oft mit anpacken. Die ins Extreme gesteigerte Tragevorführung, die die Trauersteinschmätzer möglicherweise aus dieser Mithilfe gemacht haben, wird bei den Vögeln allerdings wohl schon eine ganze Weile praktiziert. Denn wie Juan Moreno und Manuel Soler bei einer anderen Untersuchung feststellten, haben die Männchen mittlerweile schon angefangen, sich größere Flügel wachsen zu lassen, damit ihnen das Steineschleppen leichter fällt.

Phoreticovelia disparata: Das auf den Kopf gestellte Schenkverhalten der Wasserläufer

Ob es sich um tote Käfer, Spuckeballen oder Steine handelt, normalerweise sind es im Tierreich immer die Männchen, die den Weibchen Geschenke machen oder sich auf andere Weise um sie bemühen müssen, damit sie sich mit ihnen einlassen. Dafür gibt es auch genug andere Beispiele. Wenn Kormoranmännchen etwa von einem Ausflug auf hohe See zurückkehren, bringen sie ihrer Angebeteten stets wenigstens ein Stück Seetang mit. Eisvögel bieten den Weibchen Fische an, um sie sich gewogen zu machen, Kernbeißer Obstkerne, und Neuntöter spießen gleich eine ganze Auswahl von Leckereien auf Dornzweigen auf, um ihre Damen zu beeindrucken. Manche Spinnenmännchen bringen ihren Weibchen tote Insekten mit, wie die männlichen Skorpionsfliegen, wickeln diese jedoch zuvor in Seidenfäden ein. Die Männchen der Tanzfliegen pflegen die gleiche schöne Tradition, jubeln dabei ihren Partnerinnen aber auch manchmal in Seide gewickelte Holzstückchen unter. Ein sehr beliebtes Geschenk stellt in der Insektenwelt die proteinreiche Kapsel dar, in die die Samen der Männchen oft eingelagert sind, denn dieses Geschenk kann das Weibchen praktisch nicht annehmen, ohne nicht gleichzeitig die dafür erwartete Gegenleistung zu erbringen. Aber auch spezielle Drüsen sind weit verbreitet, an denen das Weibchen während der Paarung seinen Hunger stillt, und manche Insektenmänner bieten als Belohnung für den Beischlaf sogar gleich ganze Körperteile an.

Die Erklärung für diese Schenk- und Opferbereitschaft der Männchen lautet normalerweise, dass weibliche Keimzellen aufwendiger zu produzieren und seltener sind als männliche, deswegen unter den Männchen ein harter Wettbewerb darum herrscht, sie befruchten zu dürfen, und die Weibchen für die Gewährung dieses Privilegs eine Zusatzleistung verlangen können, die im Zweifelsfall nicht nur ihnen selbst, sondern auch ihrem Nachwuchs das Leben erleichtert. Ein vor einiger Zeit in Australien entdecktes Insekt aus der Familie der Wasserläufer stellt dieses allgemein akzeptierte Prinzip jedoch auf den Kopf. Bei den winzigen, wanzenartigen Krabbeltieren ist es das Weibchen, das sozusagen für das Schenken zuständig ist und das Männchen auf ähnliche Weise durchfüttert wie das im Kapitel »Treue Seelen« beschriebene Weibchen der Tiefseeangler seine wie Parasiten an ihm hängenden Zwerggatten.

Auch bei den Wasserläufern der Spezies *Phoreticovelia disparata*, die genau genommen sogenannte Bachläufer sind, herrscht ein ausgeprägter Größenunterschied zwischen den Geschlechtern. Die winzigen Tiere leben in langsam fließenden oder ganz stehenden Abschnitten tropischer Flussläufe. Tagsüber klammern sie sich in kleinen Kolonien an im Wasser schwimmende Baumstämme oder bis unter die Wasserlinie herabhängende Zweige, in deren Rinde sie auch ihre Eier ablegen. Nachts staksen sie mit ihren langen Beinen über die Wasseroberfläche und jagen nach Lebewesen, die noch kleiner sind als sie selbst. Die Männchen werden etwas über einen Millimeter groß, die Weibchen erreichen ungefähr die doppelte Größe und tragen für gewöhnlich eines der Männchen auf dem Rücken. Dieses wird von seiner Braut nicht nur übers Wasser getragen, sondern darf auch an deren Mahlzeiten teilhaben und wird zusätzlich sogar noch von zwei speziellen Drüsen mit Nährstoffen versorgt, die das Weibchen auf dem Rücken trägt.

Die Drüsen liegen praktisch an den Schultern des Bachläuferweibchens und sondern ein weißliches, proteinreiches Sekret ab. Wie Göran Arnqvist von der Universität Uppsala zusammen mit zwei Kollegen von der Universität Melbourne bei Beobachtungen in Nordaustralien feststellte, fangen die Weibchen schon an, das Sekret zu produzieren, wenn sie noch gar nicht geschlechtsreif sind, und die Männchen besteigen dann auch bereits ihren Rücken. Sie haben spezielle Greifkämme an den Vorderbeinen, die für einen sicheren Halt auf dem Panzer ihrer Braut sorgen, und Arnqvist fand bei seinen Feldstudien mehrere Weibchen, die die Männchen selbst dann noch mit sich herumtrugen, als diese schon tot waren. Warum die Weibchen die Männchen ein Leben lang mit sich herumschleppen und dabei auch noch mit freien Mahlzeiten versorgen, ist dem Evolutionsbiologen allerdings bis heute noch nicht vollkommen klar.

Bei den oben erwähnten Tiefseeanglern nimmt man an, dass es für beide Geschlechter gleichermaßen schwer ist, in den dunklen Weiten der Tiefsee zueinanderzufinden, und die Weibchen es deswegen in Kauf nehmen, die Männchen wie kleine, an ihrem Leib hängende Schmarotzer mit sich zu tragen. Wenn die Männchen der Bachläufer ebenfalls sehr schwer zu finden wären oder es nur sehr wenige davon gäbe, dann wäre das Verhalten ihrer Weibchen ebenfalls leicht zu erklären. »Stieße ein Weibchen dann auf ein Männchen«, meint Arnqvist, »könnte es bereit sein, dafür zu zahlen, dass das Männchen sich sozusagen wie ein lebender Spermabeutel an seinen Körper hängt.« Doch das Gegenteil ist der Fall. In den australischen Flüssen und Bächen, wo Arnqvist mit seinem Team die Bachläufer fing, gab es weitaus mehr Männchen als Weibchen. Weswegen es eigentlich viel logischer wäre, wenn wie üblich die Männchen für das Privileg zahlen würden, sich mit den Weibchen paaren zu dürfen.

Natürlich kann es sein, dass die weiblichen Bachläufer gar nicht wirklich damit einverstanden sind, die klammernden Männchen auf ihrem Rücken zu haben. Die einzige Erklärung, die Arnqvist bis jetzt für die ungewöhnlichen Rückendrüsen finden konnte, ist denn auch, dass die Weibchen mit ihrem Proteinsekret die Männchen davon abhalten, sich noch öfter als ohnehin schon über ihren Kopf zu beugen und von ihrer Beute mitzufressen. Indem der Forscher und seine Kollegen einigen Weibchen die Drüsen mit Decklack verschlossen, der normalerweise für das Bemalen von Modellflugzeugen verwendet wird, konnten sie diese Erklärung auch experimentell untermauern. Tatsächlich stehlen die Männchen den Weibchen öfter das Fressen, wenn sie ihren Hunger nicht mehr mithilfe des Rückensekrets stillen können. Auch in den Rücken beißen die undankbaren Paschas ihre Trägerinnen dann häufiger.

Andere Biologen glauben jedoch, dass das noch nicht das ganze Geheimnis sein kann. Denn auch zum Herstellen des Rückensekrets muss das Weibchen ja vorher Nahrung aufnehmen. Die Gleichung würde nur aufgehen, meint der kanadische Evolutionsbiologe Bernard Crespi, wenn das Sekret etwas enthielt, was die Männchen hinsichtlich seines wahren Nährgehalts täuscht: »Wie Junkfood, bei dem man auch glaubt, man nehme mehr Nährstoffe zu sich, als in Wirklichkeit der Fall ist.«

11. Liebesnester

Amblyornis inornatus:
Die reich geschmückte Liebeslaube
des Hüttengärtners

Als ein westlicher Wissenschaftler zum ersten Mal die Laube eines Hüttengärtners zu Gesicht bekam, weigerte er sich zu glauben, dass die kunstvolle Konstruktion von einem Tier errichtet worden war. Anfang der 1870er bereiste der italienische Botaniker Odoardo Beccari das nördlich von Australien gelegene Neuguinea auf der Suche nach außergewöhnlichen Pflanzen und Tieren. Auf einer Expedition in das Arfakgebirge im Westen der Insel stieß er mitten im Regenwald auf eine bauchhohe, aus trockenen Pflanzenstängeln geflochtene Hütte, die einen mit Moos ausgelegten Vorplatz hatte, auf dem in ordentlich sortierten Haufen bunte Blüten, Beeren und andere Fundstücke aus dem umliegenden Wald aufgeschichtet waren. Die Einheimischen erklärten Beccari, das beeindruckende Bauwerk sei von einem unscheinbaren braunen Vogel errichtet worden, der nicht größer war als eine Amsel, doch der Italiener glaubte, man wolle ihn auf den Arm nehmen. Er war überzeugt, die Einheimischen selbst hätten die kleine Laube gebaut, damit ihre Kinder dort hineinkrabbeln oder auf dem weichen Moos mit den hübschen bunten Sachen spielen konnten, die davor ausgelegt waren.

Als Beccari seine Reise machte, waren bereits verschiedene Laubenvögel entdeckt worden. Schon im Jahre 1840 hatte der berühmte britische Ornithologe John Gould den australischen Seidenlaubenvogel und den ebenfalls in Australien heimischen Fleckenlaubenvogel wissenschaftlich beschrieben, die beide kunstvolle kleine Alleen aus trockenen Zweigen oder Grashalmen bauen und farblich auffällige Objekte wie Beeren, Blütenblätter und Schneckenhäuser davor auslegen oder an den Wänden der Allee aufhängen. Heute sind insgesamt 20 Arten der ungewöhnlichen Vögel bekannt, die nur in Australien und Neuguinea vorkommen und bei denen die männlichen Vögel in der Regel einen ausgeprägten Hang dazu haben, sich als Architekten oder zumindest Dekorateure zu betätigen.

Zunächst nahm man an, die reich geschmückten Lauben, die dabei oft zustande kommen, dienten den Laubenvögeln als Nester. Doch bereits Gould vermutete, dass die aufwendigen Konstruktionen eher bei der Balz eine Rolle spielen. Die eigentlichen Nester der Laubenvögel findet man ganz normal in Bäumen. Sie werden ausschließlich von den Weibchen gebaut und sind kein bisschen kunstvoller gestaltet als die Nester anderer Vögel. Die kunstvoll gestalteten Lauben jedoch, die die männlichen Laubenvögel am Boden errichten, haben mit Nestbau und Jungenaufzucht nichts zu tun. Sie dienen einzig dem Zweck, dem dafür verantwortlichen Männchen eine möglichst prächtige Bühne für seine Balzdarbietungen zu verschaffen und so seine Chancen zu erhöhen, dass möglichst viele der Eier, die in den Nestern der weiblichen Laubenvögel landen, von ihm stammen.

Die schlichteste Bühne baut sich der australische Zahnlaubenvogel. Er reinigt einfach ein etwa zwei mal vier Meter großes Stück Waldboden von allem störenden Laub und Reisig und legt es dann mit Blättern aus, die er aber immerhin so dreht, dass die helle Unterseite zu sehen ist. Etwas mehr Mühe gibt sich schon der Archbold-Laubenvogel aus Neuguinea, der auf dem Boden eine dicke Matte aus Farnblättern ausbreitet, darauf Käferflügel, Baumpilze oder Harzklumpen auslegt und über die Zweige darüber ein loses Gehänge aus Moosfetzen und Blumenstängeln drapiert. Klar architektonischen Charakter haben dagegen bereits die Alleen genannten Geflechte, die sowohl in Australien als auch in Neuguinea heimische Laubenvögel aus trockenen Zweigen und Grashalmen errichten. Bei den bereits erwähnten australischen Laubenvögeln, die John Gould entdeckte, beschränken sich die Konstruktionen auf zwei etwa 40 Zentimeter hohe und bis zu 70 Zentimeter lange Wände, die parallel zueinander auf dem Boden verlaufen und so eine Art Gang bilden. Der Dreigang-Laubenvogel aus Neuguinea errichtet an den Enden dieses Gangs zwei weitere, im rechten Winkel dazu verlaufende Wände, sodass seine Allee eher wie ein aus Zweigen geflochtenes Mini-Labyrinth wirkt, das auf dem Waldboden angelegt ist. Der Braunbauch-Laubenvogel, der sowohl in Australien als auch auf Neuguinea vorkommt, erhöht den Gang mithilfe einer aus Zweigen aufgeschichteten Bahre, was seinem Bauwerk das Aussehen einer kleinen Strohkrippe verleiht.

Andere, architektonisch noch ehrgeizigere Laubenvögel benutzen junge Bäume als Stütze für ihre Bauten. Der Goldhaubengärtner aus Neuguinea umgibt einen frei stehenden Schössling mit einem pyramidenförmigen Kleid aus geflochtenen Zweigen, sodass dieser wirkt wie ein kleiner, mitten im Regenwald stehender Weihnachtsbaum, besonders da der Vogel ihn nach dem Flechten noch mit einer runden Basis aus Moos versieht und mit allen möglichen bunten Gegenständen schmückt. Der australische Säulengärtner baut meist zwei solcher baumgestützter Zweigpyramiden nebeneinander, die bis zu drei Meter hoch sein können und oben oft durch einen quer stehenden Ast verbunden sind, den der Vogel mit Orchideenblüten, reifen Früchten oder trockenen Samenkapseln schmückt. Der König aller Baumeister ist jedoch der auf Neuguinea heimische Hüttengärtner, *Amblyornis inornatus,* dessen kunstvolle Flechtkonstruktion schon den italienischen Forschungsreisenden Odoardo Beccari so beeindruckt hat. Auch er benutzt als Stützen für seine Bauwerke einen oder manchmal auch zwei Baumschösslinge, die er mit einem Flechtgerüst aus Zweigen umgibt. Dann baut er jedoch von der Spitze seiner Konstruktion ein rundes Hüttendach zum Boden hinab, das oft einen Durchmesser von mehr als zwei Metern hat und einen oder sogar mehrere Eingänge besitzt. Den Bereich vor dem Haupteingang legt er weiträumig mit Moos aus, auf dem er wiederum seine Sammlung an farblich auffälligen Objekten platziert.

Alle Laubenvögel, die Alleen, Zweigpyramiden oder Hütten bauen, dekorieren diese auch mit den verschiedensten Gegenständen und Fundstücken, die sie meist in ordentlichen Haufen davor auslegen oder daran aufhängen. Oft handelt es sich dabei um farblich auffällige Objekte wie Blumenblüten, Beeren oder Schmetterlingsflügel, weiße Knochen und Steine oder schwarze Käferpanzer und Kohlestücke. In der Nähe menschlicher Siedlungen klauen die Vögel auch gerne farbige Wäscheklammern aus Vorgärten oder sammeln bunte Glasscherben von der Straße auf. Sogar ein Glasauge wurde schon vor einer Laube gefunden. Biologen, die die Vögel beobachten, bekommen regelmäßig ihre bunten Filmrollen und Socken geklaut. Doch manchmal interessieren die Tiere sich auch einfach nur für besonders ungewöhnlich aussehende Objekte. Einige von ihnen scheinen eine besondere Vorliebe für abgestreifte Schlangenhäute zu haben, was dann allerdings in der Nähe der Zivilisation dazu führen kann, dass benutzte Kondome an ihren Zweigkonstruktionen hängen.

Normalerweise haben alle Laubenvögel einer räumlich abgeschlossenen Population denselben Geschmack, was Farbe und Aussehen der bevorzugten Objekte angeht. Und um an diese Objekte ranzukommen, sind ihnen alle Mittel recht. Regelmäßig schleichen sich die Vögel an die Lauben benachbarter Vögel an, um deren schönste Dekorationsstücke zu stehlen. Wenn der Hausherr gerade nicht da ist, nutzen sie oft auch gleich die Gelegenheit, um die Laube auseinanderzunehmen und so ihren Konkurrenten noch weiter zu schädigen. Nicht einmal vor Mord schrecken die Vögel zurück. Seidenlaubenvögel zum Beispiel, die selbst ein in seidigem Blau glänzendes Gefieder haben, zeigen auch bei der Dekoration ihrer alleeartigen Laube eine klare Vorliebe für diese Farbe. Das kann so weit gehen, dass sie blaue Beeren zerkauen und ihren Saft wie Farbe an den Wänden ihrer Laube verteilen. Doch auch wie ein Seidenlaubenvogel einen Prachtstaffelschwanz bewusst umbrachte, um an dessen Federn zu kommen, wurde schon beobachtet. Dem kleinen Vogel wurde sein in den verschiedensten Blautönen schimmerndes Federkleid zum Verhängnis. Dass Innenausstatter für ihr Werk töten, ist selbst unter Menschen nicht bekannt.

Doch bei diesen hängt auch nicht der sexuelle Erfolg so unmittelbar davon ab wie bei den Laubenvögeln. Die weiblichen Vögel schauen meist morgens bei den Lauben der Männchen vorbei und die Männchen richten in der Regel nicht nur ihre Auslage so aus, dass sie von der Morgensonne erleuchtet wird, sondern entfernen auch Schatten werfende Blätter von den umliegenden Bäumen, damit ihre Fundstücke in noch strahlenderem Licht erscheinen. Gefällt dem Weibchen, was es sieht, bleibt es, um sich die Balzdarbietung des Männchens anzuschauen, die entweder vor, neben oder in der Liebeslaube stattfindet. Wie immer bei begnadeten Künstlern sind diese gleich mit mehreren Talenten gesegnet. Die Laubenvogelmännchen führen für ihre Weibchen nicht nur tolle Tänze auf, die jede Menge abruptes Flügelausbreiten und Kopf- und Schwanzwippen beinhalten, sondern geben auch die erstaunlichsten Gesänge und Geräusche von sich. Sie sind Meister darin, die übrigen Singvögel des Waldes zu imitieren. Doch auch die Rufe von anderen Dschungeltieren oder das Rauschen eines Wasserfalls können sie nachahmen, ebenso wie alle möglichen Zivilisationsgeräusche, mit denen sie in Berührung kommen, vom Schweinequieken bis zum Kamerasurren.

Ist das Weibchen auch auf diesen Gebieten mit den Fähigkeiten des Männchens zufrieden, findet die Paarung beim Hüttengärtner meist in seiner reich geschmückten Liebeslaube statt, bei anderen Laubenvögeln aber oft auch nur in deren Nähe. Und zum Ablegen der Eier baut sich das Weibchen dann, wie bereits erwähnt, irgendwo in einem Baum ein ganz normales Allerweltsnest. Indem es das Männchen mit der schönsten Laube auswählt, geht es sicher, dass seine Kinder gut darin sein werden, sich nicht nur allerlei unnützen Krimskrams, sondern auch nahrhafte Insekten und Früchte aus dem Wald zu besorgen. Untersuchungen an toten Laubenvögeln haben ergeben, dass diese ein bis zu 80 Prozent größeres Gehirn haben als andere Vögel vergleichbarer Größe und diejenigen unter ihnen, die die aufwendigsten Lauben bauen, auch die mit dem meisten Grips im Kopf sind. Jüngst fragte sich sogar ein Wissenschaftler, ob die Laubenvögel mit ihrem Laubenbau und sonstigem Balzverhalten, das die jüngeren Männchen sich offenbar bei den älteren abschauen, nicht ebensolche Kulturleistungen erbringen, wie sie sonst nur unseren nächsten Verwandten, den Menschenaffen, zugeschrieben werden.

Mchenga eucinostomus:
Die heiß umkämpften Sandburgen
der Malawibuntbarsche

Die jährliche Weltmeisterschaft im Sandburgenbauen findet im kanadischen Harrison Hot Springs statt. Beim Harrisand Festival am Ufer des Harrison Lake in British Columbia treffen sich seit 20 Jahren die besten Sandskulpteure der Welt und errichten meterhohe Schlosstürme, Fabeltiere und Kitschfiguren. Bereits seit mehreren Jahren findet auch mitten in Berlin ein Sandburgenfestival statt. Bei der »Sandsation« machen sich mehrere Dutzend internationale Sandkünstler mit schwerem Gerät und speziellen Holzverschalungen über 2 000 Tonnen direkt am Hauptbahnhof abgeladenen Brandenburger Grubensand her. Laut Veranstaltern kommen jedes Jahr mehr als 100 000 Menschen, um sich die dabei entstehenden Bauwerke anzuschauen.

Wer noch mehr auf einem Fleck versammelte Sandburgen sehen will als in British Columbia oder Berlin, muss nach Ostafrika reisen, an das südliche Ufer des Malawisees. Hier liegt die Nankumba-Halbinsel, die zum Malawisee-Nationalpark gehört und wegen des an ihrer Küste zu findenden Fischreichtums 1984 von der Unesco zum Weltkulturerbe erklärt wurde. In Cape Maclear, das an der Westseite der Halbinsel liegt und bei Rucksackreisenden beliebt ist, kann man sich eine Tauchausrüstung oder eine Schnorchelmaske leihen und, wenn man den richtigen Flecken findet, auf einem mehrere Kilometer langen Uferstreifen eine Sandburg nach der anderen bewundern. Die Sandburgen stehen nicht am Strand, sondern in fünf bis zehn Metern Wassertiefe und sind auch nicht so groß und reich verziert wie die, die man bei den Sandburgenfestivals zu sehen bekommt. Sie ähneln eher kleinen Vulkankegeln und sind meist nicht höher als zehn bis 25 Zentimeter. Doch wenn man ihren Erbauer als Maßstab nimmt, sind die Sandburgen nicht weniger groß als die fünf bis sechs Meter hohen Skulpturen der menschlichen Sandkünstler. Dabei handelt es sich um einen kleinen blauen Buntbarsch mit gelb abgesetzter Schwanzflosse, der der enorm artenreichen, etwa 1 000 Spezies umfassenden Buntbarschfamilie des Malawisees angehört und mit wissenschaftlichem Namen *Mchenga eucinostomus* heißt (*Mchenga* bedeutet in einem in Malawi weit verbreiteten Dialekt Sand). Er benutzt jedoch nicht Bagger und Schaufel, um seine Sandburgen zu errichten, sondern macht das ausschließlich mit dem Mund.

Der etwa vier Kilometer lange Flachwasserabschnitt am Ufer des Malawisees ist der größte Balzgrund, der aus dem Tierreich bekannt ist, und zur Hauptpaarungszeit finden sich hier rund 50 000 der zehn Zentimeter großen Fische ein, um ihre Sandburgen zu bauen. Dann ist der sandige Seeboden übersät mit den kleinen Kegeln, die jeweils im Abstand von etwa zwei Metern zueinander stehen, am Fuß einen Durchmesser von ungefähr einem Meter haben und oben so geformt sind, dass sich eine flache Kuhle von etwa 30 Zentimeter Durchmesser bildet. Bei den Erbauern handelt es sich ausschließlich um männliche Fische. Genauso wie die in unscheinbarem Grausilber daherkommenden Weibchen der Spezies leben sie normalerweise im tieferen Wasser des Sees, wo es mehr von den winzigen Wasserflöhen und Ruderkrebsen gibt, von denen sie sich ernähren. Doch besonders von Juli bis September und von Januar bis April, also sowohl in der Trocken- als auch in der stürmischeren Regenzeit des auf der Südhalbkugel gelegenen Landes, suchen die Männchen zur Brautwerbung das flache Wasser auf. In mühevoller Kleinarbeit, die bis zu drei Wochen dauern kann, schichten sie ihre Sandburg auf, wobei sie ihr Maul wie eine winzige Baggerschaufel benutzen und ihr Kegel etwa einen Zentimeter pro Tag an Höhe gewinnt. Danach schwimmen sie über dem Sandberg im Kreis, verteidigen ihn energisch gegen alle anderen Männchen in der Nähe und warten darauf, dass eine Frau vorbeischaut.

Bei den menschlichen Sandburgwettbewerben kommt es neben der Detailgenauigkeit und künstlerischen Ausdruckskraft einer Skulptur oft auch auf ihre politisch-gesellschaftliche Relevanz an. Bei der Berliner Sandsation wurde 2008 zum Beispiel ein Bauwerk zweier indischer Sandkünstler zur besten Skulptur gewählt, das sich mit dem Thema globale Erwärmung befasste. Die Buntbarschweibchen folgen bei ihrer Bewertung der Sandburgen allerdings einer einfacheren Regel: Wer von den Jungs die größte hat, gewinnt.

Die Weibchen schwimmen meistens morgens den Flachwasser-streifen ab und suchen sich ihre Paarungspartner aus. Männchen, die besonders große Sandburgen haben, steuern sie dabei mehr als doppelt so oft an wie solche mit kleinen. Um die Weibchen zusätzlich auf sich aufmerksam zu machen, bewegen sich die Männchen aufgeregt über ihrem Kegel auf und ab.

Hat sich ein Weibchen definitiv für ein Männchen entschieden, fängt es an, gemeinsam mit ihm über der runden Kuhle, die sich im Kopf des Kegels befindet, im Kreis zu schwimmen. Pro Runde gibt das Weibchen bis zu sechs Eier in die Vertiefung ab, die es jedoch praktisch sofort, wenn sie in dem Liebesnest zum Liegen kommen, wieder mit dem Mund aufnimmt. Unter den vielen Buntbarscharten, die im Malawisee leben, gibt es nämlich auch solche, die sich darauf spezialisiert haben, die Eier ihrer Artverwandten zu fressen, und diese verfolgen die laichbereiten Weibchen oft bereits, wenn sie vom tieferen Wasser zu dem großen Balzgrund in der Uferzone hinschwimmen. Die Eierdiebe legen sich unmittelbar neben der Sandburg auf die Lauer und warten geschickt den Moment ab, in dem das Weibchen seine Eier fallen lässt, um sich gierig auf die Miniportion Buntbarschkaviar zu stürzen. Um die flinken Räuber besser an ihrem Tun hindern zu können, formen die *Mchenga*-Männchen die Vertiefung oben in ihrer Sandburg sogar extra so, dass die Eier sofort nach der Ablage in die Mitte der Laichkuhle rollen.

Aber nicht nur von hungrigen Laichräubern werden die zwei Fische bei der Paarung gestört. Auch andere *Mchenga*-Männchen versuchen, sich zwischen sie zu drängeln, um ihrem bei der Balz erfolgreicheren Rivalen im entscheidenden Moment doch noch die Befruchtung streitig zu machen. Diese findet statt, indem das Männchen vor dem Weibchen herschwimmt und gleichzeitig seinen Samen ins Wasser abgibt, der dann vom Weibchen mit dem Atemwasser aufgenommen wird und sich so mit den Eiern in seinem Maul vermischt. Ist es jedoch erst einmal dabei, seine Laichkreise zu ziehen, können sich auch andere Männchen vor das Weibchen setzen und auf diese Weise versuchen, ihm ihre eigenen Keimzellen unterzujubeln.

Der eigentliche Partner des Weibchens setzt natürlich alles daran, diese sexuellen Trittbrettfahrer (auf deren Paarungstaktik in Kapitel 15 noch näher eingegangen wird) von seiner Partnerin fernzuhalten und wie Wissenschaftler festgestellt haben, sind dabei diejenigen Männchen, die die größten Sandburgen besitzen, in der Regel besonders erfolgreich. Das ist vermutlich mit ein Grund, warum sich die weiblichen *Mchenga*-Barsche bevorzugt mit solchen Männchen paaren. Bei ihnen gehen sie nicht nur das geringste Risiko ein, ihren Laich von einem gefährlichen Eierdieb geraubt zu sehen, sondern können sich auch halbwegs sicher sein, dass ihre kostbaren Keimzellen nicht von einem minderwertigen Satellitenmännchen befruchtet werden, das sich durch plötzliches Dazwischenstoßen eine Vaterschaft auf unrechtmäßige Weise erschleichen will. Herrscher über große Sandburgen sind nicht nur besonders gut darin, ihren mühsam aufgehäuften Hochzeitspalast gegen fremde Eroberungsversuche zu verteidigen, sondern haben auch während der Paarung bei der Abwehr lästiger Störenfriede eine besonders hohe Erfolgsquote.

Doch so entschlossen der Burgherr sein Hausrecht auch verteidigt, auf mehr als zwei, drei Laichrunden kommt das Fischpaar meist nicht, bevor es so sehr gestört wird, dass es die Paarung abrechen muss. Dann sammelt das Weibchen vielleicht noch das eine oder andere in der Hitze der Leidenschaft verloren gegangene Ei aus der Paarungskuhle auf und trägt seine Ladung Laich im Maul davon, ganz ähnlich wie das Männchen in den Wochen davor Ladung um Ladung Sand mit dem Maul zu seinem Liebesnest hingetragen hat. Dieses dient wirklich nur als Liebesnest, in dem der umtriebige kleine Fisch bald schon die nächste Partnerin empfängt, und ein eigenes Nest aus Sand baut sich das Weibchen nicht. Es brütet seine Eier lieber an dem Ort aus, wo es sie gleich nach der Ablage schleunigst hingeholt hat, nämlich in seinem Maul, wie so viele Buntbarsche des Malawisees. In dem vor hungrigen Artverwandten wimmelnden Gewässer ist die Brut dort sicherer, als sie in jeder Sandburg sein könnte.

Leipoa ocellata:
Der perfekt temperierte Bruthügel des Thermometerhuhns

Den Laubenvögeln und den Sandburgen bauenden Buntbarschen des Malawisees dienen ihre Liebesnester allein zur Ausführung des Liebesakts oder sogar nur zu dessen Anbahnung. Gewisse australische Hühnervögel hingegen benutzen ihr Liebesnest in konventionellerem Sinne, nämlich um darin das Produkt ihrer Liebe auszubrüten. Welche Methode sie dafür entwickelt haben, ist jedoch alles andere als konventionell.

Mit ihrem beige-schwarz gebänderten Rückenkleid ähneln die Vögel auf den ersten Blick Rebhühnern, erreichen aber die Größe von Haushühnern und haben auffällig lange Beine mit großen, kräftigen Krallen. Sie leben im halbtrockenen, hauptsächlich mit widerstandsfähigen Eukalyptus- und Akaziengewächsen bestandenen Busch des australischen Südens. Allerdings wird ihr Lebensraum immer mehr durch sich ausbreitende Siedlungen und Farmen zerstört, deren Weidetiere ihnen die Pflanzensamen wegfressen, von denen sie sich vorwiegend ernähren. Sie leben einzelgängerisch oder als lose verbandeltes Paar auf Territorien, die manchmal mehrere Quadratkilometer groß sein können, wurden aber auch schon dabei beobachtet, wie sie in kleinen Gruppen im Schutz der Sträucher ihre Nahrung vom Boden aufpickten. Mit wissenschaftlichem Namen heißen sie *Leipoa ocellata*, was soviel wie »gefleckter Eierverlasser« bedeutet, und im Englischen werden sie schlicht *mallee fowl* genannt, was sich auf die Mallee genannten Eukalyptuswälder bezieht, in denen sie typischerweise vorkommen. Im Deutschen hat sich hingegen der schöne und treffende Name Thermometerhühner für sie eingebürgert.

Die Brutzeit der Thermometerhühner fällt wie die der allermeisten Vögel mit den warmen Monaten des Frühlings und Sommers zusammen. Doch für den männlichen Vogel beginnen die damit verbundenen Aktivitäten schon sehr viel früher und im Grunde ist er das ganze Jahr über damit beschäftigt, sich auf die eine oder andere

Weise um den ungewöhnlichen Brutvorgang zu kümmern, den die Natur sich für seine Spezies ausgedacht hat. Bereits im Juni, also mit Beginn des australischen Winters, sucht sich der Hahn eine offene Stelle zwischen den niedrigen Eukalyptusbäumen und fängt an, hier mit seinen kräftigen Füßen eine Grube im sandigen Boden des Mallee-Walds auszuscharren. Die Gruben ähneln den Brutmulden, die die afrikanischen Vogel Strauße ausheben, die im Kapitel »Schlimme Finger« vorkommen. Obwohl ein Thermometerhuhn einem Strauß gerade mal bis zu den Knien geht, ist seine Grube mit etwa drei Meter Durchmesser und einer Tiefe von bis zu einem Meter jedoch wesentlich größer. Und mit ihrem Aushub ist der Nestbau des Huhns auch noch lange nicht beendet.

Das Ausscharren der Grube nimmt beinah die gesamten Wintermonate in Anspruch, in denen der Hahn täglich leise grunzend an ihr arbeitet. Erscheint sie ihm schließlich groß und tief genug, scharrt er aus einem Umkreis von 50 Metern trockenes Laub, kleine Rindenstücke und Reisig zusammen und füllt es in die Grube ein. Dann wartet er einen der Regenfälle ab, den die Winterzeit auch in dieser trockenen Region mit sich bringt, und bedeckt anschließend seinen in die Erde eingelassenen Laubhaufen mit einer Schicht isolierendem Sand. Der kluge Vogel hat sich einen natürlichen Bioreaktor gebaut. Unter den eineinhalb Meter hohen und bis zu fünf Meter breiten Sandhügeln, die jetzt überall im Mallee-Wald aufragen (und von den ersten europäischen Siedlern für Eingeborenengräber gehalten wurden), gärt das feuchte Laub und sorgt so für Wärme. Diese will das Thermometerhuhn nutzen, um den Reifungsprozess seiner Eier zu unterstützen.

Während der Frühling näherrückt und der Hügel auch von oben wieder stärker erwärmt wird, steigt in seinem Innern die Hitze. Jetzt taucht auch die Henne regelmäßig an dem kleinen Bioreaktor auf und sieht zu, wie der Hahn sich jeden Tag von oben zu seiner Mitte aus gärendem Pflanzenmaterial durchgräbt. Dort steckt er den Schnabel ins Laub und prüft so dessen Temperatur. Um perfekt reifen zu können, brauchen die Eier der Thermometerhühner eine konstante Umgebungswärme von 34 Grad. Erst wenn diese erreicht ist, lässt der Hahn auch die Henne in den Bauch des Bruthügels hinabsteigen, damit sie dort eine kleine Höhle ins Laub gräbt und ein Ei ablegt. Das tut sie jetzt den Frühling und Sommer hindurch etwa ein Mal jede Woche. Dabei vertraut sie dem Urteil des Hahns jedoch nicht blind, sondern prüft vor der Eiablage selbst noch mal mit dem Schnabel die Temperatur an der Stelle, die der Hahn sich ausgesucht hat, und fordert ihn gegebenenfalls auf, den großen Sandhaufen noch einmal an einer anderen Stelle aufzubuddeln.

Nachdem die Henne ihr Ei abgelegt hat, sieht der Hahn es sich kurz an und schüttet dann das ausgehobene Loch wieder zu. Doch auch damit ist die ungewöhnliche Brutpflege der Thermometerhühner noch keineswegs beendet. Sie müssen jetzt noch dafür sorgen, dass die Temperatur in der Mitte des natürlichen Inkubators auch wirklich immer bei 34 Grad bleibt. Solange es im Frühling tüchtig in dem unterirdischen Komposthaufen gärt, gräbt der Hahn jeden Tag Löcher in seine Sanddecke, damit die überschüssige Hitze entweichen kann. Wird es zum Abend hin kälter, schüttet er die Wärmeventile wieder zu. Nach ein paar Wochen verlieren die Gärprozesse im Innern des Bruthügels an Heftigkeit, doch dann droht der australische Sommer, in dem es zu Tagestemperaturen von weit über 40 Grad kommen kann, dem Hügel von oben zu viel Hitze zuzuführen. Die Antwort des Hahns lautet, tagsüber noch mehr Sand darauf aufzutragen, um so der starken Sonneneinstrahlung entgegenzuwirken, und jeden Morgen die Sanddecke so umzugraben, dass die von der Nacht gekühlten äußeren Sandschichten nach innen gelangen.

Bei all diesen Arbeiten packt jetzt auch die Henne öfter mal mit an. Dabei kann es allerdings zu Meinungsverschiedenheiten kommen, sodass der Hahn noch ein Loch in den Hügel gräbt, um diesen zu kühlen, während die Henne das Loch gleichzeitig von oben wieder zuschüttet. Die Vögel stecken bei ihren Bauarbeiten immer wieder den Schnabel in den Sand, um die Temperatur des Hügels zu messen. Wie sie diese genau wahrnehmen, ist unbekannt. Doch bei Versuchen hat sich gezeigt, dass sie in der Lage sind, Temperaturunterschiede von weniger als einem Grad Celsius zu bemerken, und sofort mit entsprechenden Umschichtarbeiten darauf reagieren.

Auch im Herbst hat die Plackerei noch kein Ende. Dann verringern die Vögel Tag um Tag die Sanddecke des Hügels, damit die schwache Herbstsonne besser die Eier in seiner Mitte wärmen kann. Neue Eier legt das Weibchen in dieser Zeit keine mehr ab. Jetzt geht es nur noch darum, dass auch aus den letzten der etwa zwei Dutzend Eier, die das Weibchen pro Brutsaison legt, Küken schlüpfen. Diese brauchen bis zu drei Monate dafür, graben sich dann aber auch als fertige kleine Thermometerhühner zur Oberfläche des Bruthügels durch und können sofort eigenständig für sich sorgen. So viel Arbeit ihre Eltern auch in den Monaten zuvor in ihr Wohlergehen gesteckt haben, jetzt kümmern sie sich nicht mehr um sie. Im Gegenteil: Forscher haben schon mehrmals beobachtet, wie die Elternvögel sich regelrecht erschrecken, wenn mal wieder eines der kleinen Hühnerküken plötzlich seinen Kopf aus dem Sand streckt.

12. Liebesdienste

Pan troglodytes:
Der rege Fleischhandel
der Schimpansen

Die britische Affenforscherin Jane Goodall räumte im Laufe der
60er Jahre mit vielen romantischen Vorstellungen auf, die bis dahin
über Schimpansen herrschten. Kannten die meisten Leute Schimpansen bis dahin nur als kluge und verspielte Tiere, die in Filmen und
Unterhaltungsshows auf heitere Weise ihre Menschenähnlichkeit
unter Beweis stellten, kam jetzt mit den Beobachtungen, die Goodall
im Gombe-Nationalpark in Tansania machte, ein anderes Bild von
den sympathischen Dschungelbewohnern an die Öffentlichkeit.
Menschenähnlich wirkten die Primaten auch in den Berichten der
Forscherin, heiter und sympathisch allerdings keineswegs mehr so
durchgängig. Besonders die Schimpansenmännchen stellten sich als
brutale Wüteriche heraus, die ihren Rang innerhalb der Gruppe oft
mit roher Gewalt durchsetzten, die sich durchaus auch gegen Weibchen und Jungtiere richten konnte. Dass einzelne Schimpansenhor-
den regelmäßig gegen andere in den Krieg ziehen, musste Goodall
ihrem verblüfften Publikum ebenfalls berichten, genauso wie die Tatsache, dass die putzigen Tiere sich mitnichten nur von Bananen und
Kokosnüssen ernähren. Im Gegenteil, um ihren Hunger auf Fleisch
zu stillen, veranstalten sie sogar regelrechte Treibjagden, bei denen sie
gezielt kleinere Affen und andere Tiere in die Enge treiben, töten und
gemeinsam verspeisen.

Im Zusammenhang mit diesen Jagden und der dabei erbeuteten
fleischlichen Nahrung haben Forscher jüngst eine weitere Beobach-
tung gemacht, die das Bild unseres nächsten tierischen Verwandten

noch näher an uns heranrückt und gleichzeitig verdüstert. Nicht nur Gewalt gegen Frauen und Kinder, Krieg und Jagd sind den Menschenaffen nicht fremd, deren Genom einigen Berechnungen zufolge zu mehr als 99 Prozent mit dem unseren übereinstimmt. Auch Prostitution wird unter Schimpansen gewohnheitsmäßig ausgeübt.

Cristina Gomes und Christophe Boesch arbeiten als Primatologen am Max-Planck-Institut für evolutionäre Anthropologie in Leipzig und haben ihre Beobachtungen an Schimpansen im südlichen Westafrika gemacht, das neben ebenfalls in Äquatornähe gelegenen Gebieten in Zentral- und Ostafrika den hauptsächlichen Lebensraum der Menschenaffen darstellt. Hier, im urwaldreichen Tai-Nationalpark an der Elfenbeinküste, verfolgten die beiden Wissenschaftler über mehrere Jahre hinweg das Treiben eines 49-köpfigen Schimpansenverbands, der sich aus fünf erwachsenen Männchen, 14 erwachsenen Weibchen und 30 Jungtieren zusammensetzte.

Schimpansen besitzen eine sogenannte Fission-Fusion-Sozialstruktur, was bedeutet, dass sie grundsätzlich in einem Großverband zusammenleben, sich von diesem aber immer wieder kleinere Gruppen, Paare oder Einzeltiere abspalten, die auf eigene Faust auf Futtersuche gehen. Auf die Jagd nach den roten Stummelaffen, welche die Schimpansen bei ihren Beutezügen bevorzugt erlegen, gingen bei dem Verband im Tai-Nationalpark stets die fünf darin lebenden Männchen mit einem oder mehreren der Weibchen im Schlepptau. Die Männchen erhöhen durch das erfolgreiche Anführen solcher Jagdausflüge ihr Ansehen in der Gruppe und sichern sich durch das gezielte Verteilen dabei gemachter Beute an bestimmte andere Männchen deren Beistand in möglichen Rangkonflikten. Die Weibchen ziehen zwar mit in den Wald hinaus, beteiligen sich jedoch nicht an der eigentlichen Jagd, die nicht nur sehr anstrengend sein kann, sondern auch ein gewisses Verletzungsrisiko birgt.

Trotzdem beobachteten die Forscher immer wieder, dass manche Schimpansenmänner den Weibchen nach der Jagd etwas von dem dabei erbeuteten Fleisch abgaben, und fragten sich, wie es zu so einem in der Tierwelt eher ungewöhnlichen, großzügigen Verhalten kommen konnte. Manchmal schien der Grund auf der Hand zu liegen, denn die Weibchen erlaubten den Männchen unmittelbar nach dem Verzehr des geschenkten Brockens, sich mit ihnen zu paaren. Oft blieb diese unmittelbare Gegenleistung jedoch auch aus.

Erst als Gomes und Boesch den Affenverband insgesamt 3 000 Stunden lang beobachtet hatten, verfügten sie über eine ausreichende Datengrundlage, um das Rätsel auf statistischem Wege zu lösen. Wie sie anhand ihrer Aufzeichnungen erkannten, konnten Männchen, die Weibchen regelmäßig etwas von ihrem Fleisch abgaben, dadurch ihren Paarungserfolg innerhalb des Verbandes verdoppeln. Mit den regelmäßigen Futtergeschenken erkauften sich die Männchen die Gunst der Affenfrauen, die sich entweder an Ort und Stelle für die Großzügigkeit mit einem Schäferstündchen erkenntlich zeigten (das bei Schimpansen nur ein paar Sekündchen dauert) oder dann aber mit hoher Wahrscheinlichkeit zu einem späteren Zeitpunkt. Zwischen den Schimpansen, schlossen die Forscher, findet ein auf lange Frist angelegter Handel statt, bei dem Sex gegen Fleisch eingetauscht wird.

Auch bei heute noch existierenden Jäger-und-Sammler-Gesellschaften, die denen, in denen unsere Vorfahren lebten, vermutlich in vielem gleichen, wurden ähnliche Tauschgeschäfte beobachtet und wahrscheinlich gab es sie bereits bei den vor acht Millionen Jahren lebenden Primaten, von denen sowohl Menschen als auch Schimpansen abstammen. Das älteste Gewerbe der Welt ist also noch viel älter als ursprünglich angenommen. Wie die Studie im Tai-Nationalpark ergab, werden bei den dort lebenden Schimpansen andere Akte männlicher Zuwendung nicht als Zahlungsmittel für Sex akzeptiert: weder das Teilen anderer Nahrungsmittel mit den Weibchen, noch der regelmäßige Beistand bei Gruppenkonflikten, noch freiwilliges Lausen. Letzteres wird jedoch bei den Javaneraffen als gängige Gegenleistung für den Geschlechtsverkehr akzeptiert, und während bei den Schimpansen an der Elfenbeinküste keine Hinweise darauf gefunden werden konnten, dass über den reinen Akt des Teilens hinaus mehr Fleisch auch mehr Sex bedeutete, wird bei diesen Primaten aus der Gattung der Makaken auf die Minute genau abgerechnet. Wie Michael Gumert von der technischen Universität Nanyang in Singapur bei Untersuchungen an einem Affenverband im Tanjung-Puting-Nationalpark auf Borneo feststellte, gehorcht dort sogar der Preis der Liebe dem marktwirtschaftlichen Gesetz von Angebot und Nachfrage.

Javaneraffen sind praktisch über den gesamten indonesischen Archipel verbreitet und leben stets in Wassernähe. Sie werden etwa so groß wie Pudel, haben einen auffällig langen Schwanz, braunes Fell und unbehaarte, manchmal von einem weißen Backenbart umkränzte Gesichter. Der Verband, den Gumert beobachtete, entsprach in Größe und Zusammensetzung beinah genau dem von Gomes und Boesch beobachteten Schimpansenverband an der Elfenbeinküste. Nur wurde hier statt Fleisch eben Fellpflege gegen Sex eingetauscht.

Die männlichen Javaneraffen zahlten stets im Voraus und konnten so wie die Schimpansen ihren Paarungserfolg verdoppeln. Während die Weibchen vorher im Schnitt nur knapp zweimal pro Stunde einwilligten, wenn ein Männchen sie zur Paarung aufforderte, gaben sie nach dem Lausen durchschnittlich viermal pro Stunde ihre Einwilligung. In den allermeisten Fällen profitierten davon die Männchen, die die Weibchen vorher gelaust hatten. Wie lange ein Weibchen gepflegt werden wollte, bevor es zu weitergehenden Zärtlichkeiten bereit war, richtete sich dabei streng danach, wie groß das Angebot an anderen Affenfrauen gerade war. War das Männchen mit dem Weibchen allein, musste es etwa eine Viertelstunde lang dessen Fell von Parasiten reinigen, bevor es auf seine Kosten kam. Waren noch mehrere andere Weibchen in der Nähe, genügten oft schon fünf Minuten freundliches Lausen.

Eulampis jugularis:
Die süße Unterwerfung der Granatkolibris

Kolibris sind so ätherische und feenhafte Geschöpfe, dass man ihnen eigentlich keine Gemeinheiten zutraut. Da ist zum einen ihre Größe. Der kleinste der kleinen Vögel, die nur in Nord- und Südamerika vorkommen, ist gerade mal sechs Zentimeter groß und wiegt weniger als zwei Gramm. Er trägt den passenden Namen Bienenelfe und ist der kleinste Vogel, den es überhaupt gibt. Doch selbst der größte bekannte Kolibri, der sogenannte Riesenkolibri, bringt es kaum auf die körperlichen Ausmaße einer Amsel und bleibt vom Gewicht her noch weit unter dem eines Spatzes. Auch die Ernährung der Kolibris wirkt unirdisch und abgehoben. Sie ernähren sich von Nektar, den sie mit ihren langen Schnäbeln und noch längeren Zungen aus Blüten trinken, während sie wie kleine tropische Waldgeister davor in der Luft schweben. Die in den unwahrscheinlichsten Edelsteintönen schillernden Farben, die ihr Gefieder meist trägt, sind ebenfalls nicht von dieser Welt, genauso wenig wie viele der Namen, auf die sie euphorisierte Ornithologen aus aller Herren Länder getauft haben: Himmelssylphe und Sonnennymphe, Glitzeramazilie und Glanzschwänzchen, Blumenküsser und Bunthöschen, Sonnenengel und Sternelfe.

Doch wer genauer hinsieht, findet im Schoß der Blüten, aus denen die Blumenküsser und Himmelssylphen ihren Nektar schlürfen, allerlei handfeste Insekten, die sie ebenso bereitwillig mit ihrem langen Schnabel packen und verspeisen, und auch ansonsten trügt bei ihnen oft der schöne Schein. Gerade die Männchen, die mit ihrem prachtvollen Gefieder die Vogelkundler häufig erst zu ihren namensfinderischen Höhenflügen veranlassen, benehmen sich nicht selten höchst unätherisch und erdverhaftet, besonders wenn es um Fragen des persönlichen Besitzes geht. Wenn sie in Gefangenschaft mit anderen Vögeln leben, behandeln sie zum Beispiel grundsätzlich den für alle gedachten Trinknapf wie ihr Privateigentum und verwenden ebenso viel Zeit darauf, andere Vögel davon fortzujagen, wie daraus zu trinken. In der freien Natur suchen sie sich ein Revier, in dem auf möglichst engen Raum möglichst viele nektarreiche Blumen zu finden sind, und verteidigen dieses äußerst aggressiv gegen andere Vögel, Insekten und selbst gegen die eigenen Weibchen.

Den Beobachtungen eines amerikanischen Biologen zufolge greifen die Weibchen wenigstens einer Kolibrispezies zur Prostitution, um trotzdem an ihre Mahlzeiten zu kommen, genau wie die weiter oben behandelten weiblichen Schimpansen. Im Fall der Kolibris hat das Geschäft mit dem Sex allerdings noch eine besonders pikante

Note. Einem weitverbreiteten Klischee zufolge sollen die Dienste von Dominas ja oft gerade von besonders dominanten Männern in Anspruch genommen werden: Firmenchefs und hohen Tieren, die im Berufsleben ständig Untergebene rumkommandieren und deswegen im Schlafzimmer selbst gerne mal den Untergebenen spielen wollen. Bei gewissen Kolibris scheint das ganz ähnlich zu sein. Sie leben auf der Karibikinsel Dominica.

Obwohl die Insel vom Namen her perfekt als Schauplatz für sexuelles Verhalten dieser Spielart zu passen scheint, wurde sie von Kolumbus ganz unschuldig nach dem Tag ihrer Entdeckung benannt: einem Sonntag, spanisch *domingo* (der allerdings natürlich wiederum der Tag des Herrn, lateinisch *dominus*, ist). Sie gehört zu den Kleinen Antillen und liegt zwischen Guadeloupe und Martinique am Südostrand der karibischen See. Wie alle Inseln der Kleinen Antillen wird sie trotz ihrer geringen Größe von einer Vielzahl von Vögeln bewohnt, darunter vier Kolibriarten, zu denen auch der Granatkolibri zählt.

Seinen Namen trägt dieser Kolibri wegen seiner granatfarbenen Kehle, die ihm auch seinen wissenschaftlichen Namen, *Eulampis jugularis* oder »schön leuchtende Kehle«, eingebracht hat. Ansonsten ist sein Gefieder glänzend schwarz, an den Flügeln smaragdgrün und am Schwanzansatz opalblau abgesetzt und bei beiden Geschlechtern gleich, was ungewöhnlich für Kolibris ist. Üblich ist hingegen, dass das Männchen mit elf bis zwölf Zentimetern zwar genauso groß, aber mit neun bis zwölf Gramm etwas schwerer als das Weibchen ist, was ihm erlaubt, die üppigsten Blütenstände der Bananenplantagen, die es überall auf der Insel gibt, erfolgreich gegen seine Artgenossinnen zu verteidigen. Diese können sich mit den kargen Nektarresten begnügen, die sie in den nicht besetzten Blüten finden, oder zu den Waffen der Frauen greifen, womit sie seltsamerweise nicht nur während der von März bis Juli dauernden Brutzeit erfolgreich sind, sondern auch außerhalb davon, wenn das Männchen eigentlich überhaupt nichts von der ganzen Sache hat.

Der amerikanische Verhaltensforscher Larry Wolf hat das von ihm selbst als Prostitution bezeichnete Verhalten bereits Mitte der 70er Jahre ausführlich beschrieben und in fünf Phasen unterteilt.

In Phase A dringt das Weibchen in das Territorium des Männchens ein und wird wiederholt von diesem daraus verjagt. Bereits hier ist jedoch eine klare Entwicklung im Verhalten des Männchens zu erkennen. Anfangs stürzt es sich noch auf das Weibchen, kaum dass es dieses auf seine Blüten zufliegen sieht, und jagt es dann weit über die Grenzen seines Territoriums hinaus durch die Plantage. Der Eindringling kehrt jedoch stets unbeirrt in den fremden Garten zurück und bald ist es soweit, dass das Männchen ihn einige Momente lang darin verweilen lässt, bevor es ihn wieder verscheucht. Wie der Geizige in Molières gleichnamiger Komödie scheint es hin- und hergerissen zu sein zwischen dem Widerwillen, etwas von seinem Besitz abzugeben, und dem Verlangen, den hübschen Gast nicht vor den Kopf zu stoßen. Schon zum Ende von Phase A hin hat das Weibchen Gelegenheit, ein paar Schlücke Nektar aus den schönen großen Bananenblüten des knausrigen Männchens zu nehmen. Diese Phase ist abgeschlossen, wenn sich das Männchen ganz mit der Anwesenheit des weiblichen Kolibris abgefunden hat.

In Phase B kommt das Weibchen dann voll auf seine Kosten. Das Männchen befindet sich jetzt ganz in seinem Bann. Mal setzt es sich auf einen Zweig, spreizt die Flügel, bringt den Körper in die Horizontale und wiegt ihn sehnsüchtig in Richtung des Weibchens vor und zurück. Mal flattert es aufgeregt von einem Sitzplatz zum anderen. Es lässt seine Besucherin jetzt nicht nur nach Gusto von seinen Blüten trinken, sondern erlaubt ihr auch, all seine Lieblingsblüten anzufliegen und Lieblingssitzplätze einzunehmen – macht ihr sozusagen den Chefsessel frei. »Das gesamte Verhalten der zwei Vögel«, schreibt Wolf in seinem damaligen Bericht für die ornithologische Zeitschrift *The Condor*, »deutet darauf hin, dass ein Rollentausch zwischen ihnen stattgefunden hat und das Weibchen jetzt Herr über das Männchen ist.« Statt den ihr hörigen Tyrannen auszupeitschen, trinkt die Kolibrifrau von seinen Blumen, was ihm mit Sicherheit noch mehr wehtut. Erst wenn sie die süße Unterwerfung zur Genüge ausgekostet hat, geht sie zur Phase C über, in der die beiden Vögel dann herkömmlichere Balzrituale ausführen, die nichts mehr mit SM zu tun haben.

In der dritten Phase der seltsamen Paarung, die auch außerhalb der Paarungszeit stattfindet, scheinen die Vögel sich wieder auf ihre feenhafte Aura sowie auf den Ruf zu besinnen, den sie bei Vogelliebhabern zu verlieren haben. Jetzt stehen die Kolibris summend voreinander in der Luft, wie nur sie es mit ihren 50 Flügelschlägen pro Sekunde können, kommen einander dabei so nah, dass sich ihre langen Schnäbel beinah berühren und fangen dann sogar an, in dieser Position langsam umeinander zu kreisen. Eben noch Sadomaso, jetzt Elfenballett. Dann sucht sich das Weibchen einen Sitzplatz, das Männchen besteigt es von hinten, das Weibchen schüttelt kurz die Flügel aus und das Männchen verjagt es wieder aus seinem Revier. Rollentausch und Lufttanz sind vorbei, Phase D dauert sowieso nur ein paar Sekunden und in Phase E ist alles wieder wie vorher. Mehr als fünf Minuten dauert die gesamte Transaktion selten.

Larry Wolf, der wie zu der Zeit, als er das ungewöhnliche Verhalten der Granatkolibris auf Dominica beobachtete, als Professor für Biologie an der Universität von Syracuse lehrt, ging damals davon aus, dass die Weibchen den komplizierten Paarungsreigen bewusst initiieren, um in seinem Verlauf an ein paar Extraschlücke Nektar zu kommen, und die Männchen auch außerhalb der eigentlichen Paarungszeit dabei mitmachen, weil sie hoffen, die jeweiligen Weibchen würden dann in der echten Paarungszeit eher wieder zu ihnen ins Revier zurückkehren. Bereits im Januar sah Wolf die Kolibriweibchen die Reviere der Männchen aufsuchen, als deren Hoden, die erst zur Paarungszeit anschwellen, noch so winzig waren, dass es zu einer Befruchtung unmöglich kommen konnte, und auch die Weibchen selbst noch weit davon entfernt waren, Eier legen zu können. Den Weibchen, nahm der Biologe an, half das Verhalten, in den nahrungsarmen Wintermonaten besser über die Runden zu kommen, und den Männchen, bereits vor der eigentlichen Paarungszeit für eine Annäherung zwischen sich und den Weibchen zu sorgen.

Dass der Paarungsreigen der Granatkolibris der gegenseitigen Annäherung dient, glaubt auch der deutsche Ornithologe Karl-Ludwig Schuchmann, der die Vögel nicht nur auf mehreren Inseln der Kleinen Antillen studiert hat, sondern auch viele Jahre in Gefangenschaft im Bonner Forschungsmuseum Koenig, wo er heute noch als Experte für tropische Vögel arbeitet. Allerdings liegt für ihn der Zweck des ganzen komplexen Hin und Hers der Tiere hauptsächlich darin, den enorm stark ausgebildeten Aggressionsreflex auszuschalten, mit dem der männliche Kolibri jedem Eindringling begegnet, der seine Reviergrenzen verletzt, und so eine Paarung zwischen Männchen und Weibchen überhaupt erst möglich zu machen. Die Weibchen hätten zwar seltener eigene Reviere und würden stattdessen meist im Laufe des Tages immer wieder dieselbe, mit herrenlosen Blüten bestandene Route abfliegen, ähnlich wie ein kanadischer Trapper, der durch den Wald zieht und seine Fallen kontrolliert. Doch äußerst aggressiv werden könnten auch sie, besonders zur Brutzeit, wenn es gilt, das eigene Gelege zu verteidigen. »Dann gehen sie selbst auf wesentlich größere Vögel los«, sagt Schuchmann, »und schwirren um sie herum wie kleine Jagdflieger.«

Schuchmann wurde schon oft Zeuge, wie die beiden Kolibris in »Phase A« mit solcher Wucht gegeneinanderflogen, dass es einen lauten Knall in der Luft tat. In dem ständigen Platzwechsel, den die kleinen Vögel in der zweiten Paarungsphase ausführen, sieht er hauptsächlich ein stetiges Sich-Annähern, das dann nach fünf Minuten ritualisiertem Lufttanz schließlich in der Paarung mündet. Ein Rollenwechsel findet Schuchmanns Meinung nach nicht statt, keine süße Unterwerfung, ja noch nicht mal *irgendeine* Form von fragwürdigem Liebeshandel. Auch wenn das Weibchen den Schnabel in die Blüten des Männchens stecke, sagt er, gehöre das mit zum ritualisierten Paarungsverhalten, bei dem das Weibchen in Wirklichkeit *nur so tue*, als würde es von den Blumen des Männchens trinken, unter anderem, weil es gar nicht davon trinken *könne*.

Tatsächlich hat vor ein paar Jahren ein Forscherteam um den Evolutionsbiologen Ethan Temeles vom renommierten Amherst College in Massachusetts herausgefunden, dass die bei Männchen und Weibchen stark unterschiedlich geformten Schnäbel, die schon vielen Wissenschaftlern an den Vögeln aufgefallen waren, darauf zurückzuführen sind, dass sich beide Geschlechter bei der Nahrungsaufnahme auf verschiedene Lieblingsblumen spezialisiert haben. Schon von den berühmten Darwinfinken der Galapagosinseln ist vielen das Phänomen ja vermutlich vertraut. Die kleinen Singvögel sind zwar weder Finken, noch haben sie, wie oft behauptet wird, Darwin als Hauptbeleg für seine Theorie von der Entstehung der Arten gedient, lassen diese jedoch auf mustergültige Weise nachvollziehen. Je nachdem, ob sie damit hauptsächlich Samen knacken oder Maden picken, haben die ursprünglich alle gleich aussehenden Vögel anders geformte Schnäbel entwickelt und sind so zu separaten Spezies geworden. Bei den Granatkolibris ist es ähnlich, nur hat hier die Evolution sogar zwei verschiedene Schnabelformen innerhalb ein und derselben Spezies hervorgebracht. Der Schnabel der Männchen ist relativ kurz und gerade und eignet sich speziell zum Trinken aus der nektarreichen Blumenart, die die Männchen in ihren Revieren meist verteidigen. Der Schnabel der Weibchen ist länger und stärker nach unten gebogen, was ihnen erlaubt, damit auch in die Blüten der etwas weniger nektarreichen Blumenart hineinzukommen, mit denen sie sich bei der Nahrungssuche in der Regel begnügen müssen.

Wenn männliche und weibliche Granatkolibris auf das Trinken aus verschiedenen Blumenblüten spezialisiert sind, ist es dann nicht in der Tat unwahrscheinlich, dass sie bei der Paarung aus denselben trinken, und das Prostitutionsverhalten, das Larry Wolf vor mehr als dreißig Jahren bei seiner Expedition in die Karibik beobachtet haben will, nicht durch neuere Studien wissenschaftlich widerlegt? Nicht unbedingt, meint Wolf und weist darauf hin, dass es in der Untersuchung seines Kollegen vom Amherst College nur darum geht, für welche Blüten die Schnäbel von Männchen und Weibchen am besten geeignet sind, woraus aber nicht automatisch zu schließen sei, sie könnten überhaupt nicht aus den Blüten des jeweils anderen trinken. Zumindest bei den Weibchen hat Temeles beobachtet, dass sie gerne und oft aus den nektarreicheren Blüten der Männchen trinken, so sie denn an sie herankommen, und Wolf ist immer noch der Meinung, genau das sei bei der außerhalb der Brutzeit stattfindenden Paarung ihr Ziel.

»Ich hatte ganz klar den Eindruck, dass sie das Revier der Männchen aufsuchen, um dort von deren Nektar zu trinken«, sagt der Forscher, und auch an der Sache mit dem Rollenwechsel hält er fest. »Wie es kaum überraschen dürfte«, erklärt er mit typisch angelsächsischem Augenzwinkern, »finde ich nach erneuter Lektüre des Artikels meine damalige Interpretation ihres Verhaltens immer noch sehr plausibel.«

Pygoscelis adeliae:
Die selbstlosen Seitensprünge der Adéliepinguine

In dem Film *Ein unmoralisches Angebot*, der Anfang der Neunzigerjahre in deutschen Kinos lief, bietet ein reicher Geschäftsmann einem jungen Architekten und seiner Frau eine Million Dollar, wenn er eine Nacht mit der Frau verbringen darf. Der reiche Geschäftsmann wird von Robert Redford gespielt, dem die meisten Frauen eine Million *zahlen* würden, um eine Nacht mit ihm verbringen zu dürfen, und auch die Frau des Architekten geht auf das Angebot ein, jedoch aus einem anderen Grund. Sie möchte mit dem Geld das schöne Haus am Meer retten, das ihr Mann ganz nach seinen Vorstellungen für sie beide gebaut hat, und durch den moralisch fragwürdigen Handel verhindern, dass ihr hübsches Liebesnest unter den Hammer gerät.

Das amerikanische Seitensprungdrama – das vor dem Hintergrund einer damals schon wütenden, aber noch nicht in die weite Welt hinausglobalisierten Immobilienkrise spielt – hat das sonnige Kalifornien als Schauplatz. Doch praktisch haargenau so spielt es sich auch jedes Jahr aufs Neue in der Antarktis ab. Hier gibt es zwar keine reichen Geschäftsmänner, ja, wenn man von den Bewohnern vereinzelter Forschungsstationen absieht, nicht einmal Menschen. Doch eine Art Immobilienkrise herrscht auch hier, permanent sogar, und die Lösungsansätze derjenigen, die unter ihr zu leiden haben, fallen verblüffend ähnlich aus.

An der Küste des antarktischen Kontinents leben die sogenannten Adéliepinguine, kleine, etwa 60 Zentimeter große Pinguine mit schwarzen Füßen und auffälligen weißen Ringen um die Augen, die nach der Frau des französischen Polarforschers Jules Dumont

179

d'Urville benannt sind, der 1840 einen nach Australien hin gelegenen Teil der Antarktis als Erster bereiste und für die französische Krone in Besitz nahm. Den Winter der Südhalbkugel verbringen die Pinguine am Rand des auf dem Meer treibenden Packeises, das den antarktischen Kontinent umgibt, von wo sie nach Krill, Dorschen und Tintenfischen tauchen, die ihre bevorzugten Nahrungsquellen darstellen. Jeden Frühling jedoch kehren sie an die eisfreien Strände des antarktischen Festlands und der ihm vorgelagerten Inseln zurück, um dort zu brüten.

Die Pinguine leben in festen Zweierbeziehungen, brüten jedes Jahr gemeinsam zwei Eier aus und schaffen wie die Trauersteinschmätzer im Kapitel »Liebesgeschenke« zum Nestbau unzählige kleine Steine heran. Anders als die Steinschmätzer brauchen die Pinguine die Steine aber tatsächlich, um ihre Nester zu bauen. Sie schichten daraus große Brutnäpfe auf, die sich bis zu 20 Zentimeter über den dunklen Sand der antarktischen Strände erheben und auf verschiedene Art ihren Nachwuchs schützen. Auch im Frühling fällt an den Stränden manchmal noch Schnee und dann sorgen die Steinnäpfe dafür, dass das Gelege der Pinguine nicht so schnell unter Schneeverwehungen begraben wird. Ebenso heizen sich die Steinnester in der Sonne schnell wieder auf und spenden so Eiern und Küken in der Regel bereits wieder Wärme, wenn um sie herum noch alles mit einer dichten kalten weißen Schicht bedeckt ist. Noch wichtiger werden die Nester aber, wenn der Sommer näher rückt und es in der Antarktis wieder wärmer wird. Dann taut in den Bergen im Inland das Eis und das Schmelzwasser fließt in immer größeren Mengen zum Meer hinab. Es verwandelt die Strände nicht nur in eine unappetitliche Matschlandschaft aus Sand und Vogelkot, sondern kann auch in solchen flutartigen Massen auftreten, dass die Brut der Pinguine fortgeschwemmt wird, ihre Gelege unterkühlt werden und ihre Küken ertrinken. Wie hoch und sicher das Steinnest eines Pinguinpaars ist, kann deswegen im Zweifelsfall darüber entscheiden, ob sich die Brutanstrengungen eines gesamten Frühjahrs lohnen oder nicht.

An Steine für die Nester heranzukommen, ist allerdings nicht immer ganz einfach. Für die Brut geeignete Strände gibt es an der antarktischen Küste nicht viele, sodass auf den schmalen Sandstreifen oft viele Tausend Pinguinpaare gleichzeitig brüten. Außerdem bauen sich nicht nur diese Paare Steinnester, sondern auch viele unverpaarte männliche Pinguine, die auf diese Weise eine Braut zu gewinnen hoffen. All das führt dazu, dass auf den dicht besetzten Brutstränden frei herumliegende Steine ungefähr genauso schwer zu finden sind wie Goldnuggets und der dunkle Sand zwischen den Nestern für gewöhnlich so sauber und leergefegt wirkt wie in einem japanischen Zengarten. Wie in dem oben erwähnten Film will jedes Paar in einem schönen Haus am Meer leben. Doch in diesem Fall mangelt es nicht an Geld, sondern an Baumaterial.

Das Filmpaar hat mithilfe des Glücksspiels einen Ausweg aus der Misere gesucht, die Pinguinpaare versuchen es in der Regel mit Diebstahl. Wie in jeder menschlichen Siedlung, wo Baustoff Mangelware ist, klauen sich die Vögel gegenseitig sozusagen die Schindeln vom Dach. Sind die Nestbesitzer während des Diebstahls anwesend, wehren sie sich, indem sie nach den Dieben mit dem Schnabel hacken, wütend mit ihren Watschelfüßen nach ihnen treten oder sie gackernd durch die halbe Kolonie jagen. Letztere Strategie erweist sich allerdings gelegentlich als unklug, weil sich in der Zwischenzeit die nächsten Nachbarn am Nest bedienen. Einem jungen, unerfahrenen Paar kann es deswegen schnell passieren, dass der Traum vom Haus am Meer sich in Wohlgefallen aufzulösen droht. Und in dieser Situation zeigen sich die Pinguindamen manchmal ebenso opferbereit wie im Film die schöne Demi Moore.

Die britische Zoologin Fiona Hunter entdeckte das erstaunliche Verhalten, das bisher der einzige bekannte Fall aus dem Tierreich ist, bei dem Sex gegen einen nicht essbaren Gegenstand getauscht wird, als sie eine Pinguinkolonie auf der Ross-Insel beobachtete, die unmittelbar an das riesige Ross-Eisschelf angrenzt und an deren Küsten sich jeden Frühling insgesamt etwa eine halbe Million Adéliepinguine versammeln. Hunter sah, wie eine Pinguindame, die eigentlich in festen Händen war, sich mit einem Junggesellen paarte, der zwar ein schönes großes Steinnest hatte, aber trotzdem keine Partnerin. Das war an sich nichts Ungewöhnliches, denn in einem von zehn Fällen gehen auch die eigentlich als treu bekannten Weibchen der Adéliepinguine fremd. Ungewöhnlich war jedoch, dass das Weibchen nach der Paarung mit einem von dem Nest stibitzten Stein davonwatschelte, ohne dass der Nestbesitzer die geringsten Anstalten machte, es aufzuhalten. Hunter dachte daran, was die Pinguine sonst immer für ein Geschrei veranstalteten, wenn jemand ihren Steinen zu nahe kam, und hielt ihren Kollegen Lloyd Davis, von der neuseeländischen Universität Ontago, dazu an, bei seinen Beobachtungen gezielt auf ähnliches Verhalten zu achten. Im Folgenden wurden die zwei Forscher Zeuge von vielen weiteren Fällen der Pinguinprostitution, die immer nach dem gleichen Schema abliefen.

Im Film lässt sich die Architektenfrau von dem Millionär auf eine Yacht ausfliegen, um den gezielten Ehebruch zu begehen, und auch die Pinguinfrau sucht sich für den unschönen Handel in der Regel einen reichen Spender, dessen Nest ein ganzes Stück von ihrem eigenen wegliegt. Sie watschelt zu dem Nest hin und macht dem Besitzer schöne Augen, woraufhin dieser sie in pinguintypischer Balzmanier schräg von der Seite ansieht und den Kopf beugt. Sie erwidert die Geste, das Männchen gibt das Nest frei, sie legt sich mit dem Bauch darauf und das Männchen besteigt sie. Danach hebt das Weibchen mit dem Schnabel einen Stein vom Nest auf und watschelt damit in Seelenruhe zurück zu ihrem eigenen. In der Hälfte der Fälle, die Hunters Team beobachtete, kam das Weibchen kurze Zeit später zurück, um sich einen weiteren Stein abzuholen, und eines, das man wohl als antarktisches Luxuscallgirl bezeichnen muss, heimste nach erbrachter Leistung gleich zehn der kostbaren Steine ein. Andere Weibchen spielten ihre Karten allerdings noch geschickter aus und watschelten schon mit einem Stein davon, bevor es überhaupt zum Äußersten gekommen war. Eine Pinguindame, die vielleicht den oben genannten Film gesehen hatte, brachte es mit ein bisschen Flirten auf die stolze Summe von 62 Steinen.

Dass der Deal für den beteiligten Junggesellen aufgeht, ist unwahrscheinlich. Wie DNA-Tests ergeben haben, ist derjenige Pinguinmann, der mit dem Weibchen zusammen die Eier ausbrütet und die Küken aufzieht, in den allermeisten Fällen auch deren Erzeuger.

Andererseits würde sich der Junggeselle, falls bei der Affäre doch eine Befruchtung stattfindet, viel Arbeit ersparen und selbst die Steine, die er dem Weibchen überlässt, kämen dann noch seiner eigenen Brut zugute. Vielleicht verwechselt der arme Kerl aber auch einfach nur ein schnödes Geschäft mit wahrer Liebe. Hunter und Davis halten es durchaus für möglich, dass die alleinstehenden Männer glauben, das Weibchen habe es auf mehr abgesehen als nur ein paar Steine und diese nur davonträgt, um damit woanders ein Nest zu bauen, in das sie dann später mit einziehen dürfen. Kein Wunder, dass sie da Schwierigkeiten haben, eine echte Ehefrau zu finden.

Doch auch über die wahren Motive der sich prostituierenden Weibchen haben sich die beiden Forscher ausführlich Gedanken gemacht. Bedeuten die paar Steine denn wirklich so viel mehr Sicherheit für ihre Brut, wenn zum Bau eines Nests Hunderte davon nötig sind? Ist der Akt vielleicht gar nicht so selbstlos, wie er wirkt? Stürme, Schwertwale, Seeleoparden – nur jeder vierte Pinguin, der nach der Brutsaison wieder hinaus aufs Packeis wandert, kehrt im nächsten Jahr zum gemeinsamen Nest zurück. Halten sich die Weibchen mit solchen Seitensprüngen vielleicht neue Partner warm, die im nächsten Jahr einspringen können, falls ihr alter ausfällt, und nehmen die Steine sozusagen nur nebenbei mit? Demi Moore ist nach der einen Nacht später ja schließlich auch bei Robert Redford eingezogen. Oder ist die ganze Aktion vielleicht nur dazu da, das eigene Männchen dazu zu bringen, selbst wieder mehr Steine beizuschaffen – sozusagen eine Drohung, dass man sie sich sonst auch in Zukunft auf ähnliche Weise verschaffen wird? Oder – Gipfel der Perfidie – wollen die Weibchen mit dem mitgebrachten Stein dem gehörnten Männchen einfach nur einen Grund dafür liefern, warum sie so lange weg waren? (»Hallo Liebling, ganz schön arschkalt hier, wo warst du die ganze Zeit?« – »Nur Steine suchen, Schatz, nur Steine suchen.«) Solange Pinguine nicht sprechen lernen, bleibt das wohl ein Geheimnis.

Auch die Männchen der Adéliepinguine gehen übrigens fremd. Schlau genug, von ihrem Seitensprung mit einem Stein zurückzukehren, sind sie jedoch nie.

13. Transvestiten

Sepia apama:
Die listige Tarnung
der Tuntenfische

Jedes Jahr von April bis Juli versammeln sich im Spencer Golf in Südaustralien Tausende von Tintenfischen, um sich zu paaren. Bei den Tieren handelt es sich um Sepien der Spezies *Sepia apama*, die wegen ihrer für Tintenfische dieser Ordnung einzigartigen Größe auch Riesensepien genannt werden. Wie alle Sepien und Kalmare unterscheiden sie sich von Kraken dadurch, dass sie zusätzlich zu den acht Armen, die die Kraken an der Unterseite ihres Körpers haben, zwei lange Fangarme besitzen und sich hauptsächlich schwimmend fortbewegen. Von den Kalmaren wiederum unterscheiden sie sich durch den breiteren, gedrungeneren Körper, der in seiner Form an eine Mitra oder Bischofsmütze erinnert, sowie durch den darum verlaufenden Flossensaum, mit dessen Hilfe sie wie kleine Raumschiffe durchs Wasser schweben. Die Riesensepien erreichen eine Körperlänge von über einem halben Meter und das Gewicht eines mittelgroßen Schnauzers. Normalerweise leben sie einzelgängerisch in Tiefen von bis zu 100 Metern, verstecken sich zwischen Felsen und Seegrasbüscheln, indem sie täuschend echt deren Farbe und Musterung nachahmen, und lauern Krabben und kleinen Fischen auf. Jedes Jahr zum australischen Herbst hin fangen sie jedoch an, sich überall an der Südküste des großen Kontinents über kleinen Flachwasserriffen zusammenzufinden, und besonders gut besuchte Versammlungen werden dabei stets im Nordzipfel des Spencer Golfs beobachtet, einem großen Meeresarm, der in der Nähe von Adelaide mehr als 300 Kilometer ins südaustralische Festland ragt.

Hier veranstalten die Sepien wahre Massenorgien, bei denen zeitweise der gesamte Meeresgrund mit ihren schillernden Körpern bedeckt ist und auf jeden Quadratmeter ein Exemplar kommt. Die weiblichen Sepien brauchen die Felsriffe, um in deren Spalten ihre etwa golfballgroßen Eier abzulegen, was sie im Verlauf der täglichen Orgien, bei denen sie sich stets mit mehreren verschiedenen Männchen hintereinander paaren, ungefähr alle Viertelstunde und bis zu 40 Mal am Tag tun. Die große Sause ist der Höhepunkt des etwa drei Jahre dauernden Lebens der Tiere, denn nach Paarung und Eiablage gehen beide Geschlechter ein. Allerdings haben speziell im Spencer Golf auch die örtlichen Fischer und Delfine diesen Höhepunkt in ihren jährlichen Fangkalender mit aufgenommen, was zeitweise zu einer empfindlichen Dezimierung der dortigen Sepienpopulation geführt hat, weil diese abgefischt wurde, bevor sie dazu kam, ausreichend Nachwuchs zu produzieren.

Die Delfine bedienen sich bereits seit so langer Zeit an dem jährlich aufs Neue gedeckten Tisch, dass sie sogar schon eine spezielle Technik entwickelt haben, um die Sepien »zuzubereiten«. Nachdem sie sie mit einem Schlag ihres kräftigen Schwanzes getötet haben, versetzen sie den Weichtieren so lange Schnauzenstöße, bis auch der letzte Tropfen der Tinte aus ihnen entwichen ist, mit denen sie sich normalerweise vor Angreifern tarnen, und schleifen sie dann über den Sand, um den harten Kalkschulp zu entfernen, der im Innern ihres Körpers liegt. Was die menschlichen Fischer angeht, so hat Ende der Neunzigerjahre die gestiegene Nachfrage in Asien dazu geführt, dass sie sich zu ausgiebig an dem großen Meeresfrüchtebuffet bedienten und die örtlichen Behörden ein Fangverbot verhängten. Jetzt profitiert die Region auf unschädliche Weise an dem Phänomen. Ökotouristen nehmen zum Teil lange Anreisewege auf sich, um sich die farbenprächtige Unterwasserorgie anzusehen, wozu sie in der Regel nicht mehr als eine Schnorchelausrüstung brauchen. Sorgen machen, sie könnten die Sepien stören oder gar von diesen angegriffen werden, müssen sie sich dabei nicht: Dafür sind die Tintenfische viel zu konzentriert bei der Sache.

Diese besteht allerdings bei Weitem nicht nur aus dem einen, zumindest für die Männchen. Die Frauenquote in dem Paarungsgebiet ist ungefähr genauso niedrig wie in einer Disco mit schlechter Türpolitik. Auf ein Sepienweibchen kommen in der Regel vier Männchen, an manchen Flecken sogar zehn. Dementsprechend hitzig geht es unter Wasser zu. Die Männchen versuchen, einander zu beeindrucken, indem sie auffällige Zebrastreifen über ihren Körper pulsieren lassen und bannerartige Hautlappen zur Schau stellen, die sie an zwei ihrer Arme tragen. Lassen sich dadurch die Rangstreitigkeiten nicht entscheiden, kommt es zum vielarmigen Handgemenge, bei dem sich die Tiere auch schon mal gegenseitig mit dem harten Chitinschnabel beißen, den sie inmitten ihrer Arme haben.

Bei beiden Formen des Rivalenkampfes setzen sich meist die größten und kräftigsten Männchen durch. Sie verteidigen Felsvorsprünge, die sich besonders gut als Eiablageplatz eignen, oder schwimmen neben den Weibchen her, zeigen diesen ihr Zebramuster und halten alle anderen Männchen von ihnen fern. Haben sie sich erfolgreich mit ihnen gepaart, was von Angesicht zu Angesicht und wie bei den Kraken im Kapitel »Achtfüßer« mithilfe eines speziellen Paarungsarms geschieht, wachen sie weiterhin eifersüchtig über sie, während die Weibchen zwischen die Felsen hinabschwimmen, um dort ihre Eier abzulegen. Die Bewachung ist bitter nötig, denn selbst, wenn ein Weibchen schon schwanger ist, versuchen andere Männchen noch, bei ihm zum Zug zu kommen. Ist das größere Männchen gerade mal wieder damit beschäftigt, einen Rivalen zu verjagen, schwimmen diese kleineren Sepienmänner im Balzkostüm zu dem Weibchen hin und versuchen, mit ihrer körpereigenen Wasserdüse die neben dem Schnabel liegende Samentasche des Weibchens auszuspülen und dort ihre eigenen Samenpakete unterzubringen. Manche Männchen nutzen auch den Schutz überhängender Felsen, um sich heimlich zu den Weibchen zu schleichen. Das funktioniert jedoch nicht immer, denn die Platzhirsche haben gut entwickelte Augen, mit denen sie gerade im flachen Wasser äußerst scharf sehen können.

Woran es den Sepien allerdings mangelt, ist die Erwartung, verschaukelt zu werden – dafür haben sie bis zu der Massenveranstaltung im Spencer Golf einfach zu wenig mit ihresgleichen zu tun. Deswegen haben einige der kleineren Männchen, die sich auf andere Weise nicht gegen ihre größeren Geschlechtsgenossen zu helfen wissen, eine clevere Strategie entwickelt, wie sie sich unbemerkt an diesen vorbeistehlen können. Während die männlichen Sepien bei dem Mêlée mit ihrem Zebramuster protzen, tragen die Weibchen ein unauffälliges braunes Fleckenkleid. Auch haben sie im Vergleich zu den Männchen kürzere Arme, bei denen die fahnenartigen Hautlappen fehlen und die sie während des Balzdurcheinanders auch nicht wie das andere Geschlecht möglichst weit von sich strecken, um ihre Körpersilhouette zu vergrößern, sondern eingezogen am Leib tragen. Die kleineren Männchen lassen ihre Haut nun exakt dasselbe unscheinbare Fleckenkleid annehmen und ziehen ihre Arme ein, sodass sie in Farbe und Gestalt aufs Haar einer weiblichen Sepie gleichen. In diesem Aufzug mogeln sie sich dann an den eifersüchtig über ihre Weibchen wachenden Kraftprotzen vorbei. Wie der Schelm in einem pikanten französischen Lustspiel ziehen sie sich Frauenkleider an, um dem trotteligen Gatten irgendeiner gelangweilten Schönheit Hörner aufzusetzen.

Oft gelingt das Husarenstück auch. Die listigen Transvestiten folgen meist den balzenden Paaren eine ganze Weile über den Meeresgrund und in der Hälfte der Fälle lässt das größere Männchen sich dabei bereits von dem Schauspiel täuschen, denkt vielleicht, sein Sex-Appeal sei so enorm, dass ihm die Frauen jetzt schon offen auf der Straße hinterherlaufen. Schiefgehen kann der Streich allerdings noch im Moment der entscheidenden Annäherung, besonders wenn der verkleidete Sepienmann dumm genug ist, dann plötzlich wieder in seinen Zebraanzug zu wechseln. Auch muss er immer damit rechnen, vom Weibchen zurückgewiesen zu werden, was die wählerischen Sepiendamen generell sehr oft bei sich nähernden Freiern tun. Doch wenn alles glatt läuft und das verkleidete Männchen die Nerven behält, resultiert der tolle Streich tatsächlich darin, dass es dem Weibchen seinen Samen übergeben kann und dieses auch damit später seine Eier befruchtet. In einem Fall wurde sogar beobachtet, wie einer der aggressiven Platzhirsche seiner Partnerin aus nächster Nähe bei der Paarung mit einem anderen »Weibchen« zusah, aber keinerlei Anstalten machte, die beiden zu trennen. Kluge Transvestiten behalten die Frauenkleider auch nach dem vollzogenen Akt noch eine

Weile an, zumindest bis sie außerhalb der Reichweite des gehörnten Ehemanns sind. Manche Männchen verführt das gelungene Schelmenstück allerdings zur Selbstüberschätzung und sie versuchen in Anwesenheit des übertölpelten Bewachers des Weibchens nun selbst, dieses zu bewachen.

DNA-Tests zufolge sind die als Frauen verkleideten Tintenfische, die ein besonders geistreicher Journalist einmal als getarnte Tuntenfische bezeichnet hat, mit ihrer Paarungsstrategie ebenso erfolgreich wie die aggressiven Bewachermännchen. Einen Haken hat die Taktik allerdings. Da die Männchen wie Weibchen aussehen – und es davon ja nicht sehr viele in den Paarungsgründen im Spencer Golf gibt –, müssen sie sich immer wieder der Avancen anderer Männchen erwehren. Die meisten Annäherungsversuche kommen dabei von den großen Machomännchen, die sowieso hinter allem her sind, was zehn Arme hat. Doch auch andere kleine Männchen versuchen, mit den Transvestiten anzubandeln. In zwei Fällen wurde sogar beobachtet, wie ein Tuntenfisch von einem Männchen angemacht wurde, das selbst in Frauenkleidern unterwegs war.

Ob es sich bei den kleinen Sepienmännchen um Exemplare von besonders geringem Wuchs oder einfach um junge Tiere handelt, weiß die Wissenschaft noch nicht. Von den Blauen Sonnenbarschen, großen nordamerikanischen Süßwasserfischen, die bei Anglern sehr beliebt sind, ist bekannt, dass bei ihnen manche Männchen eine ähnliche Travestietaktik anwenden. Diese werden sehr viel früher geschlechtsreif als andere Männchen, erreichen dafür aber auch nicht deren Größe und ähneln im Erscheinungsbild zeit ihres Lebens Weibchen. Das ermöglicht ihnen, sich in die Nester der größeren Männchen einzuschleichen und heimlich den Laich zu befruchten, den echte Weibchen dort ablegen. Anders als die Frauenkleider tragenden Riesensepien bürden sie damit allerdings den gehörnten Ehemännern zusätzlich noch auf, den fremden Nachwuchs mühevoll zu Jungtieren heranzuziehen.

Uta stansburiana:
Das Dreiklassensystem der Seitenfleckleguane

Noch mehr als die im Kapitel »Angeber« vorkommenden karibischen Anolis ähneln die amerikanischen Seitenfleckleguane unseren heimischen Eidechsen. Wie die Anolis gehören sie zur Ordnung der Leguanartigen, haben aber weder den stachligen Rückenkamm noch den massigen, mit Hörnern oder anderen Auswüchsen bewehrten Kopf, den man im Allgemeinen mit Leguanen verbindet. Wäre da nicht der charakteristische dunkle Fleck hinter den Vorderbeinen, man könnte die graubraun gemusterten, im Durchschnitt etwa 15 Zentimeter groß werdenden Reptilien leicht mit einer etwas zu hell geratenen europäischen Waldeidechse verwechseln. Statt im feuchten deutschen Laub leben die Seitenfleckleguane jedoch in den felsigen Sandwüsten des amerikanischen Westens. Hier verstecken sie sich nachts unter Steinen oder in unterirdischen Gängen, die sie sich im Sand anlegen, und gehen tagsüber auf die Jagd nach Insekten, Spinnen und Skorpionen. Ihren wissenschaftlichen Namen, *Uta stansburiana*, haben sie von dem amerikanischen Wüstenstaat Utah, in dem sie Mitte des 19. Jahrhunderts entdeckt wurden, sowie von dem zeitweise dort tätigen Vermessungsingenieur und Armeehauptmann Howard Stansbury (1806–1863), den die Entdecker mit der Benennung ehren wollten.

Sieht man die Seitenfleckleguane in der Morgensonne auf einem Stein sitzen oder schnell in eine Felsspalte flitzen, wenn man sich nähert, kann man keine großen Unterschiede zwischen ihnen erkennen. Doch schaut man genauer hin oder schafft es sogar, ein paar von ihnen zu fangen, erkennt man bald, dass die Kehlen der Tiere oft unterschiedlich gefärbt sind. Je nach Exemplar enthalten sie mal mehr orangefarbene, mehr blaue oder mehr gelblich gefärbte Schuppen. Diese Farben kennzeichnen drei verschieden Typen von Männchen, die innerhalb der Spezies der Seitenfleckleguane existieren, und die jeweils nicht nur eine eigene Kehlfärbung, sondern auch ein ganz eigenes Paarungsverhalten besitzen.

Männchen mit orangefarbenen Kehlen sind die Platzhirsche unter den Echsen, ähnlich wie die besonders groß gewachsenen (oder auch einfach nur ausgewachsenen) Männchen unter den Riesensepien. Sie nehmen Reviere in Beschlag, die an sich meist nicht größer als 500 Quadratmeter sind, sich allerdings mit den Revieren von mehreren Weibchen überschneiden, und gehen zusätzlich meist auch noch in der Nachbarschaft auf Brautschau. Stellt sich ihnen dabei ein anderer männlicher Seitenfleckleguan in den Weg, reagieren sie hochaggressiv und setzen alles daran, den Konkurrenten aus dem Feld zu schlagen, was ihnen meistens auch gelingt.

Die Männchen mit blauen Kehlen sind dagegen wesentlich monogamer und häuslicher eingestellt. Sie begnügen sich für gewöhnlich damit, ihr kleines Territorium mit einem einzelnen Weibchen zu beziehen, über das sie dafür allerdings umso eifersüchtiger wachen. Kommt einer der angriffslustigen Hallodris mit orangefarbener Kehle daher, müssen sie allerdings nicht nur freiwillig das Feld räumen, wenn sie größere Blessuren vermeiden wollen, sondern dazu auch noch zähneknirschend dabei zusehen, wie ihr Weibchen sich mit Freuden mit dem Raufbold paart.

Diese Gelegenheit wiederum nutzt der dritte Männchentyp gerne, um sich in das Territorium der Weiberhelden zu schleichen und ein heimliches Schäferstündchen mit einer der dortigen Haremsdamen zu ergattern. Mit ihrer unauffälligen, gelblich gefärbten Kehle erinnern diese Männchen selbst an Weibchen und verfolgen eine ähnliche Transvestitentaktik wie manche Männchen der Riesensepien, werden allerdings ebenso in ihren Frauenkleidern geboren wie die gleichfalls diese Taktik verfolgenden Sonnenbarsche. Aufgrund ihres weibchenhaften Aussehens werden sie von den Haremsbesitzern oft selbst dann nicht angegriffen, wenn die beiden Männchentypen auf dem Weg zu ihren jeweiligen Abenteuern unmittelbar aneinander vorbeikriechen. Aufmerksamer sind da schon die Männchen mit der blauen Kehle, was das Kommen und Gehen in ihrem Revier angeht, schließlich sind sie es ja auch nicht gewohnt, dass sich dort die Frauen sozusagen die Klinke in die Hand geben. Und anders als bei den orangekehligen Männchen sind sie bei denen in Frauenkleidern auch durchaus in der Lage, ihr Hausrecht zu verteidigen.

Als zum ersten Mal erkannt wurde, dass die unterschiedlichen Kehlfärbungen der Seitenfleckleguane mit unterschiedlichen Paarungsstrategien einhergehen, glaubte man, man habe eine Art Ausscheidungsphase in der Evolution der Tiere vor sich, die bald damit enden würde, dass eine der drei Strategien sich in der gesamten Spezies durchsetzt. Wie Barry Sinervo von der Universität von Kalifornien und Curt Lively von der Universität von Indiana Anfang der Neunzigerjahre anhand einer Langzeitstudie feststellten, lag man mit dieser Annahme jedoch falsch. Die zwei Wissenschaftler beobachteten von 1990 bis 1995 eine Population der Echsen in Mittelkalifornien und fanden dabei heraus, dass zwar auf kurze Sicht eine der Strategien erfolgreicher sein mag als die andere, auf längere Sicht aber gerade dieser Erfolg dazu führt, dass wieder eine andere Taktik mehr Früchte trägt. Langfristig gesehen bleibt das dreigeteilte Paarungssystem stabil, weil jede Strategie zwar eine andere schlägt, aber auch selbst wiederum von einer anderen geschlagen wird.

Im ersten Beobachtungsjahr gab es damals besonders viele blaukehlige Leguanmänner. Offenbar erzeugten sie mit ihrer Taktik, sich ein einzelnes Weibchen zu suchen und dieses streng zu bewachen, besonders viel Nachwuchs. Im Jahr darauf waren aber überall plötzlich mehr orangekehlige Ausgaben der männlichen Eidechsen zu sehen, die nur etwa ein Jahr brauchen, um erwachsen und geschlechtsreif zu werden. Anscheinend hatte der Überfluss an von Blaukehlen bewachten Weibchen dafür gesorgt, dass die Orangekehlen den Blaukehlen auch besonders viele davon ausspannen konnten. In den darauffolgenden zwei Jahren jedoch waren die Felsen plötzlich mit gelbkehligen, weibchenähnlichen Leguanmännchen übersät. Gab es besonders viele sich in fremden Betten tummelnde Orangekehlen, gab es auch besonders viele Gelegenheiten für die Gelbkehlen, sich heimlich mit deren Haremsdamen zu vergnügen. Im letzten Jahr der Studie beherrschten dann wieder Männchen mit blauen Kehlen das Bild, die im Gegensatz zu den Orangekehlen die Gelbkehlen ja meist erfolgreich aus ihrem Ehebett rauszuhalten vermochten.

Sinervo und Lively verglichen den paarungsstrategischen Wettstreit, der sich in den kalifornischen Steingärten abspielt, mit einer auf lange Frist angelegten Version von Stein-Schere-Papier, dem Knobelspiel, bei dem ebenfalls eine Wahl jeweils eine andere schlägt, aber auch ihrerseits von einer anderen geschlagen wird und man mit keiner von vornherein einen Vorteil hat. Sinervo studiert die Echsen inzwischen seit beinah 20 Jahren und konnte die Aussagen, die er seinerzeit aus seinen Beobachtungen herleitete, inzwischen auch durch genetische Vaterschaftstests bestätigen. Ganz wie es das paarungsstrategische Stein-Schere-Papier-Spiel vorsieht, teilen sich bei den Gelegen der Weibchen, die stets von mehreren verschiedenen Vätern abstammen können, besonders oft die umtriebigen Orangekehlen die Vaterschaft mit den schleicherischen Gelbkehlen, die wachsamen Blaukehlen jedoch deutlich seltener. Die blaukehligen Leguane versuchen, ihren Fortpflanzungserfolg zusätzlich zu erhöhen, indem sie sich Reviere suchen, die unmittelbar neben denen anderer Blaukehlen liegen, um mit diesen bei der Abwehr der Orangekehlen zusammenarbeiten zu können. Bei den Gelbkehlen wiederum zeigte sich, dass ihr Sperma, das die Weibchen wie die im Kapitel »Liebestränke« behandelten Bachsalamander in ihrem Körper speichern können, besonders langlebig ist. Oft schnappt der Samen der Transvestiten im Körper der Haremsdamen dem des orangekehligen Paschas selbst dann noch die Befruchtung weg, wenn der zugehörige Leguan bereits tot ist. »Es ist fast so«, sagt die Biologin Kelly Zamudio, die zusammen mit Sinervo die DNA-Tests durchgeführt hat, »als würden die Eidechsen selbst nach ihrem Tod ihre Schleichtaktik noch weiterverfolgen.«

Auch die den amerikanischen Seitenfleckleguanen äußerlich so ähnlichen europäischen Waldeidechsen spielen übrigens das Stein-Schere-Papier-Spiel. Wie Sinervo bei Beobachtungen von Waldeidechsen in den Pyrenäen feststellte, unterscheidet sich bei ihnen nur statt der Farbe der Kehlen die der Bäuche, die männlichen Persönlichkeits- beziehungsweise Paarungstypen bleiben aber dieselben. Das Seltsame daran ist: Zwischen den Tieren liegt der Atlantische Ozean, der bereits vor 170 Millionen Jahren zu entstehen begann. Wenn es sich nicht um einen Fall von Konvergenz handelt, also zufälliger Parallelentwicklung, könnte es also sein, dass die Echsen – oder zumindest ihre gemeinsamen Vorfahren – schon ihr kompliziertes Paarungsspiel gespielt haben, als sie noch Angst haben mussten, beim Fremdgehen von Dinosauriern zertreten zu werden.

Crocuta crocuta:
Der maskuline Look
der Tüpfelhyänen

Dafür, dass Männchen das Aussehen von Weibchen annehmen, gibt es noch weitere Beispiele in der Tierwelt. Außer bei den australischen Riesensepien und den amerikanischen Seitenfleckleguanen wurde das Phänomen etwa bei den Jamaika-Anolis beobachtet, einer nur auf der gleichnamigen Karibikinsel vorkommenden Echsenart, bei der bestimmte Männchen ihr Größenwachstum auf das von Weibchen beschränken, um sich wie die Sepien- und Leguanmänner besser an größeren Männchen vorbei zu deren Partnerinnen schleichen zu können. Auch von bestimmten Vögeln ist ein ähnliches Verhalten und der damit einhergehende äußerliche Rollentausch bekannt.

Dass Weibchen das Aussehen von Männchen annehmen, scheint dagegen seltener zu sein. Von weiblichen Gnus, die den Männchen ihrer Spezies auffällig ähnlich sehen, vermutet man, sie wollen sich dadurch unerwünschte Verehrer vom Leib halten. Aus ähnlichen Gründen nimmt wohl auch bei manchen Libellen ein bestimmter Prozentsatz der Weibchen das Aussehen des anderen Geschlechts an. Das ungewöhnlichste und extremste Beispiel für die weibliche Übernahme männlicher Aussehensmerkmale kommt jedoch von der afrikanischen Tüpfelhyäne, *Crocuta crocuta*, dem zweitgrößten afrikanischen Landraubtier nach dem Löwen, das in vielen Steppen und Buschlandschaften südlich der Sahara das häufigste große Raubtier überhaupt ist.

Wenn man sich etwas näher mit den in Rudeln lebenden Tüpfelhyänen beschäftigt, die prägend für das Bild sind, das die meisten

Menschen von Hyänen haben, merkt man, wie vielen irrigen Vorstellungen man über die Tiere anhängt. Hört man Hyäne, denkt man erstens Aasfresser, zweitens hündisch und drittens dumm, vermutlich weil die Tiere häufig kichernde Laute von sich geben, wenn sie aufgeregt oder ängstlich sind (ein Tick, von dem beim Dalai Lama komischerweise kaum jemand annimmt, er weise auf mangelnde Geistesgaben hin). In Wirklichkeit sind die Tüpfelhyänen jedoch ausgezeichnete Jäger, die 70 Prozent ihre Beute selbst erlegen, haben verwandtschaftlich gesehen engere Beziehungen zu Mangusten und anderen Katzenartigen als zu jedem Hund und leben in komplexen Gesellschaften, deren Ansprüche an die soziale Intelligenz der Tiere oft mit denen verglichen werden, die in Primatengruppen herrschen. Wie die Schimpansen, die im Kapitel »Liebesdienste« vorkommen, leben sie in Großverbänden von bis zu 100 Tieren – in ihrem Fall Clans genannt –, von denen sich jedoch immer wieder kleinere Gruppen zur gemeinsamen Futtersuche abspalten, und wie bei den Bonobos oder Zwergschimpansen aus dem Kapitel »Schlimme Finger« haben auch in den Großverbänden der Tüpfelhyänen die Weibchen das Sagen. Allerdings regieren sie statt mit Sex – und hier greift das Klischee von der Hyäne wieder – mit zähnefletschender Gewalt und Aggression.

Wie bei den Primaten bestehen die Großverbände aus mehreren erwachsenen Männchen und Weibchen sowie einer Vielzahl von Jungtieren. Unter den Weibchen herrscht eine strenge Rangordnung, die auch für die Stellung entscheidend ist, die ihre Nachkommen innerhalb des Clans einnehmen. Die weiblichen Jungtiere dürfen nach dem Erreichen der Geschlechtsreife im Clan bleiben und dienen ihrer Erzeugerin dann in der Regel als loyale Verbündete bei claninternen Streitigkeiten. Die Männchen jedoch werden von den Rudelführerinnen wortwörtlich in die Wüste geschickt und müssen versuchen, an einen fremden Clan Anschluss zu finden und sich dort in der Hierarchie hochzuarbeiten. Die ranghöchsten Weibchen kopulieren stets nur mit den ranghöchsten Männchen und sind aufgrund ihrer privilegierten Position bei der Futterverteilung in der Lage, im Laufe ihrer durchschnittlich zwölf Lebensjahre zwei- bis dreimal so viel Nachwuchs zur Welt zu bringen wie Weibchen, die einen niedrigeren Rang innehaben.

An einem frisch erlegten Beutetier zeigt sich die Vorherrschaft der Weibchen über die männlichen Mitglieder des Clans am deutlichsten. Haben die Hyänen etwa einen Büffel zu Boden gerissen, fallen sie buchstäblich wie die Hyänen darüber her. Mit ihren kräftigen Kiefern können sie selbst Nashornknochen mit Leichtigkeit durchbeißen und zermahlen und schon nach kurzer Zeit sind meist nur noch die Hörner, der Pansen und eine große Blutlache von dem Büffel übrig. Die ranghohen Weibchen verteidigen dabei stets die beste Fressposition und es wurde schon beobachtet, wie ein einzelnes Weibchen einen Kadaver erfolgreich gegen fünf hungrige Männchen verteidigte. Weibliche Hyänen sind zwar nicht größer als männliche, agieren aber meist deutlich aggressiver und selbstbewusster. Kommt ihnen ein Männchen in die Quere, fletschen sie die Zähne, knurren es an und beißen ihm im Zweifelsfall auch mal kräftig in die Schnauze. Zwar kann es passieren, dass mehrere Männchen sich zusammenrotten und gemeinsam auf ein einzelnes Weibchen losgehen. Aber selbst dann ruft dieses in der Regel seine mit ihm im Clan lebenden Schwestern und Töchter zu Hilfe und die Männchen müssen bitter für ihr Aufbegehren büßen. Insgesamt sind die Weibchen dem anderen Geschlecht in den allermeisten Konfliktsituationen so weit überlegen, dass sie innerhalb des Großverbands eine ähnliche Rolle ausfüllen wie bei den Schimpansen die als brutale Machos bekannten Männchen.

Eigenartigerweise geht die Übernahme dieser männlichen Rolle auch damit einher, dass die Weibchen männliche Genitalien ausbilden. Weibliche Hyänen haben denselben rutenartigen langen Penis wie die Männchen, der auch voll erektionsfähig ist, und sind wie die Männchen mit eng am Unterleib anliegenden Hoden ausgestattet. Sieht man sie im Rudel oder über ein Beutetier gebeugt, sind sie höchstens während der Milchgebezeit, in der sie einen deutlich geschwollenen Euter am Bauch tragen, einigermaßen klar von den Männchen zu unterscheiden. Jahrhundertelang hielt man Hyänen deswegen für Zwitter. Inzwischen weiß man jedoch, dass der Penis

195

der Weibchen kein echter Penis ist, sondern eine extrem vergrößerte Klitoris. Die Hoden sind zu hodenförmigen Gebilden zusammengewachsene Schamlippen, die jedoch keine männlichen Keimdrüsen enthalten, sondern sozusagen leer sind. Eine weibliche Geschlechtsöffnung besitzen die weiblichen Hyänen nicht mehr und sowohl die Ausscheidung des Harns als auch die Kopulation mit den Männchen und die Geburt der Jungen finden über die eigenartige Nachbildung der männlichen Geschlechtsteile statt. Wozu diese genau gut sein soll, darüber ist sich die Forschung allerdings bis heute nicht ganz einig.

Einig sind sich die Hyänenforscher bis jetzt nur, wie die Penisattrappe entsteht. Während ihrer Zeit im Mutterbauch werden sowohl männliche als auch weibliche Hyänenföten einer Art »Androgendusche« ausgesetzt, einer hohen Dosis männlicher Sexualhormone, die es den Tieren leichter machen soll, sich nach der Geburt gegen ihre Artgenossen durchzusetzen, und bei den Weibchen quasi als Nebenprodukt die Ausbildung männlicher Pseudogenitalien nach sich zieht. Auch bei Menschen wurde schon beobachtet, dass Mädchen, die während der Embryonalphase hohen Konzentrationen von Androgenen ausgesetzt waren, mit einer stark vergrößerten Klitoris und einer teilweise zugewachsenen Scheide zur Welt kamen, und bei den Hyänen liegt der Fall offenbar ähnlich. Wie bei einer Studie festgestellt wurde, wächst den Weibchen das falsche Glied zwar auch dann, wenn ihnen im Mutterbauch androgenhemmende Substanzen zugeführt werden. Doch die Forschung hält trotzdem an der These der hormoninduzierten Ausbildung des Pseudopenis fest und geht davon aus, dass eine genetische Komponente dafür sorgt, dass diese auch bei unzureichender Androgenversorgung stattfindet.

Gespalten sind die Hyänenforscher allerdings, was den genauen Zweck der Androgendusche angeht, die zu so einer seltsamen Veränderung des äußerlichen Erscheinungsbildes der weiblichen Tüpfelhyänen führt. Übereinstimmend nimmt man an, dass sie sozusagen die Kampfbereitschaft der aus den Föten hervorgehenden Tiere erhöht und diesen so in gewissen Lebenslagen hilft, sich gegen ihre eigenen Artgenossen zu behaupten. Bei dieser Annahme endet die Übereinstimmung dann aber auch schon.

Einige amerikanische Forscher, die ihre Untersuchungen hauptsächlich an einem großen Hyänenclan in Kenia durchführen, haben die Theorie aufgestellt, die Produktion von hohen Androgenmengen ziehe sich praktisch durch das ganze Leben der Hyänenweibchen und mache so ihre auf Aggression aufbauende Herrschaft über die Männchen – deren äußerer Ausdruck dann der Pseudopenis ist – überhaupt erst möglich. Untersuchungen einer deutschen Wissenschaftlergruppe, die in Tansania an rund einem Dutzend verschiedenen Hyänenrudeln gleichzeitig forscht, haben jedoch ergeben, dass der Androgenspiegel der erwachsenen Weibchen gar nicht so hoch ist. Sie haben zwar für Säugetierweibchen ungewöhnlich viel Androstendion im Blut, ein dem Testosteron verwandtes Sexualhormon, das sich sowohl in dieses als auch in Östrogene, also weibliche Hormone umwandeln kann. Ihr Testosteronspiegel selbst wie auch ihr Blutgehalt an Dihydrotestosteron, einem noch wirkmächtigeren Androgen, ist jedoch deutlich niedriger als der der Männchen, wie üblich bei Säugetieren.

Deswegen glaubt die deutsche Forschergruppe, deren Mitglieder im Auftrag des Berliner Instituts für Zoo- und Wildtierforschung in den Savannen Afrikas unterwegs sind, dass an der amerikanischen »Aggressivitäts-Theorie« nichts dran ist. Zwar haben die Hyänenmännchen einen für Säugetiermännchen auffällig niedrigen Anteil an Testosteron im Blut, was vermutlich mit dazu beiträgt, dass die Weibchen sie so leicht unterbuttern können. Doch gerade dieser Umstand lässt für Bettina Wachter, die seit Jahren als Mitglied der deutschen Gruppe in Tansania tätig ist, einen Hyänenclan eher wie eine von besonders unterwürfigen Männchen geprägte »Softiegesellschaft« als eine mit hochaggressiven Weibchen durchsetzte »Machogesellschaft« erscheinen, wie sie unter umgekehrten Vorzeichen von Schimpansen und auch von Löwen bekannt ist.

»Die Weibchen sind gar nicht so dominant und aggressiv«, sagt sie, »auch wenn es oft so aussieht.« Will ein Löwenmann ein Weibchen von einem frisch gemachten Riss vertreiben, wird er von diesem auch heftig angefaucht, erklärt Wachter. Der testosterongeputschte Pascha lässt sich davon jedoch nicht beeindrucken, während ein Hyänenmann – der die Beute möglicherweise sogar gerade erst selbst erlegt hat – in der gleichen Situation auf der Stelle kuscht. »Und das tut er nicht nur aus Angst, sonst von dem Einzelweibchen oder dessen Kameradinnen Repressalien erleiden zu müssen«, erläutert Wachter. »Das Männchen will sich auch bei dem Weibchen nicht unbeliebt machen und sich damit möglicherweise zukünftige Paarungschancen verderben.«

Die in Kenia forschenden Amerikaner gingen eine Zeit lang davon aus, die weiblichen Hyänen seien grundsätzlich bereits als Neugeborene besonders aggressiv und die pränatale Androgendusche solle ihnen vor allem dabei helfen, Auseinandersetzungen und Futterstreitigkeiten mit ihren nicht weniger aggressiven weiblichen Geschwistern zu bestehen. Beobachtungen hatten gezeigt, dass bei den fast immer in Zwillingswürfen zur Welt kommenden Hyänenjungen solche Streitigkeiten besonders häufig dann zum Tod von einem der Jungtiere führten, wenn sie zwischen weiblichen Zwillingen ausgetragen wurden, was die Wissenschaftler zu der Annahme führte, der aggressivitätsfördernde Hormonschock könnte sich aus der Notwendigkeit entwickelt haben, in diesen potenziell lebensbedrohlichen schwesterlichen Konfliktsituationen nicht den Kürzeren zu ziehen. Zwei Anthropologen der Harvard-Universität, die sich sonst eigentlich vorwiegend mit Schimpansen und anderen Menschenaffen beschäftigen, hängten sich dann etwas später gewissermaßen an diese Theorie dran und stützten eine These auf den weiblichen Hang zum Schwesternmord, die ihnen besser noch als die These vom hormoninduzierten Nebenprodukt die so auffälligen männlichen Pseudogenitalien der Weibchen zu erklären schien.

Die Penisattrappen sehen nicht nur seltsam aus, sondern sind für die Weibchen auch mit hohen biologischen Kosten verbunden. Bei der Niederkunft können die Jungen der Hyänen nicht einfach wie bei Säugetieren üblich durch einen geraden Geburtskanal gepresst werden, der zwischen den Beinen endet, sondern müssen erst eine Art Haarnadelkurve in Richtung Bauch hinter sich bringen, um dann als nächstes Hindernis statt einer normalen Vagina einen gerade mal zwei Zentimeter weiten Hautschlauch vor sich zu haben, der einmal eine Klitoris war. Da die Nabelschnur der Hyänenbabys für diesen langen Weg zum Licht der Welt viel zu kurz ist, ersticken viele von ihnen bei der Geburt, besonders wenn es die erste eines Weibchens ist. Die Weibchen selbst überleben die anstrengende Niederkunft manchmal ebenfalls nicht.

Was mit so großen Nachteilen verbunden ist, argumentierten die Affenforscher aus Harvard, könne nicht nur ein zufälliges Nebenerzeugnis hormoneller Vorgänge sein, sondern müsse auch einen ganz konkreten evolutionären Nutzen für die Hyänenweibchen haben. Sie spekulierten deshalb, die Weibchen kämen mit den Genitalien von Männchen auf die Welt, damit sie von anderen Weibchen für solche gehalten werden: Es handele sich dabei um eine Form von sexueller Mimikry, die verhindern soll, dass die neugeborenen Weibchen entweder noch im Bau von den eigenen Zwillingsschwestern oder später von anderen, erwachsenen Weibchen getötet werden.

Auch diesen Annahmen widersprechen jedoch Ergebnisse, zu denen Bettina Wachter und ihre Kollegen bei ihren Studien in Tansania gekommen sind. Zunächst einmal konnte Wachter eindeutig nachweisen, dass es zum Geschwistermord unter Hyänenjungen nur kommt, wenn es nicht viel zu fressen für die erwachsenen Hyänen gibt und die Jungen sich um die knappe Milch ihrer Mutter erbittert streiten müssen. Die pränatale Androgenbehandlung verschafft den jungen Hyänen nur die *Möglichkeit*, besonders aggressiv gegen ihre Geschwister zu sein. Werden sie in ein Rudel in der im nördlichen Tansania liegenden Serengeti hineingeboren, wo die Wege zu den durchziehenden Gnu- und Zebraherden lang sein können, sorgt dieses in Notzeiten aktivierbare Aggressionspotenzial dafür, dass wenigstens einer der beiden schwierig zu ernährenden Zwillinge überlebt. Wachsen die Jungen jedoch in einem Bau im südlich an die Serengeti angrenzenden Ngorongorokrater auf, wo es vor Weidetieren nur so wimmelt, bleibt die lebensrettende Mordlust latent und die kleinen Hyänen lernen das wahre Gesicht ihres Zwillings nie kennen.

Diese Einschränkung schränkt natürlich auch den evolutionären Nutzen einer zur Täuschung weiblicher Artgenossen hervorgebrachten Penisattrappe ein und generell hält Wachter nicht viel von der Mimikry-Hypothese der zwei Harvard-Wissenschaftler. Auch die deutsche Gruppe glaubt, die Penisattrappe bringt den Weibchen ganz konkrete Vorteile im Leben, sogar in zweifacher Hinsicht. Der eine Vorteil hat mit der nach vorne gerichteten Öffnung des Pseudoglieds zu tun, in die das Männchen bei der Paarung umständlich sein echtes Glied einführen muss. Sie macht eine Kopulation effektiv nur möglich, wenn das Weibchen voll kooperiert, was zur Folge hat, dass sogenannte forcierte Kopulationen (oder Vergewaltigungen) in der Welt der Hyänen praktisch nicht vorkommen. Der zweite Vorteil ergibt sich wie bei der Mimikry-Hypothese aus dem männlichen Aussehen, das der Pseudopenis den Weibchen verleiht. Doch geht er auf noch komplexere Weise auf die Tatsache zurück, dass die Männchen in der Hyänengesellschaft die Unterlegenen sind und deswegen weniger als potenzielle weibliche Rivalinnen Anlass zu aggressivem Verhalten geben.

Jede Gesellschaft, die so streng hierarchisch geordnet ist wie die der Hyänen, braucht Zeichen und Symbole, die diese Rangordnung im täglichen Umgang klarmachen, alles andere führt zu ewigen Streits und Zankereien. Auch bei uns Menschen salutiert ja der Soldat vorm General und der Angestellte katzbuckelt vorm Chef. In denjenigen Tiergesellschaften, in denen die Männchen das Sagen haben, erklärt Bettina Wachter, leiten sich Unterwerfungszeichen immer aus typisch kindlichem oder typisch weiblichem Verhalten ab und bestehen zum Beispiel darin, zu winseln oder das Hinterteil zu präsentieren. Den erigierten Penis zu zeigen ist in solchen Gesellschaften hingegen meist ein Symbol von Dominanz. So ist es bei den Straußen und Schimpansen, denen wir in früheren Kapiteln dieses Buches begegnet sind, und auch bei uns Menschen wird ja jedes etwas höher als die anderen geratene Bankhochhaus gerne zum machtbewussten Phallussymbol erklärt und der in die Höhe gestreckte Mittelfinger gilt als ultimative Provokation.

Bei den Tüpfelhyänen jedoch, bei denen die Frauen das Regiment führen, gilt der erigierte Phallus als allgemein akzeptiertes Unterwerfungszeichen und wird als solches bei jeder Begrüßungszeremonie demütig dem jeweils ranghöheren Rudelmitglied präsentiert. Da nun ungeachtet ihrer allgemeinen Vorrangstellung auch Weibchen sich im

Hyänenclan manchmal unterwerfen müssen – nämlich ranghöheren Weibchen –, erfüllt die zum Penis umgeformte Klitoris im Sozialleben der Hyänen einen wichtigen Zweck und ist von der Evolution trotz aller noch so großen Nachteile noch nicht »weggemendelt« worden. Als Nebenprodukt der manchmal bereits im Neugeborenenalter bestehenden Notwendigkeit zur Selbstbehauptung entstanden und mithilfe von Hormonen in Form gebracht, gibt ihr erigiertes Glied den Hyänenfrauen die Möglichkeit, sich ab und zu auch mal von ihrer schwachen Seite zu zeigen.

14. Transsexuelle

Amphiprion percula:
Der gruppenabhängige
Geschlechtswechsel der Clownfische

Am Anfang des computeranimierten Meeresabenteuers *Findet Nemo* sieht man, wie ein glückliches Clownfisch-Pärchen, das im Great Barrier Reef vor Ostaustralien lebt, von einem Barrakuda überfallen wird. Dem gefräßigen Räuber fällt nicht nur der weibliche Teil des Paars zum Opfer, sondern auch praktisch der gesamte Laich der Fische. Nur ein Ei überlebt und als der daraus geschlüpfte Jungfisch von einem Taucher gefangen wird, macht sich der Vater auf die gefahrenreiche Suche nach dem verlorenen Sohn. Wenn man von zum Vegetarismus bekehrten Haifischen einmal absieht, bemüht sich der Film dabei, ein einigermaßen wahrheitsgetreues Bild vom Meer und seinen Bewohnern zu zeichnen. Anglerfische, die ihre Beute mithilfe des Leuchtorgans an ihrer Stirn in ihr Maul locken, nesselnde Quallenschwärme und singende Wale, der große Ostaustralstrom, der alle möglichen Meerestiere die Küste hinunter in Richtung Sydney schwemmt – all das entspricht durchaus der Realität. Nur in einem entscheidenden Punkt machen die Erschaffer des Streifens den Zuschauern etwas vor: Lange bevor Nemos Vater sich überhaupt auf die Suche nach ihm hätte begeben können, hätte er sich in eine Frau verwandelt.

Wie man an den drei mit Schwarz abgesetzten weißen Streifen erkennen kann, die sie auf ihrem orangefarbenem Schuppenkleid tragen, sind Nemo und sein Vater Clownfische der Spezies *Amphiprion percula*, die außer im Great Barrier Reef auch vor der Küste Neuguineas und in den bunten Korallenriffen vorkommen, die den melanesischen Inseln vorgelagert sind. Sie werden bis zu acht Zentimeter groß und leben – wie im Film dargestellt – in enger Symbiose mit großen Seeanemonen, in denen sie sich zwei Wochen nach ihrer Geburt ansiedeln und deren näheren Umkreis sie dann bis zu ihrem Tod nicht mehr verlassen. Wenn sie als zwei Zentimeter große Jungfische die Anemonen zum ersten Mal beziehen, führen die Clownfische eine Art Tanz auf, in dessen Verlauf sie nach und nach jeden Teil ihres Körpers mit den Tentakeln des Nesseltiers in Kontakt bringen und eine Schleimhülle ausbilden, die sie dann für alle Zukunft vor den giftigen Nesseln schützt. Der Nutzen, den die beiden hochverschiedenen Organismen voneinander haben, ist vielfältig. Die Anemone schützt ihren Bewohner vor anderen Fischen, die ihm nach dem Leben trachten, ebenso geht er aber auch auf Fische los, die an den Tentakeln seiner Wirtin knabbern wollen. Der Clownfisch hält die Anemone sauber und profitiert von den Mahlzeiten, die sich in ihren Armen verfangen, im Gegenzug nutzt sie seine Darmausscheidungen als willkommene Zusatznahrung. Auch dass die Clownfische durch ihre Schwimmtätigkeit für eine bessere Wasserzirkulation zwischen den Tentakeln des Blumentiers sorgen, nimmt man an.

Wenn sich ein Clownfisch in einer Seeanemone ansiedelt, haust dort oft auch schon ein Weibchen, mit dem er dann auf ähnliche Weise eine Zweckehe eingeht, wie jemand, der in einer Stadt mit verheerendem Wohnungsmangel auf ein bezahlbares Mehrzimmerappartment stößt, in dem bereits jemand wohnt. Der ohne Altersbeschränkungen freigegebene Disneyfilm steigt verständlicherweise dort ein, wo der Teil, in dem der männliche Fisch den weiblichen wie von Sinnen durch sämtliche Zimmer der Anemone jagt, schon vorbei ist. Ebenfalls nimmt er sich die Freiheit, den Laichplatz der Clownfische in die Mitte des schützenden Nesseltiers zu verlegen, wo allerdings in der Realität dessen Schlund liegt. Im echten Leben legt das Weibchen seine Eier außerhalb der Anemone ab, in einem Korallenstock unmittelbar neben ihrer Fußscheibe oder auf einem flachen Stein, den das Männchen zu diesem Zweck extra in die Nähe ihrer schützenden Arme zieht.

Anders als im Film kümmert sich der Fischmann dann auch mehr oder weniger allein um den Laich, bewacht ihn aufmerksam, fächelt ihm sauerstoffreiches Frischwasser zu und säubert ihn von abgestorbenen Eiern. Überhaupt verläuft die Ehe der Clownfische keineswegs so partnerschaftlich und harmonisch, wie es der Hollywoodstreifen gerne hätte. Die Weibchen der Fische sind stets ein Stück größer als die Männchen, geben in der Anemone den Ton an und können auch schon mal grob werden, wenn das Männchen sich über einen in den Tentakeln hängenden Happen hermachen will, der nach Meinung seiner Gemahlin ihr selbst zusteht.

In der Wahl des Raubfisches, dem die Clownfisch-Gattin zum Opfer fällt, beweist der Film hingegen wieder gründliche Recherche. Barrakudas halten sich gerne in der Nähe von Riffen auf, um dort kleineren Fischen aufzulauern. Würde aber tatsächlich aus dem einzigen verbleibenden Ei des geraubten Laichs ein junger Clownfisch schlüpfen und in der Anemone bleiben, statt auf der Stelle davon wegzuschwimmen, hieße dessen Vater schon längst Marlene statt Marlin, wenn der kleine Nemo alt genug wäre, um in die Riffschule zu kommen. Stirbt bei einem Clownfisch-Paar das weibliche Tier, verwandelt sich innerhalb kurzer Zeit das bisherige Männchen in ein Weibchen. Die Hoden des männlichen Fisches bilden sich zurück, dafür beginnen die bisher ungenutzt neben ihnen schlummernden Eierstöcke zu wachsen. Es dauert nicht lange und der frühere Fischmann produziert einwandfrei keimfähige Fischeier statt Sperma.

Meist wohnen Clownfisch-Paare nicht allein in ihrer Anemone, sondern mit mehreren männlichen Jungfischen zusammen, bei denen es sich jedoch nur im Falle eines extremen Zufalls um ihre Kinder handeln könnte, da alle jungen Clownfische nach dem Schlüpfen zunächst zwei Wochen im freien Wasser verbringen, bevor sie sich in einer Seeanemone ansiedeln. Wäre Nemo so ein Zufall (oder hätte ihn sein übervorsichtiger Erzeuger auch als Larve schon nicht ins offene Wasser hinausgelassen), müsste er jetzt, nach dem Tod seiner Mutter, seinen eigenen Vater heiraten, denn verwandelt sich nach dem Ableben eines Clownfischweibchens dessen Männchen in ein Weibchen, rückt der größte der anwesenden Jungfische sozusagen nach, wird geschlechtsreif und übernimmt die frei gewordene Position des bisherigen Männchens. Junge Weibchen gibt es bei den

Clownfischen nicht. Sie werden alle als männliche Fische geboren und warten nach ihrem Einzug in eine Anemone darauf, sich zunächst in ein geschlechtsreifes Männchen und später dann vielleicht in ein Weibchen zu verwandeln. Selbst Kinder, die von ihren Eltern schon halbwegs über das Blumen-und-Bienen-Thema aufgeklärt worden sind, hätte das als Filmstoff wohl etwas überfordert.

Außer der Sache an sich ist dabei erstaunlich, wie geduldig und höflich die Clownfische warten. Für Fische ihrer Größe erreichen sie ein ungewöhnlich hohes Alter, das normalerweise mit 15 Jahren angegeben wird, den Berechnungen eines amerikanischen Wissenschaftlers zufolge aber sogar bei 30 Jahren liegen könnte. Zieht also ein Jungfisch in eine Anemone ein, in der außer ihm bis zu fünf andere Clownfische hausen können, muss er sich lange in Geduld üben, bevor er sein erstes Mal erlebt. Hegt er statt des Wunsches, endlich ein vollwertiger Marlin zu werden, denjenigen, sich als Marlene an die stolagleichen rosa Tentakel seiner Anemone zu schmiegen, verlängert sich die Wartezeit noch einmal. Trotzdem warten die Fische so höflich wie Engländer an einer Bushaltestelle. Wie Untersuchungen ergeben haben, achten sie peinlich genau darauf, immer um 20 Prozent kleiner zu bleiben als derjenige Fisch, der in der Anemonenhierarchie direkt über ihnen steht. Erst wenn einer der über ihnen stehenden Fische ausfällt, werden sie wieder etwas größer. Wachsen sie davor, laufen sie Gefahr, von den größeren Fischen aus der Anemone geschmissen zu werden. Und da trotz Ozeandurchquerung und Quallenslalom im Film Clownfische in Wirklichkeit keine allzu guten Schwimmer sind und die nächste Anemone in der Regel viele Meter entfernt liegt, überleben sie im freien Wasser nicht lange. Nemos Vater hat schon seine Gründe, wenn er ihn so ungern nach draußen zum Spielen lassen will.

Etwas, was für einen Trickfilm mit Tieren unerlässlich ist, aber nicht einmal Kinder ansatzweise glauben, ist übrigens wahr: Clownfische können tatsächlich sprechen. Wie ein belgischer Forscher kürzlich herausgefunden hat, unterhalten sie sich durch blitzschnelles, stakkatoartiges Zähneklappern miteinander. Ihre Aussagen beschränken sich dabei allerdings auf simple Botschaften wie »Ich liebe

dich« und »Ich hasse dich« und werden nur bei der Balz beziehungsweise bei anemoneninternen Streitigkeiten geäußert. Wie neuere Forschungen ebenfalls ergeben haben, hätte Nemos Vater sich im Grunde
die ganze gefährliche Suche sparen können. Bei Untersuchungen vor
der Küste Neuguineas wurde festgestellt, dass die meisten jungen
Clownfische nach der Zeit, die sie als Fischlarven im freien Meer verbringen, auch ohne fremde Hilfe wieder zu ihrem Heimatriff zurück-
finden. Die Fische orientieren sich dabei offenbar am charakteristischen Geruch ihres Geburtsortes, zu dem unter anderem das ins Wasser gefallene Laub der Mangroven beiträgt, die häufig an den Ufern
der von ihnen bewohnten Flachwasserriffe zu finden sind.

Gallus gallus domesticus: Die wunderbare Verwandlung im Hühnerstall

Im Oktober 2008 tritt der Rentner Michael Niemitz in einer
Mittagssendung des Bayerischen Hörfunks auf und erzählt eine unglaubliche Geschichte. Im Garten seines Hauses im kleinen Friesenhausen, in Unterfranken, hält sich Niemitz schon seit vielen Jahren
Hühner, die er sich stets von einem nahe gelegenen Geflügelhof holt,
wo sie als Legehennen nach einem Jahr ausgemustert werden. Einige
Zeit hat er sich auch einen Hahn auf seinem kleinen Hühnerhof gehalten, diesen aber dann geschlachtet, weil sich seine im Nachbarhaus
wohnende Tochter durch das morgendliche Krähen gestört fühlte.
Nun ertöne laut Niemitz aber erneut jeden Morgen ein Kikeriki in
seinem Garten: Eine seiner Hennen, sagt der Rentner, habe sich in
einen Hahn verwandelt. Das Tier sei schon vorher etwas anders als
die anderen Hennen gewesen und habe nicht wie diese weiße Eier,
sondern stets nur braune gelegt. Eines Tages aber habe es ganz mit
dem Eierlegen aufgehört und zur gleichen Zeit habe sein Kamm, der
bei Hennen normalerweise schlaff zur Seite hängt, angefangen, sich
aufzurichten und zu wachsen. Nachdem er die Größe eines Hahnen-

kamms erreicht hatte, habe die Henne dann auch mit dem Krähen angefangen. Dies sei noch nicht so laut und glockenrein wie das eines normalen Hahns, aber ansonsten identisch. »Es klingt«, sagt Niemitz, »als würde das Tier noch üben.«

Im Studio von Bayern 1, in dessen Programm das Gespräch läuft, stehen danach die Telefone nicht mehr still. Viele Hörer glauben, Niemitz wolle sie verschaukeln. Doch Ralf Hildebrand, Geflügelexperte beim Tiergesundheitsdienst Bayern, bestätigt dem Sender, dass die Geschichte des Rentners durchaus wahr sein kann. Hennen verwandelten sich tatsächlich manchmal in Hähne, erklärt der Veterinär. Verantwortlich für die spontane Geschlechtsumwandlung seien Hormonstörungen, die von einer Entzündung an den Fortpflanzungsorganen der Tiere oder schlicht vom hohen Alter verursacht sein können.

Die Geschichte vom Hahn, der früher mal eine Henne war, sorgte für so viel Hörerinteresse, dass der Bayerische Rundfunk bald nach der Ausstrahlung ein Kamerateam nach Friesenhausen schickte, um Michael Niemitz und sein transsexuelles Huhn auch auf den Fernsehschirm zu holen. So einzigartig die Story jedoch auch klingt, ähnliche Fälle werden jedes Jahr von irgendwo in der Welt gemeldet.

2007 kam es zum Beispiel in einem kleinen Dorf im Osten Indiens zu einem der plötzlichen Geschlechtswechsel. Die staatlichen Behörden schickten sogar ein Expertenteam in das Dorf, damit es sich überzeugte, dass die Verwandlung echt war. Das Team bestätigte die Authentizität des Vorfalls und hätte die zum Hahn mutierte Henne gerne noch eingehender untersucht. Doch der Besitzer hielt die Metamorphose für ein Wunder und weigerte sich, das Tier an die Veterinäre zu übergeben.

Im Sommer 2006 trug sich das gleiche Ereignis auf einem Bauernhof in Schweden zu. Die offenbar geschichtsbewanderte Bäuerin, der diesmal die Henne gehörte, hatte den ihrem Hühnerstall vorstehenden Hahn auf den Namen Heinrich VIII. getauft und seine Hennen auf die Namen der vielen Frauen, mit denen der im England des 16. Jahrhunderts regierende Tudorkönig im Laufe seines Lebens verheiratet war. Die Henne mit dem Namen Anne Boleyn war der Bäuerin bereits vorher aufgefallen, weil sie nie mit den anderen Hühnern mitgackerte und ungenießbare Eier legte. Eines Julis fielen ihr dann plötzlich die Federn aus, nur um gleich darauf von den bunten Federn eines Hahns ersetzt zu werden, und auch ein Hahnenkamm und die charakteristischen Kehllappen, die Hähne am Hals tragen, wuchsen dem Huhn. Heinrich VIII. reagierte auf die plötzliche Konkurrenz im Hühnerstall genauso zornig wie der für seine Wutausbrüche bekannte englische Herrscher, nach dem er benannt war. Doch auch wenn die Henne jetzt überhaupt keine Eier mehr legte, nicht einmal ungenießbare, sah die Bäuerin davon ab, sie nur wegen der Wutanfälle des Hahns einen Kopf kürzer zu machen.

Während Michael Niemitz im Herbst 2008 schließlich von der wunderbaren Verwandlung in seinem Hühnerstall berichtete, ging zur gleichen Zeit in Großbritannien der Hahn George durch die Presse, der früher einmal Georgina hieß und ein ganz normales Huhn war. Wie Niemitz' Huhn hatte Georgina eine gewisse Zeit als Legehenne auf einer Geflügelfarm Dienst getan, verbrachte jetzt jedoch ihren Lebensabend auf einer hübschen Farm in Devon, die von Tierfreunden extra für ausgemusterte Legehennen eingerichtet worden war. Den Angaben von Jane Howorth zufolge, die die Tiere dort betreut, ging mit der äußerlichen Verwandlung auch eine charakterliche Veränderung einher. Georgina sei schon immer ein großes Huhn gewesen, um das sich die anderen Hühner gerne geschart hätten, erklärte Howorth. Doch jetzt als George scheuche sie die anderen Hennen richtig über die Wiese, wie ein echter Hahn, und wirke insgesamt viel glücklicher und lebenslustiger.

Laut den Angaben von Geflügelexperten kommt die natürliche Geschlechtsumwandlung im Schnitt bei einer Henne von 10 000 vor, meistens wenn – wie ja auch schon der im bayerischen Fall befragte Tierarzt erklärte – die Tiere an einer Erkrankung der Fortpflanzungsorgane leiden. Wie bei allen Vögeln ist bei den weiblichen Hühnern nur einer der zwei Eierstöcke entwickelt, nämlich der linke, und bildet sich an diesem beispielsweise ein Tumor, kann sich der rechte, der bis dahin noch aus undifferenzierten Zellen besteht, zu einem Hoden entwickeln, der dann auch männliche Hormone produziert, die

Blau ist die Farbe der Liebe: Für den Seidenlaubenvogel jedenfalls, der seine selbst erbaute Liebeslaube mit sämtlichen blauen Objekten schmückt, die er auftreiben kann.

Käufliche Liebe: Bei manchen Kolibris dürfen die Weibchen nur von den Blumen der Männchen naschen, wenn sie sich mit ihnen paaren, bei bestimmten Pinguinen erkaufen sich die Weibchen mit Sex Steine, die sie für den Nestbau brauchen.

Transvestiten: Bei den Riesensepien tarnen sich manche Männchen als Weibchen, um sich an die Weibchen anderer Männchen heranzumachen, Hyänenfrauen lassen sich unechte Penisse wachsen, um besser in der rauen Raubtiergesellschaft bestehen zu können.

Sieht nach perfekter Kleinfamilie aus, ist in Wirklichkeit aber viel komplizierter: Sowohl bei Clownfischen als auch bei Pantoffelschnecken gehört eine Geschlechtsumwandlung fest zum Lebenskonzept.

Trittbrettfahrer: Ochsenfrösche lauern wie Kampftaucher im Wasser, um ihren Rivalen die Weibchen wegzuschnappen, Pfeilschwanzkrebse stürzen sich selbst dann auf sie, wenn sie schon in Begleitung an den Strand kommen.

© Stephen Dalton / fotonatura.com

© J.E. Lloyd

© John E. Hafernik Jr.

© John E. Hafernik Jr.

Heiratsschwindler: Manche weiblichen Glühwürmchen locken mit falschen Leuchtzeichen Männchen an, um diese zu verspeisen, Ölkäferlarven geben sich gemeinsam als Bienenweibchen aus, um so in ein Bienennest zu gelangen.

Sieht romantisch aus, ist es aber nicht: Den größten Teil des Paarungsaktes verbringt das Libellenmännchen damit, den Genitaltrakt seiner Partnerin zu reinigen.

Perfide Betrüger: Ein Kuckuck tauscht das Ei eines Teichrohrsängers gegen sein eigenes aus, das Kuckucksküken wirft die echten Küken des Vogels aus dem Nest und wird von diesem schließlich ganz alleine verpflegt.

wiederum zu einer Maskulinisierung des Aussehens und Verhaltens des betroffenen Huhns führen. Zu einer äußerlichen Vermännlichung kann es aber auch kommen, wenn im hohen Alter der Eierstock des Huhns keine weiblichen Hormone mehr produziert. Dieses Phänomen wird dann als Hahnenfedrigkeit bezeichnet. Der natürliche Geschlechtswechsel wurde bereits ebenfalls bei Fasanen, Rebhühnern, Reihern, Enten, Straußen, Finken und Amseln beobachtet.

Manchen Bauern zufolge funktioniert der Geschlechtswechsel wie bei den weiter oben behandelten Clownfischen, nur umgekehrt. Fällt in einem Hühnerstall der Hahn aus, wie bei Michael Niemitz, der ihn dem Ruhebedürfnis seiner Tochter opferte, dann übernimmt nach einiger Zeit eine der Hennen seine Rolle, so wie bei den meist zu mehreren in einer Seeanemone lebenden Clownfischen sich eines der Männchen in ein Weibchen verwandelt, wenn das Weibchen der Gruppe stirbt. Dass eines der transsexuellen Hühner auch tatsächlich andere Hühner besteigt und mit ihnen Nachwuchs produziert, wird in keinem der hier wiedergegebenen Berichte erwähnt. Allerdings kann es wohl dazu kommen, dass der Hoden, der bei Erkrankung des auf der anderen Körperseite gelegenen Eierstocks entsteht, Sperma produziert und sich sogar ein Samenleiter im Unterleib des früheren Huhns bildet. In ihrem Buch *Birds Do It, Too: The Amazing Sex Life of Birds* berichten die beiden Tierfilmer Kit und George Harrison jedenfalls von einem Fall, bei dem eine Henne, die früher fleißig Eier legte, nach ihrer Geschlechtsumwandlung stolzer Vater zweier gesunder kleiner Hühnerküken wurde, und auch in dem für Studenten der Agrarwissenschaft geschriebenen Handbuch *Anatomie der Vögel* (1978) ist von zwei solchen Fällen die Rede.

Wie aus letzterem Werk hervorgeht, war die Reaktion auf solche »Wunder« allerdings nicht zu allen Zeiten positiv und konnte in Tagen, in denen die Wissenschaft noch keine schlüssige Erklärung für sie lieferte, den von ihnen betroffenen Hühnern durchaus zum Verhängnis werden. Heute dürfen George und Andy Boleyn ihren Lebensabend auch mit neuem Geschlecht in Frieden und Würde beschließen, früher hätten sie Angst haben müssen, als Geschöpfe des Teufels eingestuft und aus ihrem Stall gezerrt zu werden. »Natürliche

Vorkommnisse dieser Art bildeten lange Zeit eine Quelle abergläubischer Furcht«, schreiben die Autoren von *Anatomie der Vögel,* »und zumindest einer dieser unglücklichen ›Hähne‹ wurde vor Gericht gestellt, wegen Besessenheit verurteilt und auf dem Scheiterhaufen verbrannt.«

Crepidula fornicata:
Der Sündenturm der Pantoffelschnecken

Man kann an den Urlaubsstränden der USA auf sie stoßen, aber auch an der Nordseeküste, besonders im Wattenmeer: kleine braune Muscheln, die aufeinandersitzen wie zu Dekorationszwecken aufgestapelt, mit der größten Muschel unten und der kleinsten ganz oben. Meist sind die Muschelstapel gebogen, wie ein Turm umgedrehter Suppenschalen, der gerade im Begriff ist, aus dem Regal zu stürzen, und tatsächlich haben die Muscheln ihren Halt verloren, wenn sie an den Strand geschwemmt werden. Normalerweise haften sie an Felsen oder an größeren Schalentieren wie Miesmuscheln, Austern oder Krebsen. Im Wattenmeer heften sie sich hauptsächlich an die großen Miesmuschelbänke, die bei Ebbe freigelegt werden. In den Buchten der Bretagne sind die Austernbänke zum Teil so dicht mit ihnen bewachsen, dass sich eine Säuberung nicht mehr lohnt und ganze Zuchtkolonien ihretwegen aufgegeben werden.

Auch zu den Zeiten, als vor den nordfriesischen Inseln noch große natürliche Austernvorkommen zu finden waren, waren die Tiere dort als »Austernpest« bekannt. Obwohl das dieser Name suggeriert und sie auch oft so behandelt werden, handelt es sich bei ihnen allerdings nicht um Parasiten, die die Muscheln, auf denen sie sitzen, oder auch sich gegenseitig gezielt schädigen. Zwar können sie zum Beispiel Miesmuscheln indirekt schaden, indem sie ihren Wasserwiderstand erhöhen und sie so zwingen, mehr der klebrigen Eiweißfäden zu produzieren, mit denen sie sich an ihren Untergrund heften.

Das raubt den Miesmuscheln Energie, die ihnen dann beim Wachstum fehlt, und auch unter den Ausscheidungen der Tiere begraben zu werden, ist dem Wohl ihrer Träger nicht unbedingt immer förderlich. Mit der ausdrücklichen Absicht, Austern, Miesmuscheln oder sich gegenseitig in irgendeiner Form den Lebenssaft abzuzapfen, setzen sich die kleinen Schalentiere jedoch nicht auf fremde Rücken. Im Gegenteil: Auf andere Muscheln und aufeinander stapeln sie sich hauptsächlich, um sich besser fortpflanzen zu können.

Die Stapelmuscheln sehen zwar wie Muscheln aus und ernähren sich auch ähnlich wie solche, nämlich indem sie mithilfe ihrer Kiemen Plankton aus dem Wasser filtern. Doch in Wirklichkeit sind es Schnecken, die eine äußerst sesshafte und damit muschelartige Lebensweise entwickelt haben. Dreht man eine leere Schale der Schnecken um und betrachtet sie von unten, sieht man, dass dort, wo normalerweise ihr runder Haftfuß sitzt, eine dünne Kalkplatte das Schaleninnere zur Hälfte abdeckt. Dadurch entsteht an einem Ende eine halbrunde Öffnung, die die zwei bis fünf Zentimeter großen Schalen aussehen lässt, als könnte ein Strandvogel auf die Idee kommen, sie als Hausschuhe zu tragen. Dementsprechend heißen die Schnecken mit wissenschaftlichem Namen *Crepidula fornicata*, was soviel wie »gewölbtes Schühchen« bedeutet, im Englischen *slipper limpets* oder *slipper snails* und im Deutschen Pantoffelschnecken.

Die europäischen Pantoffelschnecken wurden 1870 mit Saataustern aus den USA eingeschleppt und haben sich im Laufe des 20. Jahrhunderts bis an die Küsten Spaniens und Südnorwegens ausgebreitet. Auch an der Küste des Mittelmeers sind sie in kleinen Beständen zu finden. Wie bei den Muscheln, an die sie sich so gerne heften, verbringt ihr Nachwuchs eine gewisse Zeit als Schwimmlarve im freien Wasser, bevor er zu seiner sesshaften Lebensweise übergeht. Anders als Muscheln brüten die weiblichen Tiere aber ihre Eier eine Zeit lang im Schutz ihrer Schale aus, bevor sie sie als Larven ins offene Wasser entlassen, und die Paarung findet auch nicht wie bei den Muscheln dadurch statt, dass alle Männchen und Weibchen einer Kolonie ihre Keimzellen simultan ins Wasser spucken, sondern nach Schneckenart von Tier zu Tier und unter Einsatz eines Penis. Gerade zu diesem

Zweck bilden die Pantoffelschnecken ja ihre Kopulationsstapel. Anders als normaler Gruppensex ist der in dem Bumsturm allerdings auf lange Frist angelegt und wird – vielleicht damit über die Jahre keine Langeweile aufkommt – durch einen progressiven, von unten nach oben verlaufenden Geschlechtswechsel der Teilnehmer interessanter gemacht.

Am Anfang ihres Lebens sind die Pantoffelschnecken geschlechtslos. Nachdem sie zwei bis vier Wochen in Eiform in der Schale ihrer Mutter verbracht haben, schwimmen sie noch ein paar weitere Wochen als sich mithilfe von winzigen Flimmerhärchen fortbewegende Larve im freien Wasser herum. Dann siedeln sie sich auf dem Meerboden an, wo sie zu Männchen werden und auf der Suche nach einem Platz umherkriechen, wo sie sich anheften können. Finden sie einen bereits bestehenden Stapel aus anderen Pantoffelschnecken, kriechen sie auf den Rücken der obersten Schnecke und bleiben Männchen. Finden sie jedoch nur einen Felsen oder eine Muschel, werden sie zu Weibchen.

Einige dieser alleinstehenden Weibchen lassen sich jetzt durch die Einsamkeit dazu verleiten, sich selbst zu befruchten. Meist dauert es aber nicht lange und ein weiteres junges Männchen kommt angekrochen, das, vermutlich durch Pheromone angelockt, der Einsamkeit ein Ende bereitet. Es heftet sich mit seinem runden Muskelfuß an die Schale des Weibchens, fährt seinen dünnen, schlangenartigen Penis aus und produziert mit dem Weibchen zwei bis vier Gelege von jeweils mehreren Tausend Eiern pro Jahr. Innerhalb von vier bis fünf Jahren wachsen die Schnecken auf eine Größe von bis zu fünf Zentimetern an, wobei die unten sitzenden Tiere stets schneller wachsen als die darüber, und dann kann ein einzelnes Weibchen in der von Frühjahr bis Herbst dauernden Brutsaison bis zu 50 000 Eier produzieren. Würden die beiden Schnecken in der ursprünglichen Kombination auf dem Meeresgrund sitzen bleiben, wären diese alle von einem einzigen stolzen Vater. Doch so eng das Schneckenpaar auch miteinander verbunden ist, meist vergehen keine zwei Brutperioden und es bekommt weitere Gesellschaft. Etwa jedes Jahr setzt sich ein neues Männchen auf den Stapel und kopuliert eifrig mit den unter ihm sitzenden Schnecken mit. Im Laufe der Zeit kommen so schnell ein halbes Dutzend Tiere zusammen. Es wurden aber auch schon Paarungsstapel gefunden, die insgesamt 14 Schnecken hoch waren.

Die Penisse der männlichen Pantoffelschnecken sind so lang, dass sie das Weibchen auch dann noch damit erreichen können, wenn sie von diesem durch drei oder vier unter ihnen sitzende Männchen getrennt sind. Noch weiter hinab reicht allerdings auch das enorme Organ der Pantoffelschnecken nicht. Trotzdem kommt selbst in einem flotten Dreizehner keine Langeweile auf. Denn bevor der Sexstapel auf eine Höhe von fünf bis sechs Schnecken anwächst, lindert in der Regel das Dazustoßen einer weiteren Dame den Frauenmangel. Diese kommt allerdings nicht von außen dazu, sondern von unten: Das unterste Männchen wechselt sein Geschlecht und wird zu einem Weibchen.

Das Phänomen, das wir bereits von den Clownfischen kennen, nennt sich sequenzieller Hermaphrodismus, was bedeutet, dass die Schnecke wie die meisten Schnecken zwar ein Zwitter ist, aber nicht gleichzeitig beide Geschlechterrollen ausfüllt, sondern nacheinander. Während bei den Clownfischen der Geschlechtswechsel dadurch ausgelöst wird, dass das Weibchen der Gruppe verschwindet, wird er hier offenbar dadurch verursacht, dass weitere Männchen zu der Gruppe dazukommen. Je höher der Fortpflanzungsstapel wächst, desto mehr Männchen verwandeln sich in seinem unteren Teil jedenfalls in Weibchen, wobei auch diese Verwandlungen schön der Reihe nach, also sequenziell vonstattengehen, nämlich Männchen für Männchen von unten nach oben.

Wodurch die Geschlechtswechsel genau ausgelöst werden, weiß man bisher nicht. In der Fachliteratur kann man Angaben finden, wonach die Männchen, wenn sie allein leben, spätestens nach sechs Monaten weiblich werden, in der Gegenwart von Weibchen aber mindestens 18 Monate männlich bleiben, wofür ebenfalls wieder Pheromone sorgen sollen, die das Weibchen ausströmt. Gleichzeitig ist es aber unter Evolutionsbiologen geradezu ein Sport geworden, auszurechnen, wann für die männlichen Pantoffelschnecken vom fortpflanzungstechnischen Gesamtlebenserfolg her gesehen der günstigste

Zeitpunkt ist, zum Weibchen zu werden, was ja im Grunde voraussetzt, dass sie zu dem Wechsel nicht gezwungen werden, sondern damit eine eigene Strategie verfolgen.

Ihr Erwachsenenleben als Männchen zu beginnen, ist dabei von den Männchen offenbar schon recht klug. Denn erst wenn ein Weibchen seine volle Größe erreicht hat, kann es ja wirklich viele Eier hervorbringen. Trotzdem hängt der Zeitpunkt der Geschlechtsumwandlung weder vom absoluten Alter noch von der absoluten Größe der Pantoffelschnecken ab und genauso, wie man auf dem Meerboden Stapel findet, in denen vier Männchen auf einem Weibchen sitzen, findet man welche, in denen ein Männchen auf vier Weibchen sitzt, was dem Ordnungssinn der an ihnen forschenden Wissenschaftler natürlich in höchstem Maße widerspricht. In einer Studie zu dem Thema ärgert sich einer von ihnen sogar ausdrücklich darüber, dass man Schnecken für die Versuche nicht tatsächlich willkürlich aufeinanderstapeln kann wie Suppenschalen. Das an ihren bisherigen Untermann angepasste Wachstum ihrer Schalen macht es unmöglich, sie einfach einem anderen auf den Rücken zu kleben.

Trotzdem hat die Pantoffelschnecken-Forschung Fortschritte gemacht. So konnte man inzwischen mithilfe von DNA-Untersuchungen belegen, dass es sich bei von den Gezeiten umspülten Gang-Bang tatsächlich um ein Art erweitertes Ehemodell handelt, bei dem mehr als 90 Prozent des von den Weibchen produzierten Nachwuchses von den männlichen Mitgliedern des Stapels abstammt. Manchmal setzt sich auch ein frei umherkriechendes junges Männchen seitlich an den Stapel dran und kopuliert mit (was dem unschönen Ausdruck »querficken« eine ganz neue Bedeutung gibt), doch dessen Anteil an der Gesamtproduktion fällt kaum ins Gewicht. Zum allergrößten Teil, so eine weitere Erkenntnis, geht diese in der Regel auf die Zeugungsbemühungen des am weitesten unten sitzenden und damit größten Männchens im Stapel zurück und einer der neuesten Erklärungsansätze zur Frage des Wechselzeitpunkts läuft darauf hinaus, dass ab einer gewissen Zahl von über ihm sitzenden Männchen es dem untersten einfach zu kraftaufwendig wird, sich gegen all die Penisse durchzusetzen, die sich von oben herabschlängeln.

Der Geschlechtswechsel selbst geht wie bei Clownfischen und Hühnern dann nicht von heute auf morgen, sondern dauert ein paar Monate. Offenbar legen ihn die wandelwilligen Männchen allerdings klugerweise auf die reproduktionsfreie Zeit im kühlen Winter. Da die Weibchen das Sperma der Männchen mindestens ein Jahr in ihrem Körper speichern können, gelingt letzteren so oft das Kunststück, in der mit dem nächsten Frühling einsetzenden Brutsaison als Vater und Mutter gleichzeitig Nachwuchs in die Welt zu setzen.

15. Trittbrettfahrer

Rana catesbeiana:
Die stillen Teilhaber im Froschteich

Crane Pond in Michigan. Der etwa zwei Hektar große Teich liegt im südlichen Inland des von den Großen Seen umgebenen und damit unmittelbar an Kanada grenzenden US-Bundesstaats, ungefähr 25 Kilometer nordwestlich der Universitätsstadt Ann Arbor. In dichten Laubwald eingefasst, stehen an seinen Ufern Eichen, Espen, Hickorybäume und ein paar Weiden. In der Mitte seiner drei, sich von Südwest nach Nordost aneinanderreihenden Segmente, die beinah wie drei einzelne Teiche wirken, wachsen Seerosen, Laichkraut und andere Wasserpflanzen. Den Winter über ist es hier still. Höchstens ein Weißwedelhirsch wühlt nahe des Ufers im Laub oder eine Krähe oder ein Spatz flattert über den zugefrorenen Teich hinweg. Doch sobald mit dem Frühling wieder das Leben in die Natur zurückgekehrt ist und zum Sommer hin die Tagestemperaturen wieder öfter auf 20 Grad steigen, hört man regelmäßig ein lautes Platschen am Teichrand, besonders nach starken Regenfällen. Ochsenfrösche kommen aus dem nahe gelegenen Schwemmland, wo sie die kalten Monate im Schlamm eingegraben in Winterstarre verbracht haben, und springen in den Teich. Die Paarungszeit der Frösche hat angefangen und bald kann man ihren tiefen Ruf, der dem Brüllen eines Ochsen ähnelt, an warmen Nächten wieder weit durch den Wald hallen hören.

Die größten männlichen Exemplare kommen zuerst. Ochsenfrösche gehören mit den afrikanischen Goliathfröschen, den südamerikanischen Blombergkröten und den vor allem in Australien als Schädlinge gefürchteten Aga-Kröten zu den größten Froschlurchen der Welt. Der Goliathfrosch zum Beispiel hat einen noch größeren Rumpf, aber auf ein Gewicht von mehr als drei Kilo kommt auch der

Ochsenfrosch in Extremfällen und erreicht wegen seiner ungewöhnlich großen Beine im ausgestreckten Zustand mit bis zu 90 Zentimetern eine noch beeindruckendere Gesamtlänge. Die Exemplare, die jetzt nach und nach in den Crane Pond platschen, sind nicht ganz so groß, haben »nur« eine Rumpflänge von 15 Zentimeter im Durchschnitt. Aber in der näheren Umgebung sind sie die größten Ochsenfrösche, die es gibt, was sie auch zu wissen scheinen, denn sofort machen sie sich wie selbstverständlich daran, die besten Reviere im Teich zu besetzen.

Die besten Reviere liegen unmittelbar am Rand des Riedgrases, das im seichten Uferwasser wächst, oder aber am Rand des dichten grünen Teppichs aus Wasserpflanzenblättern, der sich über die Mitte jedes einzelnen Teichbeckens breitet. Hier legen sich die großen Männchen mit aufgeblasenen Lungen ins Wasser, pumpen stoßweise Luft aus der Brust in ihren prächtigen gelben Kehlsack und geben so mal ihre dröhnenden Balzrufe von sich, mal kürzere Warnrufe, die all jenen Fröschen gelten, die sich zu nahe an sie heranwagen. Lässt sich ein Konkurrent so nicht vertreiben, kommt es zum Ringkampf. Dabei versuchen die Frösche, sich gegenseitig die Daumen in die Seite zu drücken und unter Wasser zu halten. Manchmal gibt der Unterlegene schon nach ein paar Sekunden Getunktwerden auf, manchmal erst nach mehreren Minuten.

Die Rufe und die platschenden Ringkämpfe sind nur nachts zu hören. Tagsüber legen sich die Frösche still in Ufernähe zwischen die Halme und lauern auf Beute, um neue Kraft für die nächtlichen Verausgabungen zu gewinnen. Im Grunde gehen sie dabei auf alles los, was auch nur halbwegs in ihren Rachen passt. Kleinere Beutetiere wie Insekten fangen sie nach bewährter Froschart mit ihrer aus dem Maul schnellenden Klebezunge. Größere Tiere wie Mäuse und Salamander überraschen sie hingegen mit einem meterweiten, vom Wasser aufs Land gemachten Satz. Dabei schließen sie im Flug zwar ihre golden glänzenden Augen, wie bei jedem Sprung, haben ihr großes Maul aber weit geöffnet und feuern noch im Anflug ihre Zunge auf ihr Opfer ab. Entenküken, junge Fische, kleine Schlangen, in anderen Breiten sogar giftige Skorpione und Spinnen – was noch heraushängt, wird mit den Vorderbeinen in den Rachen gestopft, und beißt ein Beutetier wild um sich, springen die Frösche damit ins Wasser, damit es mehr ans Luftkriegen denkt als an Gegenwehr. Selbst Vogel- und Fledermausflügel hat man schon aus dem Maul der gefräßigen Amphibien ragen sehen. Vor Artverwandten wie Molchen, Lurchen und kleineren Froscharten machen sie natürlich auch nicht halt, genauso wenig wie vor mundgerechten Exemplaren der eigenen Spezies, was mit ein Grund sein könnte, warum die weniger großen Ochsenfrösche der Umgebung, die vor ein oder zwei Jahren noch als Kaulquappen im Crane Pond umhergeschwommen sind, erst später als ihre älteren Artgenossen dorthin zurückkehren.

Diese Frösche besetzen oft keine eigenen Reviere. Geht Anfang Juni das große Quaken richtig los, treiben sie wie kleine aufblasbare Froschkissen im Niemandsland zwischen den Revieren der Größeren umher, die meist einen Abstand von vier bis fünf Metern voneinander einhalten, und geben ihr Bestes, bei deren Geblöke mitzuhalten. Doch in der Regel dulden die Revierbesitzer sie nicht lange in ihrer Nähe, sodass sie schließlich irgendwo abseits des Froschchors landen, wo die Chance, dass ein durch das Gequake angelocktes Weibchen zu ihnen ins Wasser springt, praktisch gleich null ist. Wie die Männchen zeichnen sich die weiblichen Ochsenfrösche durch große, auffällige runde Trommelfelle aus, die sie unmittelbar hinter ihren glänzenden goldenen Augen am Kopf haben, und sie kommen jetzt ebenfalls aus dem umliegenden Marschland zu dem Teich gehüpft. Doch einmal dort angekommen, steuern sie sofort die weithin vernehmbaren Bassstimmen an, die in der Mitte des Chors sitzen, und lassen sich von Zwischenrufen aus den Publikumsrängen nicht ablenken.

Einige der kleinen Männchen fahren fort, ihr einsames Lied im Seitenaus zu singen, vermutlich in der verzweifelten Hoffnung, dass sich vielleicht doch noch irgendwie ein zuhörendes Weibchen zu ihnen hin verirrt. Doch andere verlassen sich lieber auf ihre Gerissenheit als auf ihr Glück.

Die Revierbesitzer schweben aufgeblasen über ihrem Laichkraut und erfreuen sich an ihrer wohlklingenden Stimme. Doch wenn der Mond scheint und man genau hinschaut, sieht man manchmal nur einen Meter entfernt zwei kleine Glupschaugen aus dem Wasser ragen, besonders in der Nähe der größten und lautesten Männchen. Diese Augen gehören auch zu Ochsenfröschen, doch sie singen nicht und blasen auch nicht ihre Lungen auf, sondern stehen still, senkrecht und ungesehen wie Kampfschwimmer im dunklen Wasser. Allerdings ist ein Kampf gerade das, was sie vermeiden wollen, jedenfalls mit einem der überall um sie herum singenden Männchen.

Manche Weibchen schütteln diese zwischen den größeren Fröschen lauernden Kleinmännchen sofort wieder ab, sobald sie von ihnen gepackt werden. Doch manche lassen die kleinen Trittbrettfahrer auf ihrem Rücken sitzen – vielleicht weil sie sie für den stattlichen Starsänger halten, auf den sie eben noch zugeschwommen sind – und erlauben ihnen auch, den Laich zu besamen, den sie dann in einen schaumigen Fladen gebettet auf die Wasseroberfläche legen.

Nach etwa 20 Minuten sinkt der Laich auf das unter Wasser liegende Pflanzenbett hinab, das, in Kombination mit der an diesem Punkt des Teichs herrschenden Temperatur, vermutlich hauptsächlich über die Qualität des Laichplatzes entscheidet, den die großen Männchen mit ihren Rufen verteidigen. Gerade in nördlichen Gegenden wie Michigan brauchen die Kaulquappen der Ochsenfrösche besonders lange, bevor sie sich in Frösche verwandeln, wachsen allerdings in dieser Zeit auch auf die erschreckende Größe von Gründlingen heran. Trotz des gelegentlichen Erfolgs der Trittbrettfahrer haben aber die meisten jungen Ochsenfrösche, die dann aus dem Crane Pond kriechen, einen der großen Revierbesitzer als Vater, das haben Studien klar ergeben.

Wie sich bei den Studien ebenfalls herausgestellt hat, müssen gerade die großen Männchen aber auch noch eine andere Art von Trittbrettfahrern fürchten. Durch ihr lautes Gequake und das laute Platschen, das ihre Rivalenkämpfe verursachen, werden auch Schnappschildkröten und Wasserschlangen besonders häufig auf die Revierbesitzer aufmerksam. Einen dritten Trittbrettfahrer schließlich tragen die Ochsenfrösche direkt auf ihrer Haut mit sich herum. Ein Pilz, der ihnen selbst nicht schadet, aber für andere Amphibien oft tödlich ist, hat dafür gesorgt, dass die ursprünglich aus Nordamerika stammenden Frösche in vielen Ländern, in die sie aus Versehen oder ihrer schmackhaften Schenkel wegen eingeführt wurden, als beinah genauso gefährlich für die heimische Fauna angesehen werden wie in Australien die Aga-Kröten.

Limulus polyphemus: Die blinde Lust der Pfeilschwanzkrebse

Die wohl bekanntesten lebenden Fossilien sind der Quastenflosser, der Mammutbaum und der weiter oben bereits erwähnte Nautilus, der in ähnlicher Gestalt schon seit rund 500 Millionen Jahren durch die Ozeane der Welt schwebt. Wie jüngste Fossilienfunde in Kanada belegen, sind die Pfeilschwanzkrebse aber nicht nur in etwa so alt wie dieser bei Weitem älteste Vertreter der Gruppe, sie sehen auch noch älter aus. Wie die urzeitlichen Trilobiten, mit denen sie eng verwandt sind und denen sie als Larven stark ähneln, ist ihr Körper in drei deutlich voneinander getrennte Abschnitte unterteilt. Vorne tragen sie einen runden, haubenartigen Panzer, der einen Durchmesser von 30 Zentimetern erreichen kann und in der Form dem Huf eines Pferdes ähnelt, weswegen die Tiere in den USA auch *horseshoe crabs*, also Hufeisenkrebse genannt werden. Der hintere Teil ihres Körpers ist durch eine kleine gewölbte Platte geschützt, deren Ränder mit dornartigen Auswüchsen besetzt sind. Und unter dieser Platte wiederum ragt ein langer spitzer Schwanz hervor, den die amerikanischen Ureinwohner früher als Pfeilspitze benutzt haben und der für unseren deutschen Namen für die krebsartigen Meeresbewohner verantwortlich ist. Mit wissenschaftlichen Namen heißen sie – zumindest in ihrer atlantischen Ausgabe – *Limulus polyphemus*, was so viel wie »schielender Polyphem« bedeutet. Neben den zwei dunklen Facettenaugen, die sie auf jeder Seite des Panzers tragen, haben sie zwei eng zusammenliegende, einfachere Augen in der Mitte des Gehäuses, und das hat ihnen den Vergleich mit dem einäugigen Riesen eingebracht, dem in der griechischen Mythologie beinah Odysseus und seine Mannen zum Opfer fallen.

Der Vergleich ging daneben, denn wie man heute weiß, haben die Pfeilschwanzkrebse nicht nur vier, sondern insgesamt neun Augen oder augenartige Organe, die zum Teil sogar auf der Innenseite ihres Panzers liegen, und zusätzlich noch zwei Dutzend Lichtrezeptoren auf ihrem Schwanz. Auch ist man zu dem Schluss gekommen, dass es sich bei ihnen streng genommen gar nicht um Krebse handelt, da sie eigentlich enger mit anderen Gliederfüßern wie Spinnen, Skorpionen und Zecken verwandt sind. Trotzdem haben sie unter ihrem Gehäuse zwei Sätze dünner Krebsbeine, mit denen sie sich über den sandigen Meeresboden schieben wie kleine Panzer und dabei auch ganz ähnliche Spuren hinterlassen. Außer an der nordamerikanischen Atlantikküste und im Golf von Mexiko kommen sie in beinah identischer Form auch an einigen Küsten Indiens, Südostasiens und Japans vor. Sie leben meist in ruhigen Buchten und nicht weiter als 50 Meter vom Ufer entfernt, wo sie im Boden nach Muscheln und anderen Weichtieren graben. Im Frühling kehren sie jedoch zu Tausenden bei Flut an den Strand zurück, an dem sie selbst einst in Form eines kleinen grünen Eis abgelegt wurden, um sich zu paaren.

Besonders an den brandungsarmen Stränden der Delaware Bay, die auf der Höhe von Baltimore zwischen den amerikanischen Bundesstaaten Delaware und New Jersey liegt, versammeln sich jeden Mai Unmengen der urzeitlich aussehenden Tiere. Die Massenansammlungen sind so umfangreich und beginnen jedes Jahr so pünktlich zum selben Zeitpunkt, dass sogar in Südamerika überwinternde Watvögel, die um diese Zeit zu ihren Brutgründen in der Arktis zurückkehren, die Bay als festen Zwischenstopp in ihre Zugroute eingebaut haben. Die Pfeilschwanzkrebse suchen sich stets die besonders hohen Fluten um Voll- und Neumond aus, um an den Strand zu kommen. Dann ist das seichte Wasser der Gezeitenzone übersät mit braunen, von sanft ans Ufer rollenden Wellen umspülten Panzern.

Bevor sie diese Zone erreichen, kriechen die Männchen im tieferen Wasser auf dem Meeresboden herum und warten darauf, dass eines der stets um ein ganzes Stück größeren Weibchen vorbeikommt, das mit vielen Tausend Eiern im Gepäck auf dem Weg zum Strand ist. Trifft ein Männchen auf ein Weibchen, benutzt es zwei speziell für diesen Zweck umgeformte Vorderbeine, um sich an der hinteren Schutzplatte des Weibchens anzuklammern und seinen eigenen Panzer ein Stück auf den des Weibchens draufzuschieben. Auf diese Weise fest verbunden, krabbelt das Paar im Gänsemarsch ans Ufer. Hier gräbt sich das Weibchen in den Sand ein und legt in 10 bis 20 Zentimetern Tiefe einen Klumpen aus 2 000 bis 4 000 Eiern ab, den das Männchen von hinten sofort besamt. Diese Prozedur, die jeweils immer etwa eine Viertelstunde dauert, wiederholt das Paar fünf bis zehn Mal, wobei das Weibchen nach jeder Ablage ein Stück weiter den Strand hinaufrückt, vermutlich um es Räubern schwerer zu machen, das ganze Gelege auf einmal auszurauben.

Während dieses mühsamen und zeitaufwendigen Vorgangs sind die beiden Pfeilschwanzkrebse jedoch oft nicht allein. Von den Tieren kommen nicht nur Paare an den Strand gekrochen, sondern auch unzählige einzelne Männchen, die nicht an einem Weibchen hängen. Kaum hat eines der Paare mit der Eiablage begonnen, kommen diese kleinen braunen Panzer angerollt und halten so zielstrebig auf ihre kopulierenden Artgenossen zu, als wären sie beim Autoscooter. Sie versuchen nur in den wenigsten Fällen, das an das Weibchen geklammerte Männchen ganz von seinem Platz zu verdrängen, setzen aber doch alles daran, rechts oder links von ihm selbst ihren Panzer von hinten auf den des Weibchens zu schieben, als wollten sie tatsächlich auf die Trittbretter des großen, nach hinten leicht abgeflachten Gehäuses steigen.

Die Trittbrettfahrer versuchen, ihren Panzer unter den des angeklammerten Männchens zu bugsieren und es anzuheben, damit auf der großen braunen Karosserie vor ihnen mehr Platz für sie selbst ist. Das angeklammerte Männchen gibt sich Mühe, dieses Manöver zu verhindern, indem es seinen Panzer auf der attackierten Seite mit aller Kraft in den Sand drückt. Doch wenn es Pech hat, wird es auf beiden Seiten gleichzeitig ausgehebelt und hängt dann mit strampelnden Hinterbeinen in der Luft, während es sich mit den Vorderbeinen immer noch verzweifelt an seine Partnerin klammert.

Die amerikanische Biologin Jane Brockmann, die sich seit 20 Jahren mit den Pfeilschwanzkrebsen beschäftigt, hat herausgefunden, dass ein Männchen auf diese Weise praktisch um seinen gesamten Paarungserfolg gebracht werden kann. Das Weibchen atmet normalerweise, indem es Wasser durch den Spalt zwischen seinen zwei Panzerhälften einzieht, durch die unter dem Rückenpanzer liegenden Kiemen pumpt und nach hinten unter sich wegspült. Jetzt, in den Wellenausläufern der Gezeitenzone, dreht es jedoch diesen Wasserkreislauf um und strampelt gleichzeitig mit den Beinen in Richtung seines Geleges, sodass der Samen der hinter ihm sitzenden Männchen direkt auf den im Sand eingegrabenen Eierklumpen gespült wird. Haben sich zwei Männchen seitlich unter den ursprünglichen Partner des Weibchens geklemmt, machen sie die Besamung der Eier mehr oder weniger unter sich allein aus. Selbst ein einzelner Konkurrent kann dem Ursprungspartner durch Einnahme dieser Position 40 Prozent seiner Vaterschaft streitig machen. Doch auch die Plätze hinter der ersten Reihe und seitlich des halb eingegrabenen Weibchens sind begehrt, und oft gleicht ein Eiablageplatz deshalb einem einzigen großen Auffahrunfall.

Dass die sogenannten Satellitenmännchen mit ihrer Trittbretttaktik Erfolg haben, fand Brockmann dank DNA-Analyse schon recht früh in ihren Forschungen heraus. Doch sich bereits im Wasser an ein Weibchen zu klammern, bleibt trotzdem der Königsweg zum Vaterglück, deswegen fragte sich die Zoologin stets, warum nicht alle Pfeilschwanzkrebse ihn wählen. Normalerweise greifen im Tierreich vor allem kleinere und schwächere Männchen auf sogenannte Satellitenstrategien zurück, um sich einen gewissen Paarungserfolg zu sichern. Doch hier waren keine durchgängigen Größenunterschiede zwischen den verschieden agierenden Männchen festzustellen, weswegen Brockmann schließlich annahm, einige von ihnen hätten einfach das Glück, draußen im Wasser auf ein Weibchen zu treffen, und andere nicht.

Dann jedoch bemerkte einer ihrer Studenten, der ihr regelmäßig beim Vermessen ihrer Studienobjekte half, dass diejenigen Männchen, die eher der Trittbretttaktik folgten, oft besonders dunkle Panzer hatten und oft auch besonders stark mit Seepocken und anderen Mitreisenden bewachsen waren, wie zum Beispiel den im Kapitel »Transsexuelle« behandelten Pantoffelschnecken. Wie sich herausstellte, greifen ganz anders als bei den Ochsenfröschen bei den Pfeilschwanzkrebsen gerade die älteren Männchen auf die Trittbrettstrategie zurück. Ein Grund dafür könnte sein, dass sie aufgrund der vielen kleinen Trittbrettfahrer, die auf ihrem Panzer wachsen, nicht mehr viel sehen und deswegen unten im Wasser die Weibchen nicht mehr so gut erkennen können wie die jüngeren Männchen. Nachdem Odysseus ihm sein einziges Auge ausgebrannt hatte, blieb Polyphem nur noch sein Tastsinn, um die aus seiner Höhle fliehenden Griechen zu erkennen (was ihm dank einer List des Odysseus ebenfalls nicht gelang). Der vieläugige Zyklop, der jährlich die Strände der amerikanischen Atlantikküste besucht, verlässt sich nach seiner »Erblindung« hingegen vermutlich auf seinen Geruchssinn, um zu den eierlegenden Weibchen seiner Spezies zu finden.

Xylocoris maculipennis: Der unsichtbare Dritte beim Sex der Blumenwanzen

Bei vielen männlichen Tieren findet der Kampf um das Privileg, die Weibchen ihrer Spezies begatten zu dürfen, in direkter körperlicher Auseinandersetzung statt, wie bei den am Anfang dieses Kapitels behandelten Ochsenfröschen – zumindest, wenn sie sich keine clevere Alternativtaktik einfallen lassen. Allerdings ist mit dem Kampf um die Begattung der um die tatsächliche Befruchtung oft noch nicht entschieden, besonders wenn die Männchen es mit Weibchen zu tun haben, die sich in kurzer Zeitfolge mit mehr als einem von ihnen paaren. Wie in der Sandgrube, in der die weiblichen Pfeilschwanzkrebse an den Stränden der Delaware Bay ihre Eier ablegen, konkurriert im Fortpflanzungstrakt vieler weiblicher Tiere zur Paarungszeit der Samen mehrerer verschiedener Männchen darum, mit den Eiern der Weibchen zu verschmelzen. Deswegen produzieren viele Männchen auch so enorme Mengen davon und gehen so verschwenderisch damit um. Die direkte Auseinandersetzung verlagert sich dann sozusagen auf die männlichen Keimzellen, die entweder mit denen der Rivalen um die Wette schwimmen oder durch ihre rein zahlenmäßige Überlegenheit den Sieg davontragen.

Wie schon am Beispiel der im Kapitel »Transvestiten« vorkommenden Riesensepien kurz erwähnt, versuchen manche Männchen, in diesen inneren Wettkampf einzugreifen, indem sie den Samen ihrer Konkurrenten wieder aus dem Genitaltrakt der Weibchen entfernen. Auch für diesen Teil des männlichen Rivalenkampfes gibt es, wie noch zu sehen sein wird, die verschiedensten Methoden. Ein Tier scheint es aber erstaunlicherweise geschafft zu haben, auch für den Wettstreit der Spermien eine Alternativstrategie, eine Trittbretttaktik zu entwickeln. Dieses winzige Insekt aus der Familie der Blumenwanzen macht sozusagen seine eigenen Spermien zu Trittbrettfahrern und benutzt als Vehikel für sie ausgerechnet genau jene Männchen, mit denen es um Weibchen konkurriert. Anders als die oben behandelten Ochsenfrösche und Pfeilschwanzkrebse ist es bei der Begattung des eigentlich einem anderen »gehörenden« Weibchens nicht einmal dabei, aber trotzdem als unsichtbarer Dritter die ganze Zeit anwesend.

Blumenwanzen werden meist nicht größer als einen halben Zentimeter und kommen weltweit in etwa 600 verschiedenen Arten vor. Wie ihr Name nahelegt, leben sie auf den unterschiedlichsten Blütenpflanzen, wo sie sich ernähren, indem sie mit ihrem spitzen Rüssel Spinnmilben und weichschalige Insekten wie Blattläuse aussaugen. Dafür, dass sie so klein sind, ist ihr Stich auch für einen Menschen überraschend schmerzhaft. Trotzdem werden sie in Gewächshäusern gerne als natürliche Schädlingsbekämpfer eingesetzt. Bei Insektenforschern sind die Tierchen auch für eine zumindest vom äußerlichen Eindruck her höchst schmerzhaft wirkende Form der Fortpflanzung bekannt. Sie nennt sich traumatische Insemination, was sich allerdings nicht auf irgendeine seelische Wunde bezieht, die dem Weibchen dabei zugefügt wird, sondern auf die ganz konkrete körperliche Verletzung, die es bei dem Akt erleidet.

Das Begattungsorgan der männlichen Blumenwanzen ist in etwa genauso spitz wie ihr Saugrüssel. Bei der Begattung, die stets ungefähr ein bis zwei Minuten dauert, krabbelt das Männchen von hinten auf das Weibchen drauf, hält es mit den Vorderbeinen fest und sticht ihm dann mit seinem Penis in die hintere rechte Seite seines Rückenpanzers. Da die Wanzenmännchen sich für ihren Einstich stets dieselbe Stelle aussuchen – zwischen dem siebten und achten Panzersegment oder ein Segment weiter vorne –, haben die Weibchen im Laufe ihrer Evolution dort ein spezielles Fettpolster entwickelt, das unmittelbar unter dem Panzer liegt. Hier sammeln sich die männlichen Spermien zunächst, dringen jedoch nach einer Viertelstunde auch in die Hämolymphe, also das Blut des Insekts, und verteilen sich in dessen ganzem Körper. Eine Stunde später sind die Spermien bis in den Kopf und die Fußglieder der weiblichen Wanze vorgedrungen. Besonders viele sammeln sich jedoch in den büschelartigen Eierstöcken im Bauch des Weibchens, wo sie dann als eine Art Befruchtungsvorrat für eine spätere Eiablage bereitliegen.

Nun ist es allerdings bei den Blumenwanzen so, dass die Männchen nicht nur Weibchen begatten, sondern auch andere Männchen, was offenbar durch die recht brutale und nicht unbedingt von gegenseitigem Einverständnis abhängige Form der Begattung erleichtert wird, die die Tiere praktizieren, aber auch bei vielen anderen Insekten durchaus gängig ist. In der Spezies *Xylocoris maculipennis*, die hinsichtlich dieses Verhaltens besonders genau untersucht wurde, sind es in der Regel die jüngeren Männchen, die dabei von den älteren bestiegen werden, besonders wenn letztere eine Weile kein Weibchen mehr zu Gesicht bekommen haben. Doch ebenso mit älteren Wanzen als passivem Teil finden die gleichgeschlechtlichen Kopulationen statt, und auch in Anwesenheit von Weibchen greifen die Männchen auf das Verhalten zurück. Oft sieht man sogar, wie eine männliche Wanze auf einer weiblichen sitzt und gleichzeitig von hinten von einem weiteren Wanzemann bestiegen wird.

Über den Sinn solchen Verhaltens wurde, wie weiter unten gleich zu sehen sein wird, schon reichlich spekuliert. Auch beim Menschen stellt Homosexualität die Regeln der Evolutionsbiologie ja eigentlich auf den Kopf. Doch bei *Xylocoris maculipennis* glaubt man, die gleichgeschlechtliche Kopulation könnte einen äußerst konkreten Sinn haben, der gemeinhin eigentlich gerade nicht mit solchem Verhalten in Zusammenhang gebracht wird – nämlich ein Weibchen zu befruchten. Auch bei der Begattung von Männchen geben die Wanzenmännchen Spermien ab und wie bei den Weibchen sammeln sich diese nach dem Einstich zunächst in einem dicken Klumpen unmittelbar unter dem Panzer. Nach und nach verteilen sie sich aber auch beim Männchen in dessen gesamtem Körper. Das Erstaunliche dabei ist, dass dieser keinerlei Abwehrreaktion zeigt, sondern die fremden Spermien offensichtlich als unschädlich einstuft und friedlich in seinem System duldet. Noch erstaunlicher jedoch ist, dass nach 24 Stunden einige der Spermien sich wie gezielt durch die Wände der Samenleiter und der sogenannten Samenbläschen des bestiegenen Männchens bohren, wo es seine eigenen Spermien aufbewahrt, und sich zu seinen Keimzellen dazugesellen. Wenn das Männchen das nächste Mal mit einem Weibchen kopuliert, was es nach der gleichgeschlechtlichen Besteigung ebenso bereitwillig tut wie vorher, gibt es mit höchster Wahrscheinlichkeit also auch Spermien des Männchens weiter, das ihn bestiegen hat. Dieses hat seinen Begattungsstoß sozusagen über Bande ausgeführt. Es hat dem bestiegenen Männchen lauter winzige Trittbrettfahrer in den Körper injiziert und schafft es so, Kinder beim Sex eines anderen zu zeugen.

Die Untersuchung an *Xylocoris maculipennis* wurde angestellt, bevor Vaterschaftstests an Tieren in der Biologie gängig wurden, und ihre Schlussfolgerung deswegen des Öfteren in Zweifel gezogen. Jüngst entdeckte man jedoch bei einer Untersuchung an Reismehlkäfern der Spezies *Tribolium castaneum*, den sogenannten rotbraunen Reismehlkäfern, dass auch bei diesen die Stellvertreterbegattung üblich ist. Die winzigen Käfer, die wie die Blumenwanzen nur vier bis fünf Millimeter groß werden, sind auf der ganzen Welt als Getreideschädlinge gefürchtet und mit aus diesem Grund die ersten Käfer, deren Genom vollständig entziffert wurde.

Schon vorher wurde festgestellt, dass bei den Käfern die Männchen manchmal Weibchen aus Versehen mit dem Sperma anderer

Männchen befruchten, allerdings *ohne* zuvor von diesen bestiegen worden zu sein. Die Käfermännchen haben an dem komplizierten Fortpflanzungsorgan, das sie am Hinterleib tragen, einen Penis, der wie die Spitze eines Federkiels geformt ist und mit dem sie bei der Paarung nicht nur ihren eigenen Samen in die Geschlechtsöffnung des Weibchens einfüllen, sondern auch den von dem Männchen ausschaben, mit dem sich das Weibchen vor ihnen gepaart hat, um so ihre Vaterschaftschancen zu erhöhen. Dabei passiert ihnen aber anscheinend oft ein ziemlich blödes Missgeschick. An winzigen Stacheln, die an der Wurzel des Penis sitzen, tragen sie die ausgeschabten Spermien weiter und befruchten damit das nächste Weibchen, das sie besteigen.

Einer Untersuchung zufolge, die 2009 von Wissenschaftlern der renommierten Tufts-Universität in der Nähe von Boston veröffentlicht wurde, könnte aber auch das gezielte Über-Bande-Spiel bei den Käfern verbreitet sein. Wie bei den Blumenwanzen ist auch unter Reismehlkäfern schwuler Sex gang und gäbe und auch die Tufts-Forscher fragten sich warum. Eine in solchen Fällen oft vorgebrachte Erklärung lautet, das Besteigen von Geschlechtsgenossen sei bei Tiermännchen eine Art Dominanzgebaren, eine andere, die Männchen würden mit dem Verhalten für echten Sex üben. Doch zumindest, was die Männchen der rotbraunen Reismehlkäfer betrifft, konnten die Forscher diese beiden Erklärungen mithilfe von Experimenten ausschließen.

Wie ihnen allerdings aufgefallen war, verklebten die Männchen bei den homosexuellen Besteigungen oft das Körperende des bestiegenen Männchens mit Sperma, was es möglich erscheinen ließ, dass dieses den angeklebten Samen bei der nächsten heterosexuellen Besteigung an ein Weibchen weitergab. Wie die Biologen anhand von Versuchen mit rotbraunen Reismehlkäfern feststellten, die verschiedenen farblichen Phänotypen angehören, trifft das tatsächlich zu, wenn auch nur in sieben Prozent der möglichen Fälle (bei denen wiederum jeweils weniger als ein Prozent des gezeugten Nachwuchses von dem unsichtbaren Dritten stammt). Die internationale Wissenschaftszeitschrift *New Scientist*, in der wöchentlich an Laien gerichtete Artikel zu neusten Forschungsentwicklungen erscheinen, titelte denn auch gleich: »Wie man mit schwulem Sex Kinder kriegen kann«.

Wenn man die beiden eben beschriebenen Studien zusammennimmt, ist es für eines der Reismehlkäfermännchen rein theoretisch sogar möglich, über zwei Banden zur Vaterschaft zu kommen. Dazu muss es nur ein Weibchen besteigen, das danach von einem anderen Männchen bestiegen wird, welches aus Versehen das Sperma des ersten Männchens mitnimmt und dieses dann mit seinem eigenen zusammen einem dritten Käfermann an sein Begattungsorgan klebt, der es dann wiederum zu einem anderen Weibchen trägt. Da die Käfer oft auf engem Raum zusammenleben und praktisch im Minutentakt miteinander kopulieren, sind auch noch weitaus kompliziertere Konstellationen denkbar.

Dass die indirekte Vaterschaft wirklich das ist, was die Käfer mit den gleichgeschlechtlichen Kopulationen bezwecken, darüber sind sich allerdings selbst die Verfasser der dahingehenden Studie nicht sicher. Ebenso könnte es sein, dass die Insekten damit nur alte Spermien loswerden wollen oder einfach generell so sexversessen sind, dass es ihnen egal ist, mit wem sie es treiben. Auch sind an der Studie zur versehentlichen Spermamitnahme der rotbraunen Reismehlkäfer inzwischen Zweifel entstanden. Die ausführenden Wissenschaftler benutzten bei ihren Zeugungsexperimenten als Erkennungsmerkmal für die indirekten Väter deren genetisch verankerte Resistenz gegen ein bestimmtes Insektizid und kamen zu ihren Ergebnissen, indem sie sämtlichen Nachwuchs der weiblichen Käfer mit dem Insektizid besprühten und dann die Überlebenden zählten. Als die ebenfalls an den Tieren forschenden Wissenschaftler von der Tufts-Universität das Experiment unter Verwendung des Farbphänotypen als Erkennungsmerkmal wiederholten, fanden sie jedoch keinen einzigen auf Umwegen zum Kinderglück gekommenen Käfervater.

16. Heiratsschwindler

Poecilia mexicana:
Der doppelte Schwindel
der Mexiko-Mollys

Alle Frauen stehen auf Brad Pitt und auch wenn sie den Namen George Clooney hören, geben die meisten einen schmachtenden Seufzer von sich. Eine Studie, die vor Kurzem an der Universität von Aberdeen durchgeführt wurde, legt allerdings nahe, dass bei einigen dabei der Seufzer nicht von Herzen kommt, sondern sie hauptsächlich deswegen schmachten, weil alle anderen Frauen es tun.

Bei der Studie wurde untersucht, wie sehr sich Frauen in ihrem Männergeschmack von dem Urteil ihrer Geschlechtsgenossinnen beeinflussen lassen. Dazu wurden den Probandinnen in mehreren Durchgängen jeweils zwei Fotos von Männergesichtern gezeigt, die vorher von anderen Frauen als ungefähr gleich attraktiv eingestuft worden waren. Im ersten Durchgang mussten auch die Probandinnen die Attraktivität der Männer beurteilen. Im zweiten bekamen sie die Fotos dann nur gezeigt, ohne sie bewerten zu müssen, allerdings mit dem Unterschied, dass jetzt das Profilfoto einer Frau zwischen den Aufnahmen eingeblendet wurde, die in Richtung von einem der Männer sah und entweder lächelte oder einen neutralen Ausdruck im Gesicht hatte. Wie sich im dritten Durchgang zeigte, bei dem die Frauen wieder ein Urteil über die Männergesichter abgeben sollten, machte die Miene, die die eingeblendete Frau trug, einen enormen Unterschied: Jene Männer, die die Geschlechtsgenossin der Probandinnen attraktiv zu finden schien, fanden auch sie selbst plötzlich viel attraktiver. (Bei Männern, die sich dem gleichen Versuch unterzogen, hatte das Lächeln den gegenteiligen Effekt: Ihre Haltung gegenüber denjenigen Männern, denen die Frau auf dem Foto ihr Lächeln schenkte, verkehrte sich eher ins Negative.)

Ähnliche Phänomene sind auch aus der Tierwelt bekannt. Bei einem Versuch mit Zebrafinken stellte sich zum Beispiel heraus, dass die weiblichen Finken Männchen, die sie zuvor zwei Wochen lang mit einem anderen Weibchen zusammen in einem Käfig gesehen haben, den Vorzug vor alleinstehenden Männchen geben und nach dieser Zeit männliche Finken sogar dann schon attraktiver finden, wenn sie dem erfolgreich verpaarten Männchen nur ähnlich sehen. Bei weiblichen Japanwachteln reicht es bereits, ihnen ein Video zu zeigen, auf dem ein Wachtelmännchen mit einer ihrer Artgenossinnen zu sehen ist, um ihr Urteil nachhaltig zu beeinflussen. Und weibliche Strandgrundeln, das ist der Forschung bekannt, legen ihren Laich mit Vorliebe in den Nestern derjenigen Männchen ab, bei denen auch viele andere Weibchen schon ihren Laich abgelegt haben.

Besonders gut untersucht ist das Verhalten, das sich im englischen Fachjargon *mate-choice copying*, also Nachahmen der Partnerwahl nennt, bei den kleinen bunten Süßwasserfischen der Gattung *Poecilia*, zu denen auch der im Kapitel »Angeber« ausführlich behandelte Guppy gehört und die aufgrund ihrer einfachen Haltung und raschen Vermehrung bei Verhaltensforschern fast ebenso beliebt sind wie bei Zierfischzüchtern. Versuche mit den Guppys selbst etwa haben ergeben, dass deren Weibchen besonders viel für Männchen übrig haben, die sie schon bei der Paarung mit einem anderen Weibchen beobachtet haben. Bei einer anderen Art der vor allem im tropischen Teil der Neuen Welt vorkommenden Fische, die unter Aquaristen Kärpflinge oder Mollys genannt werden, sind es die Männchen, die ihrem eigenen Urteil nicht trauen. Bei diesen sogenannten Breitflossenkärpflingen ersparen sich die männlichen Exemplare, selbst die Weibchen auf ihre Attraktivität zu prüfen, indem sie einfach denjenigen Weibchen die Aufwartung machen, die bereits von anderen Männchen umworben werden. Das ungewöhnlichste Verhalten, das in diesem Zusammenhang bis jetzt beobachtet wurde, zeigt allerdings der Kurzflossen- oder Mexiko-Molly, der, wie sein Name schon sagt, hauptsächlich in den Seen und Wasserläufen Mexikos zu finden ist.

Er scheint das geschmackliche Mitläufertum seiner Geschlechtsgenossen durchschaut zu haben und nutzt es geschickt aus, um sie auf die falsche Fährte zu locken. Um seine Chancen zu verbessern, selbst am Ende in den Armen seiner wahren Liebe zu landen, begeht er nicht nur einen einfachen, sondern in gewisser Weise gleich einen doppelten Heiratsschwindel.

Martin Plath, Evolutionsbiologe an der Universität Frankfurt, stieß zusammen mit Kollegen auf den erstaunlichen Betrug, als er untersuchte, wie sich die Anwesenheit von männlichen Zuschauern auf die Partnerwahl der kleinen, rosa-blau schimmernden Fische auswirkt. Die Ausrichtung der Experimente war zunächst eine andere, doch das Verhalten der Mollys war so auffällig, dass das Team schließlich eine zweite Studie dazu anstellte. Dabei setzten die Forscher erst ein männliches Exemplar der etwa fünf Zentimeter großen Fische mit zwei Weibchen zusammen in ein Aquarium und wiederholten dann den Versuch, diesmal jedoch in Anwesenheit eines weiteren Männchens, das, von einem säulenartigen Plexiglaszylinder umgeben, mit in dem Aquarium schwamm und den anderen Fischen bei ihrem Treiben zusah.

Die Vorliebe der Mexiko-Mollys für besonders große und füllige Weibchen ist unter Molly-Experten wohlbekannt und auch die Probanden des Forscherteams bewiesen wieder die gleiche Präferenz – zumindest, solange ihnen niemand bei ihren Anbändelungsversuchen zusah. War jedoch ein weiteres Männchen mit im Aquarium, zeigten sie auf einmal deutlich mehr Interesse für die zierlichere Molly-Ausgabe, die sie vorher mehr oder weniger links liegen gelassen hatten. Dabei machte es keinen Unterschied, ob das Männchen in dem Glaszylinder größer oder kleiner war als dasjenige, das sich im Rest des Aquariums mit den Weibchen beschäftigen durfte, weswegen Angst vor einem übermächtigen Rivalen als Grund für das eigenartige Verhalten ausfällt. Plath glaubt, dass die Männchen ihren Konkurrenten bewusst Interesse an dem Mauerblümchen vorheucheln, um sie in die Irre zu führen. »Meine Interpretation lautet, dass das Männchen, das mit dem Weibchen zugange ist und dann merkt, dass es von einem anderen Männchen beobachtet wird, seine wahren Absichten gezielt verschleiert«, sagt Plath. »Es versucht, seinen Rivalen zu täuschen, damit dieser später nicht mit dem Weibchen anbändelt, das das Männchen in Wahrheit bevorzugt.« Der kluge kleine Fisch spielt nicht nur der mageren Molly-Dame ernste Absichten vor (und geht dabei oft genug so weit, sich tatsächlich mit ihr zu paaren), sondern auch seinen eigenen Geschlechtsgenossen.

So unglaublich dieses Verhalten klingen mag, bewusste Täuschung ist im Tierreich keineswegs etwas Ungewöhnliches. Eichhörnchen zum Beispiel haben die Angewohnheit, nicht vorhandene Nüsse zu vergraben, um es für ihnen hinterherspionierende Artgenossen schwieriger zu machen, ihren echten Vorrat aufzuspüren. Manche Rabenvögel zeigen ganz ähnliche Verhaltensweisen, Kohlmeisen geben falsche Warnrufe von sich, mit denen sie die Anwesenheit eines Raubvogels vortäuschen, um andere Vögel von Futterstellen zu vertreiben, und männliche Trauerschnäpper – schwarzgefiederte Verwandte der im Kapitel »Liebesgeschenke« behandelten Trauersteinschmätzer – begehen wie die Männchen der Mexiko-Mollys Heiratsschwindel, wenn auch nur einfachen: Nachdem die Vögel bereits mit einer Partnerin ein Nest bezogen haben, spielen sie einer weiteren vor, noch unverpaart zu sein, damit auch diese für sie Eier legt.

Wer übrigens mit den getäuschten Molly-Mädchen Mitleid hat, die von den hinterlistigen Männchen als eine Art sexueller Köder missbraucht werden, kann sich trösten: Auch die Männchen der Mexiko-Mollys sitzen regelmäßig gezieltem Heiratsschwindel auf. Sogenannte Amazonen-Mollys, eine besondere *Poecilia*-Art, die ausschließlich aus Weibchen besteht, paaren sich zwar immer wieder mit den Männchen der verwandten Spezies, jedoch nur, um die Reifung ihrer Eier in Gang zu setzen, und ohne dass dabei das Erbgut der Männchen auf ihren geklonten Nachwuchs übergeht.

Allerdings könnten natürlich auch diese Paarungen wieder nur ein geschicktes Täuschungsmanöver der durchtriebenen Männchen sein. Bei einer anderen Molly-Art paaren sich die männlichen Fische ebenfalls mit den Amazonen und obwohl sie zu einer anderen Spezies gehören, ahmen die Weibchen dieser Art die Wahl der Amazonen nach. Wäre es bei den Mexiko-Mollys genauso, hätten dort die scheinbar sinnlosen Paarungen mit der Weibchenrasse doch einen geheimen Sinn. Die Männchen könnten sie gezielt einsetzen, um durch das weibliche »Lächeln«, das sie mit jeder Paarung ergattern, in den Augen ihrer eigenen Weibchen attraktiver zu erscheinen – genau wie die Männer auf den Fotos bei der Studie an der Universität von Aberdeen.

Ob die Fische wirklich in der Lage sind, um so viele Ecken zu denken, ist natürlich schwer nachzuprüfen. Schon Martin Plaths Deutung ihres Verhaltens ist für manche Forscher eine allzu sehr von menschlichen Denkmustern ausgehende Interpretation (obwohl gemäß der Theorie der Verhaltensökologen, zu denen Plath zählt, die Tiere dabei ja eigentlich nicht selbst denken, sondern der äußere Evolutionsdruck das sozusagen für sie tut). Eine noch höhere – und zugleich niedrigere – Meinung vom Geistesleben der Fische hatte nur ein Leser der Zeitschrift *New Scientist*, der in einem Kommentar zu einem Online-Artikel über Plaths Untersuchungen eine ganz eigene Interpretation des plötzlichen Geschmackswechsels anbot, den die Molly-Männchen in Anwesenheit anderer Männchen an den Tag legen. »Sie wollen nur einfach nicht«, schrieb der Blogger, »dass ihre Freunde denken, sie würden auf dicke Frauen stehen.«

Photuris versicolor:
Die tödlichen Liebeszeichen
der Leuchtkäfer

Dämmerung, nördliches Inland Floridas, ein Glühwürmchen fliegt über das mit hohen Sumpfkiefern und niedrigen Sabalpalmen bestandene Weideland hinweg. Es ist ein rund eineinhalb Zentimeter großes Männchen der Spezies *Photinus pyralis*, einer im Osten der USA besonders häufig vorkommenden Art. Wie die meisten Glühwürmchen sieht es keineswegs aus wie ein Wurm, sondern wie ein Käfer, was es ja auch ist. Wäre es hell und der kleine schlanke Käfer würde sich irgendwo auf einen Strauch setzen, könnte man seine sechs Beine, seine dunkelbraunen Flügeldecken und sein rosafarbenes Nackenschild mit dem auffälligen schwarzen Punkt in der Mitte erkennen. Doch da es schon so gut wie dunkel ist, sieht man nur das Licht, das er mithilfe der winzigen Leuchtorgane erzeugt, die unter seinen letzten zwei Bauchplatten sitzen.

Das Licht ist gelbgrün, ungefähr so hell wie ein gerade entzündetes Streichholz, und während der Leuchtkäfer in etwa zwei Metern Höhe durch die Luft schwebt, lässt er es alle sechs Sekunden eine halbe Sekunde lang aufscheinen. Sollte irgendwo unter ihm ein Weibchen seiner Spezies im Gras sitzen, müsste es diesen Leuchtcode eigentlich erkennen und darauf antworten. Das Männchen versucht sein Glück allerdings schon seit sieben Nächten in Folge, was trotz der Häufigkeit von Glühwürmchen seiner Art in den USA nichts Ungewöhnliches ist. Und wenn es in den sieben folgenden Nächten ebenso erfolglos bleibt wie bisher, muss es sterben, ohne sich jemals gepaart zu haben.

Dabei ist diese Paarung eigentlich das, worauf der Käfer in den letzten zwei Jahren ausschließlich hingearbeitet hat. Nachdem sich seine Eltern vorletzten Sommer selbst erfolgreich gepaart haben und er von seiner Mutter als kleines, bereits leicht leuchtendes gelbes Ei unter einem umgefallenen Baumstamm abgelegt wurde, ist er einen Monat später als ein Millimeter große Larve aus seiner Schutzhülle geschlüpft. Das Leben, das er daraufhin zwei Jahre lang geführt hat, war ein gänzlich anderes als jetzt. Während er heute in Käferform durch die Luft fliegt, kroch er damals wirklich eher als Wurm durchs Gras, allerdings als ein ziemlich hässlicher, aus schwarzen, rechteckigen Segmenten zusammengesetzter Wurm, mit kurzen Beinen und einer winzigen Beißzange vorne an seinem Kopf. Momentan ernährt sich der Leuchtkäfer nur von Luft und Liebe – nein, von noch weniger, nur von der Hoffnung auf Liebe –, doch während seiner Zeit als Larve nahm er wesentlich handfestere, unappetitlichere Nahrung zu sich. Um im Laufe der vielen Häutungen, die er innerhalb dieser Phase seines Lebens durchmachte, auf das Zehnfache seiner ursprünglichen Größe und das Dreihundertfache seines ursprünglichen Gewichts anzuwachsen, musste er unzählige Schnecken zur Strecke bringen und vertilgen.

Die Schneckenjagd war ein grausiges Geschäft. Nachts spürte der junge Leuchtkäfer mithilfe spezieller Fühler unter seinem Kopf den Schleimspuren seiner Opfer nach und lähmte sie dann, indem er ihnen mit seiner Beißzange einen giftigen Verdauungssaft einspritzte. Das Gift erlaubte ihm, sogar Schnecken zu erlegen, die zehnmal so groß waren wie er selbst. Krochen sie nach den ersten Bissen in Panik davon, setzte er sich rittlings auf ihr Haus und fühlte alle zehn Sekunden nach, wie stark sie sich noch bewegten. Zogen sie sich in ihre Schale zurück, statt zu fliehen, und verschlossen die Öffnung mit einem schützenden Schaum, wartete der Käfer geduldig, bis sie irgendwann wieder den Kopf hinausstreckten, und biss dann erneut zu. Danach zerrte er seine Beute in den Schutz eines Strauches oder eines Grasbüschels, verabreichte ihnen noch mehr von dem zersetzenden Saft und schlürfte sie der Länge nach auf. Die Sache war so schmuddelig und langwierig, dass der Käfer zwischendurch immer wieder von dem halb aufgelösten Kadaver wegkroch, um sich mit dem Tentakelbüschel abzuschrubben, das er aus dem Hinterleib ausstülpen konnte. Doch mit alldem ist es jetzt vorbei. Nachdem er zwei Wochen regungslos als weiße Puppe unter einem Stein gelegen hat und sich darin sein eigener Körper in seine Bestandteile aufgelöst und wieder neu zusammengesetzt hat, ist er seiner letzten larvenähnlichen Hülle als ein gänzlich anderer entstiegen, der nur noch die Liebe im Sinn hat.

Im Gegensatz zu den Männchen haben die weiblichen Glühwürmchen meist nur verkümmerte Flügel oder sogar überhaupt keine, wenn sie sich aus ihrer Puppe befreien. Statt jede Nacht in die Luft aufzusteigen, bleiben sie deswegen im Gras sitzen, um auf vorbeifliegende Verehrer zu warten, und als unser verzweifelter Glühwürmchenmann jetzt über das Ufer eines Teiches hinwegfliegt, sieht er zum ersten Mal an diesem Abend ein Licht im Gras aufglimmen. Sofort fängt er an, über der Stelle zu kreisen, und blinkt dabei weiter seinen alle sechs Sekunden eine halbe Sekunde lang gehaltenen Leuchtcode. Doch er hat Pech, wie schon an anderen Abenden. Im Gras sitzt zwar ein weibliches Glühwürmchen, jedoch eines, das einer fremden Spezies angehört.

Damit es unter ihnen nicht zu Missverständnissen kommt, haben alle Glühwürmchenarten, die ab Anbruch der Dämmerung in Florida unterwegs sind, eigene Leuchtcodes, die es ihnen erlauben, einander in der Dunkelheit zu erkennen, ohne dass die Männchen

236

dazu erst bei den Weibchen im Gras landen müssen. Bei einigen Arten lassen die Männchen zum Beispiel ihr Licht einfach in kürzeren Zeitabständen aufleuchten als bei *Photinus pyralis*. Bei anderen geben sie statt eines einmaligen Aufleuchtens flackernde oder mit jedem Mal stärker werdende Lichtimpulse von sich und bei manchen Arten komponieren die Männchen sogar richtige kleine Leuchtfolgen aus unterschiedlich starken Impulsen. Die Weibchen allerdings beschränken sich meist auf einmaliges Leuchten, um ihre Artzugehörigkeit kundzutun. Entscheidend ist bei ihnen, wie viel Zeit sie sich lassen, um auf das Leuchten des Männchens zu antworten. Hätte eben das Weibchen, das unten neben dem Teich im Gras sitzt, nach zwei Sekunden auf das Aufblinken des Männchens geantwortet, wäre dieses endlich am Ziel seiner Reise gewesen. Da das Weibchen jedoch erst nach fünf Sekunden zurückgeblinkt hat, gehört es vermutlich der Spezies *Photinus ignitus* an, bei denen die Männchen ebenfalls in gewissen Abständen jeweils einmal blinken.

Nachdem der Irrtum aufgeklärt ist, fliegt das Männchen weiter, schwebt dabei allerdings gefährlich tief über den nahen Teichrand hinweg, wo um diese Zeit durchaus noch ein hungriger Frosch lauern kann. Weiter oben flattert auch bereits eine Fledermaus durch die Luft, die jetzt erst mit der Nahrungssuche anfängt. Doch trotz des hellen Lichtes, mit dem der Leuchtkäfer regelmäßig auf sich aufmerksam macht, muss er sich um diese Räuber keine Sorgen machen, im Gegenteil. Wie beinah alle Glühwürmchen hat er ein gefährliches Gemisch hochgiftiger Bitterstoffe im Körper, das die meisten Tiere davon abhält, ihn zu fressen, und während die Wissenschaft lange gedacht hat, Glühwürmchen wären durch ihr Leuchten Fressfeinden besonders stark ausgeliefert, glaubt man inzwischen, dass es eher abschreckend wirkt, ähnlich wie die grelle Farbe anderer giftiger Insekten am Tag. Der grüngelbe Totenkopf, den andere Tiere in dem Leuchten erkennen, ermöglicht also in gewisser Weise den Glühwürmchen erst, mit dem hell aufscheinenden Herzen durch die Nacht zu fliegen, das sie selbst darin sehen, und sich dabei einigermaßen sicher zu fühlen. Wie meistens in der Natur ist dieses System allerdings zu perfekt, um nicht einen mächtigen Haken zu haben.

Das Männchen fliegt weiter durch die schwüle Abendluft. Doch abgesehen von den Signalen anderer fliegender Männchen und denen eines Glühwürmchenforschers, der mithilfe einer Mini-Taschenlampe ebenfalls versucht, Glühwürmchenweibchen aufzuspüren, stößt es auf keinerlei Lichtzeichen. Erst als es sich kurz von dem roten Birnchen einer Alarmanlage ablenken lässt, das im Innern eines Autos blinkt, und dann an der Scheune vorbeifliegt, neben der das Auto geparkt ist, entdeckt es auf der Wiese dahinter plötzlich ein helles, einmal kurz aufleuchtendes Licht. War das eine Antwort auf sein Signal? Sofort fliegt der Glühwürmchenmann zu der Stelle hin, kreist darüber in der Luft und gibt aufgeregt seinen Leuchtcode ab.

Tatsächlich! Er scheint endlich Glück zu haben! Das Licht kommt ihm zwar anfangs etwas zu hell vor und schimmert auch grünlicher, als es eigentlich sollte. Doch das Signal folgt auf die Millisekunde genau im richtigen Zeitabstand auf sein eigenes. Exakt zwei Sekunden – all das Suchen war also nicht umsonst! Und während das Männchen weiter blinkt und dabei immer tiefer geht, passt sich auch die Intensität des antwortenden Lichts dem seinen an und alle Zweifel verschwinden.

Der Leuchtkäfer landet ein paar Zentimeter neben dem Weibchen. Als er und seine Auserwählte einander zur besseren Orientierung jetzt noch einmal aus unmittelbarer Nähe anblinken, erscheint ihm das Leuchtorgan des Weibchens wieder zu hell und groß und er hält kurz auf seinem Weg inne. Doch da kommt das Weibchen schon in Windeseile auf ihn zugekrabbelt. Als es den Glühwürmchenmann packt, merkt dieser, dass es insgesamt viel größer ist, als es sein sollte. Weibliche Glühwürmchen sind meistens etwas größer als männliche, doch dieses hier ist gut doppelt so groß wie das Männchen. Erst als sich zwei kräftige Kieferscheren in sein rosa Nackenschild bohren, wird dem Männchen jedoch wirklich klar, dass es einem Schwindel aufgesessen ist. Die so exakt auf seinen Leuchtcode abgestimmten Liebeszeichen waren nichts weiter als eine mörderische Täuschung.

Der amerikanische Insektenforscher James Lloyd wies Mitte der Sechzigerjahre als Erster nach, dass weibliche Glühwürmchen der Spezies *Photuris versicolor* Männchen anderer Arten mit falschen Lichtsignalen zu sich ins Gras locken, um sie zu verspeisen. Wie man inzwischen weiß, haben manche der räuberischen Femmes fatales, wie sie in Fachkreisen gerne genannt werden, die Leuchtcodes von mehr als zehn verschiedenen Glühwürmchenarten geknackt und so für jeden vorbeifliegenden Verehrer stets die richtigen Flirtsignale parat. Die in der Dunkelheit lauernden Heiratsschwindlerinnen sind der Hauptgrund, warum sich in den USA überhaupt so komplizierte Leuchtcodes unter den Glühwürmchen herausgebildet haben. In Deutschland zum Beispiel, wo es die heimtückischen Raubweibchen nicht gibt, kommunizieren die Leuchtkäfer mit sehr viel schlichteren Signalen. Einige nordamerikanische Spezies sind sogar so weit gegangen, ihre Balz auf den Tag zu verlegen, vermutlich auch hauptsächlich wegen der überall in der Nacht lauernden Femmes fatales. Diese Glühwürmchen glühen nicht mehr, sondern finden jetzt über Duftstoffe zueinander.

Es ist allerdings nicht nur reine, gewissermaßen aus der Larvenzeit übernommene Fressgier, die die listigen Räuberinnen antreibt. Glühwürmchen der Gattung *Photuris* gehören zu den wenigen Spezies, deren Körper nicht die giftigen Bitterstoffe produziert, mit denen sich die übrigen Spezies vor Angriffen von Fröschen, Spinnen, Vögeln und anderen Fressfeinden schützen. Wie der Insektenchemiker Thomas Eisner von der Cornell-Universität im US-Bundesstaat New York herausgefunden hat, nehmen die Femmes fatales durch den Verzehr anderer Glühwürmchen die schützenden Stoffe in sich auf und können sie so auch an ihre Eier und die daraus schlüpfenden Larven weitergeben.

Der Hunger der Raubweibchen auf die Männchen fremder Spezies ist dabei so groß, dass die Männchen ihrer eigenen Spezies häufig nur bei ihnen landen können, indem sie den Leuchtcode artfremder Männchen imitieren. Benutzen sie ausschließlich ihre arteigenen Signale, fliegen sie im Zweifelsfall genauso lange erfolglos durch die Gegend wie unser *Photinus*-Männchen vom Anfang. Wollen sie wie dieses von einem *Photuris*-Weibchen angeblinkt werden, müssen sie auch den gleichen Leuchtcode verwenden (oder den einer anderen fremden Art), denn auf ihren reagieren die Weibchen oft schon gar nicht mehr.

Die Männchen begehen ebenfalls Heiratsschwindel – ganz ähnlich wie die Weibchen –, geben sich dabei jedoch als leckere Mahlzeit aus. Haben sie sich auf diese Weise erfolgreich in die Arme ihrer Liebsten gemogelt, kann es allerdings passieren, dass diese aus dem Date trotzdem lieber ein Abendessen macht.

Meloe franciscanus:
Der Massenbetrug der Ölkäferlarven

Beim chinesischen Neujahrsfest winden sich jeden Winter prachtvolle Stoffdrachen durch die Städte des Riesenreiches, deren meterlanger Leib durch die Sprünge und Verrenkungen von Akrobatengruppen zum Leben erweckt wird, die sich darunter verbergen. Auch Bilder von Tierschützern, die sich an japanischen Stränden gemeinsam zur Gestalt eines Walfischs gruppieren, kennt jeder, oder von aus bunten Menschenmassen bestehenden Tiermaskottchen bei Olympiaden. Kein Mensch hat es allerdings in der Kunst der kollektiven Tierdarstellung bisher zu einer solchen Meisterschaft gebracht wie die Larven des nordamerikanischen Ölkäfers *Meloe franciscanus*. Sie stellen in Gruppen von 100 bis 2 000 Tieren die Weibchen von Einsiedlerbienen der Spezies *Habropoda pallida* dar und machen dabei ihre Sache so gut, dass sie die Männchen der Spezies glatt dazu bringen, sich mit ihnen paaren zu wollen.

Ölkäfer sind schmale Käfer, die in der Regel nicht größer als ein bis zwei Zentimeter werden und als Schutz gegen Fressfeinde das aggressive Reizgift Cantharidin in sich tragen, den Grundstoff des Aphrodisiakums Spanische Fliege, dessen Wirkung im Kapitel »Liebesträke« ausführlich beschrieben wird. Im Erwachsenenalter ernähren sich die Käfer von Pflanzen- und Blütenblättern, als Larven jedoch von den Eiern und dem Honigvorrat einsiedlerisch lebender Bienen, die ihren Nachwuchs in unterirdischen Gängen ablegen. Normalerweise gelangen die Larven in die Nester der Bienen, indem sie sich in Blüten verstecken und an den fleißigen Nektarsammlern festklammern, wozu sie speziell ausgebildete Klauenfüße haben. Vor einiger Zeit wurde jedoch in der kalifornischen Mojave-Wüste entdeckt, dass die Larven der Ölkäferspezies *Meloe franciscanus* eine verblüffende Variante dieses Verhaltens entwickelt haben.

Die Käfer leben in einer etwa 100 Quadratkilometer großen Dünenlandschaft im östlichen Teil der im trockenen Südzipfel Kaliforniens gelegenen Wüste, den sogenannten Kelso-Dünen. Hier wächst nichts außer ein paar Gräsern, Kreosotbüschen und trockenheitsresistenten Strauchgewächsen, die sich in den windgeschützten Senken zwischen den Dünen an den Sand klammern. Eines dieser Gewächse ist ein dickblättriger Strauch aus der Familie der Schmetterlingsblütler, der in der kurzen, fruchtbaren Zeit des Frühlings violette, orchideenartige Blüten ausbildet. Die Blüten dienen den in der Wüste lebenden Einsiedlerbienen als Nektarquelle, während die Ölkäfer sich eher an die Blätter der Pflanze halten.

Die Bienen benutzen den Nektar nicht nur als Nahrung, sondern den daraus gewonnenen Honig auch als Vorrat für ihren Nachwuchs, den sie in Form von jeweils ein bis vier Eiern in etwa 30 Zentimeter tiefen Gängen ablegen, die sie in die Dünen graben. Am Ende des Gangs formen die Bienen aus einem zellophanartigen Stoff kleine Kammern, die sie mit dem süßen Blütensaft füllen und dann jeweils mit einem, an die Kammerwand geklebten Ei bestücken. Schlüpft die Bienenlarve aus dem Ei, schwimmt sie praktisch im Honig und hat genug Nahrung, um im folgenden Frühling als voll entwickelte Biene aus dem Gang zu kriechen, den die fürsorgliche Bienenmutter zum Schutz vor Räubern nach der Eiablage sofort wieder mit Sand zuschüttet. Die Ölkäfer wollen jedoch sowohl den Honig als auch das Ei der Biene als Vorrat für ihren eigenen Nachwuchs, der dann wie sie in diesem Jahr im nächsten Frühling statt dem Nachwuchs der Biene aus dem Gang hervorstoßen soll. Deswegen beeilen sie sich nach dem Schlüpfen, jede Menge Blätter zu fressen, und dann so schnell wie möglich einen großen Eierklumpen an den Fuß des violett blühenden Schmetterlingsblütlers zu heften.

Nach ungefähr zehn Tagen Reifezeit schlüpfen aus dem Klumpen bis zu 2 000, jeweils etwa zwei Millimeter große Larven. Normalerweise würden die kleinen Tierchen sich sofort verteilen und einzeln in die Blüten der umliegenden Pflanzen klettern. Doch vermutlich weil in den Kelso-Dünen die Senken, in denen Pflanzen wachsen, bis zu 400 Meter voneinander entfernt sind und nicht allzu oft Bienen vorbeikommen, entscheiden sie sich für ein anderes Vorgehen. Statt dass jede Larve ihr Glück auf eigene Faust versucht, organisieren die winzigen Krabbler eine Gruppenaktion. Sie klettern alle gemeinsam eines der örtlichen Strauchgewächse hinauf und formieren sich an einem der oberen Stängel zu einem dicken, ovalen Ballen. Der Ballen besteht mal aus 100, mal aus 2 000 frisch geschlüpften Larven, in den meisten Fällen aber aus etwa 500, womit er ziemlich genau die Größe einer Biene hat. Zwar ist er rot, wie die Larven selbst, doch da Bienen kein Rot sehen können, erscheint er ihnen schwarz, wie ihr eigener Unterleib. Was aber noch viel wichtiger ist: Die ovale Masse aus Käferlarven *riecht* wie eine Biene, und zwar wie ein weibliches Exemplar, weil die Larven die entsprechenden Sexuallockstoffe nachgebildet haben und jetzt in die heiße Wüstenluft verströmen.

Bienenmännchen, die auf den Heiratsschwindel hereinfallen, erleben eine gehörige Überraschung. Das vermeintliche Bienenweibchen, auf dessen Rücken sie landen, verwandelt sich gleich bei der ersten Berührung in eine amorphe Masse aus winzigen Leibern, die sich augenblicklich an ihren Unterleib heftet. Noch bevor die Biene reagieren kann, haben sich praktisch sämtliche 500 Larven mit ihren Klauenfüßen und Kieferzangen an ihren Bauch geklammert. Für dieses Entermanöver brauchen sie nur eine, höchstens zwei Sekunden. Davor harren sie bis zu zwei Wochen gemeinsam auf ihrem Stängel aus, wechseln ihn aber auch manchmal und bilden lebendige Brücken zu einem Stängel in der Nähe, der ihnen als Warteplatz offenbar plötzlich günstiger erscheint. Bereits wenn die Biene sich ihnen nähert, fangen die Larven an, mit den Vorderbeinen zu zappeln oder sich als Gesamtmasse zusammenzuziehen, vermutlich, damit die falsche Bienenfrau lebendiger wirkt. Ist der Bienenmann skeptisch und sieht sich den Ballen erst im Schwebflug aus nächster Nähe an, geht die Larvenmasse manchmal sogar zum direkten Angriff über und wölbt sich ihm wie ein einziges, nach ihm greifendes Wesen entgegen.

Sonst ist kein Fall aus dem Tierreich bekannt, bei dem Insektenlarven auf so verblüffende Art miteinander zusammenarbeiten.

Oft fallen die Bienen von dem unerwarteten Gewicht beschwert zunächst zu Boden, wo sie bereits ein paar der Larven verlieren. Auch danach gelingt es manchen, die unerwünschten Passagiere abzuschütteln oder sonst wie zu entfernen. Doch noch öfter heften sich die Larven so fest an den Körper der Bienenmänner, dass diese die kleinen Parasiten wohl oder übel mit sich herumschleppen müssen.

Doch was nützt es den Käferlarven, auf dem Körper eines Bienenmännchens durch die Wüste zu fliegen, wenn es doch die weiblichen Bienen sind, die Gänge in den Sand graben und dort ihre Brut und Honigvorräte ablegen? Nun, sagen wir einfach, der Flugplan der Larven hat von Anfang an ein einmaliges Umsteigen vorgesehen. Trotz seines unangenehmen Erlebnisses mit dem Larvenballen hört das befallene Bienenmännchen in der Regel nicht auf, nach einem Bienenweibchen zu suchen, und bei der Kopulation wechseln die Larven sozusagen einfach den Flieger. Wenn das Bienenweibchen dann seine Gänge baut, steigen in jeder Honigkammer ein paar der Larven aus und warten geduldig, bis die Biene die Kammer vollständig verschlossen hat. Dann fressen sie nicht nur das Ei der Biene, sondern – trotz der bisherigen guten Zusammenarbeit – auch einander, bis nur noch eine von ihnen übrig bleibt.

Auch nachdem die Larven ihren ersten Flieger, das übertölpelte Bienenmännchen, erfolgreich gekapert haben, hören sie nicht auf, ihr Lockstoffimitat von sich zu geben. So kann es passieren, dass ein anderer Bienenmann das Männchen mit einem Weibchen verwechselt und versucht, sich mit ihm zu paaren, was ebenfalls noch zur Strategie der Larven dazugehören könnte. Auch auf das zweite getäuschte Männchen steigen nämlich etliche der Larven auf, wodurch sie als Gesamtmasse ihre Chancen verdoppeln, irgendwann auf einem Weibchen zu landen. Das einzige wirkliche Missgeschick, das ihnen passieren kann, ist, am Anfang nicht genau aufzupassen, in welchen Flieger sie steigen. Denn wenn sie sich von der falschen Bienenspezies mitnehmen lassen, hat der Honig, in den sie sich später von der Wand der Brutkammer fallen lassen, nicht die richtige Konsistenz, und sie ertrinken darin.

17. Samenräuber

Calopteryx maculata: Der Mehrzweckpenis der Prachtlibellen

Sie sind der Traum und Lieblingsbesitz jedes Jungen: Schweizer Taschenmesser. Das größte der ursprünglich für die Schweizer Armee erfundenen Mehrzweckwerkzeuge, die es mittlerweile auch mit Laserpointer und USB-Stick gibt, ist das Modell Giant der Firma Wenger, das 2007 ins Guinness-Buch der Rekorde aufgenommen wurde. Es wiegt mehr als ein Kilo und verfügt insgesamt über knapp 90 Werkzeuge, darunter so nützliche und über alle Bevölkerungsschichten hinweg gebräuchliche Alltagsgeräte wie einen Fischentschupper, einen Zigarrenschneider und einen Golfschlägerreiniger.

Auch männliche Libellen führen ein Mehrzweckgerät mit sich. Über 90 verschiedene Funktionen verfügt es nicht, noch nicht einmal über die zehn bis 20, die klassische Schweizer Messer-Modelle aufweisen, sondern nur über zwei. Aber dafür muss die Libelle auch nicht in einen Laden gehen, um es sich zu kaufen.

Libellen treffen sich jeden Frühling und Sommer an Seen, Teichen oder langsamen Fließgewässern, um sich zu paaren. Während ihrer meist nur ein paar Wochen dauernden Erwachsenenphase sind sie morgens und abends oft auch abseits von Gewässern unterwegs, um im Flug nach Mücken, Fliegen, Bienen und Schmetterlingen zu jagen. Doch wenn das Wetter gut ist, finden sie sich um die Mittagszeit in der Regel wieder an ihrem jeweiligen Paarungstreffpunkt ein, wo die Männchen dann mal kleinere, mal größere Reviere einnehmen, in denen sie regelmäßig auf die Suche nach Weibchen gehen. Dringt ein anderes Männchen in ein solches Revier ein, jagt der Hausherr wie ein zum Abschuss bereiter Kampfhubschrauber hinter ihm her und beißt ihm im äußersten Fall sogar in Kopf oder Oberkörper. Stößt der Revierbesitzer hingegen auf ein Weibchen, packt er es mit einer speziellen Zange, die er am Hinterleibsende trägt, am Nacken und landet nach kurzem Tandemflug mit ihm auf einem nahen Blatt oder Pflanzenstängel, um die Paarung zu vollziehen.

Wie bei den Ochsenfröschen im Kapitel »Trittbrettfahrer« gibt es auch in den Teichen und Tümpeln, wo die Libellen sich paaren, oft etliche Männchen, die kleiner und schwächer sind als die Revierbesitzer, und deswegen andere Strategien verfolgen, um zum Paarungserfolg zu gelangen. Wie die Frösche versuchen sie, die Weibchen am Rand eines fremden Reviers abzufangen, sausen aber auch überraschend vom Ufer aus auf sie zu, verfolgen sie um den ganzen Teich oder überfallen sie sogar an ihren abseits der Gewässer gelegenen Schlafplätzen. Anders als die Ochsenfroschweibchen paaren sich die weiblichen Libellen, die wie viele Insekten den männlichen Samen speichern können, im Laufe der Paarungszeit allerdings mit weit mehr als nur einem Männchen, weswegen auch dann der Rivalenkampf noch kein Ende hat, wenn ein Männchen ein Weibchen erfolgreich gepackt hat.

Libellenmännchen weisen die seltsame Eigenheit auf, dass ihre Fortpflanzungsorgane auf zwei verschiedene Stellen ihres Körpers verteilt sind. Knapp vor dem hinteren Körperende sitzen die Keimdrüsen, etwas unterhalb der Brust hingegen der Penis. Vor der Paarung muss das Männchen diese zwei Stellen zusammenführen, um das dem Penis vorgelagerte Samenbläschen unter seiner Brust mit Keimzellen zu befüllen, was es oft tut, wenn es das Weibchen schon am Nacken gepackt hat. Erst dann beugt das Weibchen seinen Hinterleib nach vorne und führt seine Geschlechtsöffnung mit dem Penis zusammen, wobei das für Libellen typische Paarungsrad entsteht und die jeweils vorn und hinten miteinander verbundenen Körper oft die Form eines Herzens bilden.

Wie die wehmütig singende Nachtigall oder das sehnsüchtig leuchtende Glühwürmchen, die in anderen Kapiteln dieses Buches auftauchen, gilt auch das herzförmige Paarungsrad der Libellen, das manchmal sogar bei durch die Luft fliegenden Tieren zu beobachten ist, vielen verliebten Spaziergängern als Inbegriff der Romantik. Allerdings sind die Libellen in dieser Stellung nur den geringsten Teil der Zeit tatsächlich mit dem Liebesakt beschäftigt. Einen weitaus größeren Teil der Paarung, die oft nur ein paar Minuten, manchmal aber auch mehrere Stunden dauert, verwendet das Männchen darauf, den Liebesakt des Männchens, das sich vor ihm mit dem Weibchen gepaart hat, wieder zunichte zu machen.

Der amerikanische Biologe Jonathan Waage entdeckte 1979 als Erster, dass der Penis männlicher Libellen in der Regel nicht nur dazu da ist, Sperma in die Geschlechtsöffnung der Weibchen einzufüllen, sondern dieses auch wieder daraus zu entfernen. Bei Studien an nordamerikanischen Prachtlibellen der Spezies *Calopteryx maculata* stellte er fest, dass diese nach der Paarung mit zwei Männchen genauso viel Sperma in ihren Speicherorganen hatten wie nach der Paarung mit nur einem Libellenmann. Noch Erstaunlicheres zeigte sich, wenn man die Paarung mit dem zweiten Männchen nach gewisser Zeit unterbrach und das Weibchen dann untersuchte: In diesem Fall hatte es oft sogar gar kein Sperma mehr in den Organen. Waage sah den Libellen daraufhin mit der Lupe bei der Paarung zu und bemerkte, dass das Männchen zwar beinah während der gesamten Kopulation den vorderen Teil seines Fortpflanzungsapparats heftig vor und zurück bewegte, das Samenbläschen, von dem das Sperma in den Penis fließt, aber erst ganz am Ende der Paarung mit dem Penis in Kontakt brachte. Das veranlasste den Forscher dazu, sich das beste Stück des Libellenmännchens noch einmal ganz genau unter dem Elektronenmikroskop anzusehen.

Der Penis von männlichen Exemplaren der Spezies *Calopteryx maculata* ist gerade mal zwei Millimeter groß, aber trotzdem ein Multifunktionswerkzeug allererster Güte. Er hat zwar einen feinen Kanal auf der Oberseite, über den Sperma in die Speicherorgane des Weibchens gelangen kann, doch ansonsten dient alles an ihm genau dem gegenteiligen Zweck. Wie bei allen Libellen und auch vielen anderen Insekten bestehen die Speicherorgane des Weibchens aus einem größeren und einem kleineren Hohlraum. Der größere heißt *Bursa copulatrix* oder Samentasche und liegt unmittelbar hinter der Geschlechtsöffnung. Der kleinere heißt *Receptaculum seminis* oder Spermathek, geht wie ein kleiner Schlauch von dem größeren ab und dient möglicherweise zur Aufbewahrung von Sperma, das das Weibchen für besonders hochwertig hält. Um sowohl Samentasche als auch Spermathek vom Sperma seines Vorgängers zu reinigen, hat nun der Libellenmann an seinem Penis besondere Vorrichtungen. Zum Ausschaben der Samentasche hat er vorne einen kleinen beweglichen Löffel daran sowie unter dem Löffel hervorstehende lange Borsten. Damit er auch die Spermathek gründlich ausschrubben kann, geht von dem Löffel auf jeder Seite ein ebenfalls mit Borsten besetztes Horn ab, das aussieht wie ein winziger Pfeifenreiniger. Die Apparatur funktioniert so gut, dass das Männchen damit in der Regel 88 bis 100 Prozent der Keimzellen seines Vorgängers aus dem Genitaltrakt des Weibchens entfernen kann.

Seit dieser Entdeckung wurden auch die Penisse vieler anderer Libellenmännchen untersucht und wenn man diese auf einer Buchseite nebeneinander aufgeführt sieht, ergibt sich ein ganz ähnliches Bild wie bei einem voll ausgeklappten Schweizer Taschenmesser vom Modell Giant, bei dem die Hersteller sozusagen einfach alle ihre vielen Einzelmesser aneinandergefügt haben. Die Mehrzweckorgane sind mal lang und gebogen wie Häkelnadeln, mal zweigeteilt und spitz wie Handharken, mit Härchen, Borsten oder Krempen besetzt und immer genau der jeweiligen Form der weiblichen Speicherorgane angepasst. Auch Libellen, die das Sperma ihrer Rivalen mit einer geballten Ladung ihres eigenen aus den Organen spülen, gibt es, ebenso wie welche, die darin einen winzigen Ballon aufblasen wie eine Koronarsonde und so den Samen der Konkurrenz an die Wand drücken. Bei einer Libellspezies benutzt sogar das Männchen sein Mehrzweckwerkzeug dazu, bestimmte Sinneszellen in der Geschlechtsöffnung des Weibchen zu stimulieren, die normalerweise anzeigen, dass ein Ei den Genitaltrakt durchläuft, und so das Weibchen dazu zu bringen, den Samen von selbst aus seinen Speicherorganen auszustoßen.

Bei all der Mühe, die die Männchen sich geben, um ihre Weibchen von fremden Keimzellen zu säubern, ist es kein Wunder, dass sie sie nach dem Einfüllen ihrer eigenen oft nicht mehr aus den Augen lassen, bis sie ihre Eier abgelegt haben. Das geschieht mal direkt auf der Wasseroberfläche, mal auf über oder unter Wasser gelegenen Pflanzen. Die Larven der Tiere jagen dann mit ihrem eigenen ausklappbaren Spezialwerkzeug – ihrem plötzlich hervorschnellenden Fangkiefer – oft mehrere Jahre lang Mückenlarven, Flohkrebse und Kaulquappen, bevor sie aus dem Wasser kriechen und sich verwandeln.

Truljalia hibinonis:
Das doppelt nützliche Mahl
der Baumgrillen

Wie bei den Diebspinnen, die im Kapitel »Liebestränke« vorgestellt wurden, gehört es auch bei etlichen Arten von Grillen zur Paarung, dass die Männchen die Weibchen dabei mit einem speziellen Drüsensekret füttern. Da die Grillendamen das Sekret, das von winzigen Ausgängen unter den Flügeln der Männchen abgesondert wird, stets schon in der Anfangsphase des Paarungsaktes angeboten bekommen und nach seinem Verzehr oft versuchen, die Paarung abzubrechen, wurde unter Insektenkundlern bereits die Vermutung laut, die Weibchen ließen sich oft nur deshalb mit einem Männchen ein, um so ein kostenloses Abendessen zu ergattern. Für die betroffenen Männchen wäre das doppelt hart, denn nicht nur das nahrhafte Sekret herzustellen, kostet sie viel Energie, sondern auch, die Weibchen durch stundenlanges »Singen« zu sich zu locken.

Selbst wenn die Männchen es schaffen, die Paarung erfolgreich zu Ende zu bringen, will das allerdings noch nicht viel heißen. Wie bei den Libellen paaren sich auch bei den Grillen die Weibchen im Laufe der Paarungszeit stets mit mehreren Exemplaren des anderen Geschlechts und auch bei ihnen kann es passieren, dass die Keimzellen, die ein Männchen gerade erst mit viel Mühe und Aufwand im Genitaltrakt eines Weibchens untergebracht hat, bereits von dessen nächstem Paarungspartner vollständig wieder daraus entfernt werden. Vielleicht aufgrund dieser Unsicherheit haben bei einer asiatischen Grillenart die Männchen eine Methode entwickelt, sich wenigstens einen Teil der investierten Energie wieder zurückzuholen und sich – ähnlich wie die Weibchen – bei jeder Paarung gleichzeitig auch eine freie Mahlzeit zu verschaffen, die allerdings in diesem Fall doppelt zu Lasten eines *anderen* Männchens geht.

Die Grillen der Spezies *Truljalia hibinonis* kommen ausschließlich in China und Japan vor. Sie werden zwei bis drei Zentimeter groß, ähneln mit ihrem grünen, schlanken Körper eher Grashüpfern als Grillen und ernähren sich hauptsächlich von den Blättern der wegen ihrer Blüte von den Japanern so sehr verehrten Kirschbäume, in deren Rinde sie auch ihre Eier ablegen. Ihre Paarungszeit ist jedes Jahr von Ende August bis Mitte Oktober und in dieser Zeit sitzen die Männchen jeden Tag von Sonnenuntergang bis Mitternacht auf ihren Bäumen und reiben eifrig die speziell geformten Chitinleisten an ihren Vorderflügeln übereinander, wodurch das typische Zirpen der Grillen entsteht.

Gelingt es einem Männchen, ein Weibchen zu sich auf den Ast zu locken, bietet es ihm als Erstes einen Drink aus seiner Rückendrüse an, zu dessen Verzehr ihm das Weibchen auf den Rücken krabbeln muss. Das verschafft dem Männchen die Gelegenheit, sein nach oben ausgerichtetes Fortpflanzungsorgan von unten in die Geschlechtsöffnung des Weibchens zu drücken und dieses mithilfe eines speziellen Hakens darin zu verankern. Nachdem das Weibchen etwa eine Minute lang von den Rückendrüsen des Männchens getrunken hat, steigt es wieder von ihm herunter und versucht dann oft davonzukrabbeln, besonders wenn es sich zuvor schon mit einem anderen Männchen gepaart hat. Doch durch den Haken sind die beiden Insekten an ihren Hinterleibern fest miteinander verbunden und während sie mit voneinander abgewandten Köpfen auf ihrem Ast oder Blatt stehen, geht die Kopulation an ihrem Körperende noch zehn bis 15 Minuten weiter.

Wie die weiblichen Libellen hat auch die Grillenfrau unmittelbar hinter ihrer Geschlechtsöffnung ein spezielles Speicherorgan, in dem sie das Sperma des Männchens über mehrere Wochen aufbewahren kann, bis sie im Oktober ihre Eier ablegt. Anders als bei den Libellen besteht dieses Organ allerdings nicht aus zwei, sondern nur aus einem Hohlraum, und um diesen jetzt vom Samen seines Vorgängers zu säubern, benutzt das Grillenmännchen die eben bei den Libellen bereits erwähnte Ausspülmethode. Es drückt seinen kolbenförmigen Penis in die vordere obere Ecke des Speicherorgans und fängt dann an, es mit seinem Sperma anzufüllen. Dadurch wird das Sperma seines Vorgängers aus dem Hohlraum gedrückt und sammelt sich am Penisansatz des Grillenmännchens, wo es aufgrund seiner natürlichen Klebrigkeit auch beim späteren Herausziehen des Penis hängenbleibt.

Um diesen Prozess so genau nachvollziehen zu können, dachten sich die japanischen Wissenschaftler, die das ungewöhnliche Verhalten der Baumgrillen entdeckt haben, zum Teil die tollsten Untersuchungsmethoden aus. Einmal warfen sie die Tiere mitten während der Kopulation in flüssigen Stickstoff, schockfrosteten die Liebenden also im Namen der Wissenschaft, und nahmen sie dann beim Auftauen vorsichtig mit ihren Skalpellen auseinander. Ein anderes Mal färbten sie das Sperma einzelner Männchen rot, um es besser von dem anderer Männchen unterscheiden zu können. Für all diese Versuche mussten sie natürlich unzählige Baumgrillen in ihrem Labor halten und waren dadurch mit deren üblichem Verhalten gut vertraut. Obwohl die Insekten auf engem Raum lebten und man auch mit bloßem Auge erkennen konnte, wie verdreckt dadurch ihre Genitalien waren, beobachteten die Forscher jedoch nie, dass die Grillen diese mit ihren Mundwerkzeugen säuberten, wie es von manchen anderen Insekten bekannt ist.

Genau das machen die Männchen jedoch sofort nach jeder Paarung und wie die gewissenhaften Forscher wieder exakt nachgeprüft haben, landet das dabei aufgenommene Sperma auch im Magen der Tiere. Die Wissenschaftler vermuten deshalb, dass sie mit der Maßnahme doppelten Nutzen aus den entfernten Keimzellen ihres Vorgängers schlagen wollen und aus dem Samenraub sozusagen einen Mundraub machen, um sich sicherheitshalber wenigstens schon mal einen Teil der Investitionen wieder zurückzuholen, die sie in die Paarung gesteckt haben. Denn es ist nur allzu gut möglich, dass das Weibchen noch am selben Abend zu einem anderen Grillenmann auf den Ast hüpft und dieser mit ihren Keimzellen genauso verfährt.

Triturus vulgaris:
Das dreiste Überholmanöver der Molchfrauen

Molche kommen in Deutschland praktisch ebenso häufig vor wie Kröten und Frösche. Sind an einer Straße Krötenzäune aufgestellt, die Amphibien auf der Wanderung zu ihren Laichgewässern davor schützen sollen, überfahren zu werden, landen in den entlang der Zäune eingegrabenen Eimern jeden Frühling kaum weniger der salamanderartigen Schwanzlurche als der schwanzlosen Froschlurche, mit denen wir die Schutzmaßnahme hauptsächlich assoziieren. Die Molche verbringen allerdings einen großen Teil der warmen Jahreszeit komplett unter Wasser, leben auch sonst äußerst versteckt und machen nicht wie Frösche durch lautes Quaken auf sich aufmerksam, wenn man abends an einem Weiher vorbeispaziert, weswegen sie in der Wahrnehmung der meisten Menschen weitaus weniger präsent sind.

Besonders stark sind hierzulande die etwa zehn Zentimeter langen Teichmolche verbreitet. Während dem Teil des Jahres, den sie an Land verbringen, verstecken sich die braunen, mit dunklen Punkten getüpfelten Tiere unter Laubhaufen, totem Holz und Steinen, von wo sie bei halbwegs mildem und feuchtem Wetter nachts auf die Jagd nach Insekten und Würmern gehen, und stößt man in dieser Zeit auf eines von ihnen, kann man es leicht für einen kleinen Salamander halten, dem einfach nur die für die hiesigen Salamander typische grelle Rückenzeichnung fehlt. Wenn sie im März oder manchmal bereits im Februar in die Teiche und Tümpel zurückkehren, in denen sie zur Welt kamen, machen jedoch besonders die männlichen Molche eine auffällige Metamorphose durch. Sie verwandeln sich sozusagen in eine wassertauglichere Version ihrer selbst und bilden einen über den Rücken und um den gesamten Schwanz herumlaufenden Hautkamm aus, der ihnen nicht nur dabei hilft, unter Wasser besser nach Kleinkrebsen und Insektenlarven jagen zu können, sondern auch, die Balz um die Weibchen erfolgreicher zu bestreiten.

Balz und Paarung der Teichmolche laufen ähnlich ab wie bei den Bachsalamandern aus dem Kapitel »Liebestränke«, allerdings auf dem Grund eines Teiches statt auf dem Waldboden und wesentlich weniger handgreiflich – ja, fast sogar ganz ohne gegenseitige Berührung. Riecht ein Molchmännchen in seinem mit Duftstoffen markierten Revier ein Weibchen, zeigt er diesem seine getüpfelte und durch den Kamm stark vergrößerte Breitseite und wedelt ihm mit dem Schwanz eine weitere Ladung Sexuallockstoffe in die Nase. Durch das Wedeln ebenso gefügig gemacht wie die weiblichen Bachsalamander durch den Biss ihrer Männchen, kriecht das Molchweibchen nach einer Weile erregt auf den männlichen Molch zu, worauf dieser langsam zurückweicht, als würde er sich plötzlich zieren, dabei aber die ganze Zeit über das Weibchen weiter kräftig mit seinen Duftstoffen eindeckt und ihm seine geschwollene Kloake präsentiert: die am Hinterleib gelegene Körperöffnung, die den Amphibien genauso wie den Vögeln als gleichzeitiger Ausgang sowohl für ihre Stoffwechselprodukte wie auch für ihre Keimzellen dient. Wie bei Salamandern sind bei männlichen Molchen diese Keimzellen in eine sogenannte Spermatophore verpackt, ein kleines weißes Samenpaket mit einem klebrigen Sockel, das der Molch für das Weibchen auf dem Teichgrund absetzt, und kriecht das Weibchen jetzt weiter auf ihn zu, geht der Molch genau zu diesem entscheidenden Teil der Paarung über.

Das Molchmännchen dreht dem Weibchen den Rücken zu und schleift seinen Hinterleib ein paar Zentimeter über den Boden, vermutlich um eine geeignete Ablagestelle zu finden. Dann bleibt es plötzlich stehen, streckt seinen Schwanz in die Höhe und wedelt damit erneut vor der Nase des Weibchens herum. Dieses muss den Schwanz des Männchens jetzt nur noch mit der Schnauze berühren, damit das Männchen wie auf Knopfdruck eines seiner Samenpakete vor ihm auf dem Boden absetzt. Anschließend kriecht das Männchen noch ein paar Zentimeter weiter vorwärts, bleibt dann aber erneut stehen und macht wieder ein, zwei Schritte nach hinten, um so dem ihm immer noch treu auf den Fuß folgenden Weibchen zu helfen, das Samenpaket mit seiner Kloake aufzunehmen.

Um sicherzugehen, dass das Weibchen auch wirklich eine ihrer Spermatophoren in sich aufnimmt, wiederholen die Molchmännchen den letzten Teil des Fortpflanzungsakts mehrmals und legen pro Paarung meist mehrere Samenpakete ab. Wie bei den meisten Tieren sind sie es auch, die die Paarung in der Regel initiieren, und um die Weibchen dazu zu überreden, müssen sie ihnen oft mehrmals in den Weg springen und sie immer wieder mit ihren Lockstoffen vollwedeln. Das gilt besonders, wenn der Frühling nicht mehr ganz jung ist, die Weibchen sich bereits mit mehreren Männchen gepaart haben und auf diese Weise ausreichend Sperma in ihrem Körper gespeichert haben, um mit der Eiablage zu beginnen. Dann streiten sich die Männchen oft um die Molchfrauen und versuchen, sie noch während der Paarung mit einem anderen von dessen Spermatophore wegzulocken. Speziell bei den Teichmolchen kann es jedoch ganz am Anfang des Frühlings auch zu einer Phase kommen, in der diese Rollenverteilung sich umdreht. Dann setzen die frisch in den Teich gewanderten weiblichen Molche offenbar alles daran, ihre inneren Samenspeicher so schnell wie möglich aufzufüllen, und es kommt zu Fällen des Samenraubs, der anders als bei allen anderen aus dem Tierreich bekannten Beispielen von einem weiblichen Tier ausgeführt wird.

In dieser kurzen Phase, in der statt der Eier der Weibchen die Samen der Männchen sozusagen Mangelware sind, sind es die Weibchen, die sofort auf die Männchen zustürzen, sobald sie eins von ihnen riechen. Überhaupt übernehmen sie jetzt eher den werbenden Part bei der Balz und bringen durch aufdringliches Schnüffeln und Sichnähern das Männchen dazu, unmittelbar zu dem Teil der Paarung überzugehen, bei dem es mit seitlich ausgerichtetem Körper rückwärts vor dem Weibchen herkriecht. Für den unwissenden Beobachter mag das so aussehen, als würde das Weibchen dem Männchen mit seiner aggressiven Anmache gehörig Angst einjagen, doch tatsächlich will es in seiner Eile offenbar einfach nur den Paarungsakt etwas abkürzen. Zu seinem Pech verhalten sich zu dieser Zeit allerdings auch alle anderen Molchweibchen im Teich wie Männchen, und noch bevor es das Männchen soweit hat, ihm den Rücken zuzuwenden, hat sich oft noch ein weiteres Weibchen zu dem Paar gesellt.

Das zweite Weibchen folgt dem ersten im Gänsemarsch, während das nun wirklich leicht überfordert wirkende Männchen rückwärts vor den beiden zielstrebigen Amphibienfrauen herkriecht. Schließlich scheint sich der Molchmann jedoch ein Herz zu fassen, dreht sich trotz der Übermacht in seinem Rücken um und macht sich zur Ablage seines Samenpakets bereit. Vielleicht hat er sich ja auch überlegt, er könnte ausnahmsweise mal zwei Spermatophoren statt nur einer auf den Teichgrund kleben und so die Damen sozusagen der Reihe nach bedienen. Doch das hintere Weibchen hält offenbar nichts vom Anstehen und nutzt genau diesen Moment, um seine Rivalin aus dem Feld zu schlagen. Mit einem dreisten Überholmanöver huscht es an dem vorderen Weibchen vorbei, berührt das Männchen mit der Schnauze am Schwanz und schnappt der ursprünglichen Braut das begehrte Samenpaket vor der Nase weg. Manche Weibchen gehen noch unverschämter vor, lassen das vordere Weibchen auf den Bitte-Samen-Knopf drücken und drängeln sich dann an ihre Position. Wie der amerikanischen Forscherin auffiel, die den weiblichen Samenraub als Erste untersuchte, sind die Weibchen dabei auch wesentlich besser als sonst darin, das Samenpaket mit ihrer Kloake zu finden.

Molchweibchen, die auf diese Weise um ihren Kinderwunsch gebracht worden sind, schwimmen oft unverzüglich davon, gerade so, als würde sie das wenig damenhafte Vorgehen ihrer Konkurrentin regelrecht anwidern. Manchmal schauen sie sich aber auch den Trick der listigen Samenräuberin ab und schnappen dieser bei der nächsten Ablagerunde selbst die Spermatophore vor der Nase weg. Das Verhalten wird vermutlich dadurch gefördert, dass die Weibchen jedes einzelne ihrer bis zu 400 Eier gewissenhaft in das Blatt einer Wasserpflanze wickeln, deswegen oft mehr als zwei Monate für die Eiablage brauchen und möglichst früh damit anfangen müssen. Auch dass die Männchen nach jeder Paarung eine Erholungsphase von etwa zwei Tagen brauchen, bevor sie wieder Spermatophoren ablegen können, hat wahrscheinlich etwas damit zu tun. Vor Ende dieser Regenerationszeit treten sie sogar manchmal die Flucht an, wenn sie von einem Weibchen angemacht werden.

18. Kuckuckskinder

Cuculus canorus:
Die unzähligen Tricks der Kuckucke

Knapp vier Prozent der Kinder, die in Europa und den USA jährlich geboren werden, stammen von einem anderen Mann als jenem, der sich für den Vater hält. Zu diesem Ergebnis kam 2005 ein britischer Forscher, nachdem er mehr als 300 000 Fälle ausgewertet hatte, bei denen Männer aus Gründen, die nichts mit einer angezweifelten Vaterschaft zu tun hatten, ihre DNA mit der ihrer Kinder vergleichen ließen (zum Beispiel, um ihre Tochter oder ihren Sohn auf eine Erbkrankheit untersuchen zu lassen). Die Zahl, die zuvor am häufigsten in den Medien zu lesen war, wenn es um den Anteil von sogenannten Kuckuckskindern an der Bevölkerung ging, war mit zehn Prozent mehr als doppelt so hoch, basierte jedoch auf der Auswertung von DNA-Tests, bei der die Väter schon einen Anfangsverdacht hatten, was das Ergebnis erheblich verfälschte. Der wahre Durchschnitt liegt eher bei einem von 27 als bei einem von zehn Kindern, was ungefähr einem Kind pro deutscher Schulklasse entspricht. Andere Experten gehen von noch niedrigeren Zahlen aus und glauben eher an Werte von einem bis zwei Prozent.

Stimmen diese Angaben, werfen viele Frauen ihren Männern zu Recht vor, übertrieben misstrauisch zu sein. Sogenannte heimliche Vaterschaftstests, bei denen ins Zweifeln geratene Erzeuger Haar- oder Speichelproben ihres Nachwuchses ohne Wissen von Mutter und Kind einer genetischen Analyse unterziehen lassen, werden in Deutschland pro Jahr von etwa 40 000 Männern in Auftrag gegeben, was bei einer jährlichen Gesamtgeburtenzahl von knapp 700 000 Kindern einem Anteil von etwa 6 Prozent entspricht. Die heimlichen

Tests dürfen vor Gericht nicht verwendet werden, falls der Auftraggeber aufgrund des Ergebnisses seine Vaterschaft anfechten will. Allerdings hat seit April 2008 jeder zweifelnde Erzeuger das Recht, einen offiziellen Test zur Klärung seiner Vaterschaft zu veranlassen. Bis dahin wurde dem informationellen Selbstbestimmungsrecht des Kindes Vorrang vor dem Recht des Vaters eingeräumt, Sicherheit über seine Vaterschaft zu gewinnen. Diese Gewichtung wurde dann jedoch auf Geheiß des Bundesverfassungsgerichts umgedreht. Ebenfalls im April 2008 sprach der Bundesgerichtshof einem Kläger das Recht zu, von dem echten Vater dreier Kinder, für die er jahrelang Unterhalt gezahlt hatte, einen Vaterschaftstest zu verlangen, um ihn so auf Erstattung der Zahlungen verklagen zu können.

Auch unter Vögeln kommt es in den vergangenen Jahren immer häufiger zu Vaterschaftstests. Jedoch werden sie statt von zweifelnden Vätern von Wissenschaftlern durchgeführt. Wie sich durch die Tests gezeigt hat, sind die Vögel, die lange als Musterbeispiel für die tierische Einehe gehandelt wurden, keineswegs so treu wie gedacht. Von vielen Vogelspezies, die einst für streng monogam gehalten wurden, sagt man deswegen heute nur noch, sie leben in »sozialer Monogamie«, was bedeutet, dass beide Ehepartner einem gelegentlichen Seitensprung nicht abgeneigt sind. Was Kuckuckskinder angeht, herrscht allerdings unter den Gefiederträgern in gewissem Sinne eine größere Gerechtigkeit als unter Menschen. Denn wie bereits bei den Straußen im Kapitel »Schlimme Finger« zu sehen war, können bei ihnen nicht nur bei Männchen, sondern auch bei Weibchen fremde Eier im Nest landen.

Bei den Straußen werden diese Eier noch relativ offen abgelegt, sie stammen ja auch immerhin von einem der beiden Nestbesitzer ab (nämlich natürlich vom Vater). Doch auch heimlich ein fremdes Nest aufzusuchen und dort in Abwesenheit des brütenden Paars ein Ei abzulegen, ist unter Vogelweibchen durchaus gängig, und innerhalb mancher Spezies gibt es einzelne Individuen, die sich ganz auf diese schmarotzerische Brutmethode spezialisiert haben. Am konsequentesten zu Ende entwickelt haben diese kostensparende Praxis jedoch die Vögel, von denen die Kuckuckskinder ihren Namen haben, denn sie und viele ihrer Verwandten verfolgen sie nicht nur ausschließlich, sondern auch über die eigene Artgrenze hinaus. Klar, dass das noch mehr List und Tücke erfordert, als nur einfach mal schnell im Nachbarnest ein Ei zu platzieren, und um bei diesem betrügerischen Spiel erfolgreich zu sein, haben die Tiere dementsprechend die erstaunlichsten Anpassungen und Tricks hervorgebracht.

Cuculus canorus, der Gemeine Kuckuck, ist ein etwa taubengroßer Vogel mit schwarz-weiß gestreifter Brust, der seinen Namen aufgrund des charakteristischen Rufs trägt, den das Männchen während der Balz von sich gibt. Er kommt praktisch in ganz Europa und auch in weiten Teilen Asiens vor, überwintert im südlichen Afrika und ernährt sich beinah ausschließlich von Insekten, weswegen die Wirte, die er sich für seine Brut aussucht, in aller Regel ebenfalls Insektenfresser sind. In Deutschland legt er seine Eier hauptsächlich in die Nester von wesentlich kleineren Singvögeln wie Teichrohrsängern, Zaunkönigen und Heckenbraunellen, mit deren Paarungszeit seine deshalb im jeweiligen Fall auch übereinstimmt. Ingesamt gibt es fast 100 Wirtsspezies, denen die etwa 100 000 jährlich hier »brütenden« Kuckuckspaare mehr oder weniger erfolgreich ihre Brut unterjubeln können, wobei jedes einzelne Kuckucksweibchen im Laufe seines Lebens immer wieder bei derselben Spezies seine Eier ablegt und diese Vorliebe – einhergehend mit der passenden Eifarbe und -musterung – vermutlich auch an seine Töchter weitervererbt. Im Laufe einer einzigen Brutsaison legt ein einzelnes Weibchen bis zu 25 Eier in ebenso viele Nester seiner Wirtsspezies. Findet es nicht genügend Nester seiner bevorzugten Wirtsart, weicht es manchmal auch auf andere Arten aus.

Um einen Wirt ausfindig zu machen, setzt sich das Kuckucksweibchen für gewöhnlich auf einen hohen Ast und hält nach einem Vogel der richtigen Spezies Ausschau, der mit Nistmaterial im Schnabel vorbeifliegt. Findet das Weibchen auf diese Weise keinen Vogel, dem es zu seinem Nest folgen kann, sucht es aktiv Sträucher und Hecken nach einem passenden Brutpaar ab. Hört es dabei einen Ruf von einem der Vögel, antwortet es sofort darauf, was die besorgten Eltern meist dazu bringt, noch aufgeregter zu rufen und dem listigen Kuckuck so ihren genauen Standort zu verraten. Hat er so schließlich ein geeignetes Nest gefunden, beobachtet er es einige Tage lang heimlich, um den Zeitpunkt abzupassen, an dem das Vogelpaar schon mit dem Eierlegen, aber noch nicht mit dem Brüten begonnen hat. Ein Kuckuck einer anderen Spezies, der vor allem im Mittelmeerraum vorkommende Häherkuckuck, sieht sich bei dieser Gelegenheit auch das Nest der zukünftigen Zieheltern genau an und legt nur dann ein Ei darin ab, wenn es ihm groß genug erscheint, was auf ein bei der Futtersuche und damit auch der Versorgung der Jungen besonders erfolgreiches Elternpaar hinweist. Wiederum eine andere, in Australien und Südostasien vorkommende Kuckucksart sucht sich als Opfer hingegen gezielt junge und im Brüten unerfahrene Vögel aus, wohl weil diesen der Betrug nicht so leicht auffällt.

Es wird immer wieder beobachtet, wie Kuckucksweibchen ihr Ei direkt vor den Augen der empörten Wirtseltern ablegen. Allerdings erhöht sich dadurch das Risiko, dass die Wirte das Ei sofort wieder aus dem Nest entfernen, weswegen das Weibchen normalerweise die Eiablage lieber in ihrer Abwesenheit erledigt. Meist legt es sich dazu schlicht in der Nähe des Nests auf die Lauer und wartet, bis seine Besitzer es verlassen, um Futter zu suchen. Doch manchmal verjagt es auch die Eltern von dem Nest, um dort in Ruhe seinem verbrecherischen Tun nachgehen zu können. Forscher der Universität Cambridge glauben sogar, dass die Kuckucke genau zu diesem Zweck ihr gestreiftes Brustgefieder sowie ihre großen Flügel und Schwanzfedern ausgebildet haben, die sie einem gefährlichen Sperber ähnlich sehen lassen. Bei den südafrikanischen Jakobinerkuckucken, die eher Elstern ähnlich sehen, hilft das Männchen dem Weibchen bei der heimlichen Eiablage, indem es die Aufmerksamkeit der Nestbesitzer auf sich lenkt und sich von ihnen durch den Busch verfolgen lässt.

Vor dem Ablegen des eigenen Eis entfernt das Kuckucksweibchen ein Ei der Wirtseltern aus dem Nest, das es entweder sofort verschluckt oder während der Eiablage im Schnabel hält. Wegen letzterer Praxis dachte man früher, Kuckucke würden ihre Eier mit dem Schnabel in fremde Nester legen. Doch in Wirklichkeit passiert das innerhalb kürzester Zeit, indem der große Vogel sich entweder mit seinem Hinterteil in das Nest zwängt oder sogar nur auf dem Rand balanciert und von dort sein Ei in das Nest plumpsen lässt. Der ganze Vorgang dauert meist nicht länger als zehn Sekunden, geht also viel schneller als eine normale Eiablage, und damit das Kuckucksei bei dem Aufprall auf das Gelege nicht zerbricht, hat es eine besonders dicke und harte Schale. Die Eier der Wirtseltern nehmen dafür bei der heimlichen Blitzaktion umso öfter Schaden.

Ob sie sich auf Goldammern, Grasmücken oder Gartenrotschwänze als Wirtsvögel spezialisiert haben, das Ei der Kuckucksweibchen gleicht in der Regel jenen, die bereits im Nest liegen. Auch wenn die Kuckuckseier oft immer noch etwas größer sind als die Eier des viel kleineren Wirtsvogels, sind sie doch wesentlich kleiner als die Eier von anderen Vögeln, die in etwa die Größe eines Kuckucks haben, und auch viel kleiner als die Eier von solchen – ebenfalls existierenden – Kuckucksarten, die die Vorzüge des Brutparasitismus nie für sich entdeckt haben und ihre Brut immer noch selbst aufziehen. Farbe und Musterung der Eier stimmen in manchen Fällen so genau mit denen der schon im Nest liegenden überein, dass bei geringem Größenunterschied selbst ausgewiesene Vogelexperten das falsche Ei nicht von den echten unterscheiden können.

Wie auf der Hand liegt, erhöht sich durch die Ähnlichkeit die Chance, dass die Wirtseltern das Kuckucksei für ihr eigenes halten. Allerdings gibt es auch Vögel, die so ziemlich jedes Ei als ihr eigenes akzeptieren, das sie in ihrem Nest finden. Heckenbraunellen etwa, kleine, unauffällige Waldvögel, bei denen sowohl Weibchen als auch Männchen oft mit zwei Partnern gleichzeitig brüten, schmeißen grundsätzlich nie von einem Gemeinen Kuckuck bei ihnen abgelegte Eier aus dem Nest, weshalb sich die Kuckucksweibchen, die die Braunellen von Generation zu Generation immer wieder als Ersatzeltern missbrauchen, offenbar auch nie die Mühe gemacht haben, ihre Eier denen ihrer Wirte anzugleichen. Bei etlichen anderen Kuckucksarten legt gleich gar keines der Weibchen Eier, die denen der Wirtsvögel gleichen, und dasselbe ist auch bei vielen anderen Vogelarten der Fall, die sogenannten Brutparasitismus betreiben, wie zum Beispiel bei den Kuhstärlingen, die in Amerika die am weitesten verbreiteten Brutparasiten sind. Wieso manche Vögel förmlich ein Straußennicht von einem Spatzenei unterscheiden können, andere aber in einem nach menschlichen Maßstäben absolut homogenen Gelege treffsicher das untergeschobene Exemplar identifizieren, ist bisher noch unklar. Viele Forscher glauben, es habe damit zu tun, wie lange und intensiv eine Vogelart bereits als Wirt missbraucht wird und wie stark die Evolution dementsprechend die Aufmerksamkeit dieser Art für den Missbrauch im Laufe der Zeit hochgeschraubt hat.

Sehen schon die Eier des Gemeinen Kuckucks nicht immer wie die seines Wirtsvogels aus, so tut es das Küken erst recht nicht. Im Gegenteil, ist das Küken erst einmal ein bisschen gewachsen, hat man den Eindruck, »als säße eine große Kröte im Nest«, wie Alfred Brehm das Bild, welches das im Vergleich zu seinen Zieheltern geradezu riesig anmutende Küken abgibt, in seinem *Tierleben* treffend beschrieb. Trotzdem erkennen bei dem Kuckucksküken die Wirtsvögel noch weniger als bei dem Kuckucksei, dass es nicht von ihnen stammt, was Biologen bis zum heutigen Tag Rätsel aufgibt. Eine Erklärung bot Anfang der Neunzigerjahre ein israelischer Zoologe an, der davon ausging, dass Vogeleltern auf die gleiche Weise vom allerersten Küken, das sie aufziehen, auf das grundsätzliche Aussehen ihrer Küken »geprägt« werden wie die Küken selbst durch den ersten Vogel, den sie nach dem Schlüpfen erblicken, auf das Aussehen ihrer Eltern. Würden die so geprägten Elternvögel bei sämtlichen nachfolgenden Bruten all jene Küken aus dem Nest schmeißen, die diesem Bild nicht entsprechen, argumentierte der Forscher, könnte es einem Paar passieren, dass es als erstes Kind einen Kuckuck im Nest sitzen hat und später nie wieder seine echten Kinder akzeptieren kann. Andere Forscher kamen daraufhin auf die schlaue, wenn auch von der Evolution offenbar noch nicht gefundene Lösung, die späteren Eltern sollten sich das richtige Aussehen von Küken lieber anhand jener Küken merken, mit denen sie selbst als Kinder im Nest saßen. So könnte es nie zu der verhängnisvollen Fehlprägung kommen: Denn mit einem Küken des Gemeinen Kuckucks sitzen nie irgendwelche anderen Küken im Nest.

Während die Küken anderer Kuckucksarten ebenso wie die vieler sonstiger parasitierender Vogelspezies den Nachwuchs ihrer Wirte neben sich im Nest dulden, vollendet das Küken des Gemeinen Kuckucks gleich nach dem Schlüpfen die Arbeit, die seine Mutter mit dem Entfernen eines einzelnen Wirtseis angefangen hat. Das Kuckucksküken schlüpft bereits nach etwa zwölf Tagen aus seiner Schale, wodurch es für gewöhnlich das erste geschlüpfte Küken des Geleges ist, und macht sich dann unverzüglich daran, alle anderen Eier aus dem Nest zu schmeißen. Obwohl noch nackt und blind und vom äußeren Eindruck her hilflos wie ein Säugling, wartet der kleine Vogel listig ab, bis seine Zieheltern für ihn auf Nahrungssuche gehen und schiebt sich dann mit seinen kleinen Beinchen rückwärts, bis er mit dem Rücken ein Ei berührt. Er hat ein speziell ausgebildetes Hohlkreuz, wie es sonst kein anderes Vogelküken besitzt und in das das Ei hineinpasst wie in einen Löffel, und außerdem speziell verlängerte Flügelknochen, mit denen er das glatte, runde Objekt auf seinem Rücken festhalten kann wie ein winziger Möbelpacker. Hat das Küken das Ei sicher zwischen sich und dem Nestrand fixiert, stemmt es Füße und Schnabel in den Boden und drückt das Ei unter sichtlicher Anstrengung und mit deutlich auf seiner nackten Haut hervorstehenden Adern nach oben. Diesen Vorgang wiederholt es, bis auch das letzte Ei über den Nestrand gepurzelt und in die Tiefe gefallen ist.

Selbst wenn die anderen Küken in dem Nest bereits alle geschlüpft sind, begehen die Kuckucksküken diese besondere Form des Brudermords und haben dafür sogar eine spezielle, nur während der ersten Tage nach dem Schlüpfen anhaltende »Kaltblütigkeit« entwickelt. In dieser Zeit ist ihre innere Temperatur deutlich niedriger als sonst bei Vogelküken, was ihnen erlaubt, auch frühmorgens aktiv zu werden, wenn ihre Zieheltern nach Nahrung suchen und alle anderen nackten Vogelkinder mit kühlen, ungewärmten Gliedern regungslos auf dem Nestboden liegen. Dann fängt das Kuckuckskind wieder an, sein grausames Blindekuhspiel zu spielen und schiebt die anderen Küken eins nach dem anderen aus ihrem luftigen Heim. Amerikanische Streifenkuckucke besitzen als Küken einen speziellen Haken vorne an jeder Schnabelhälfte, der es ihnen leichter macht, die anderen Küken in ihrem Nest totzubeißen. Die Küken von Honiganzeigern, vor allem in Afrika vorkommenden Vögeln, die ebenfalls Brutparasitismus betreiben, haben die gleichen, todbringenden Schnabelfortsätze. Ist das Massaker vorbei, entfernen die Vogeleltern ihre

261

toten Kinder fürsorglich aus dem Nest, damit der kleine Kuckuck sich keine Krankheiten holt. Brudermord ist durchaus üblich unter Vogelküken, die Küken von Kuckucken sind nur besonders gut darin – vielleicht weil die anderen Küken eben in Wirklichkeit gar nicht ihre Brüder sind.

Nachdem sich das Küken auf diese Weise die alleinige Aufmerksamkeit seiner Zieheltern gesichert hat, wächst es nach und nach zu der großen »Kröte« an, die Alfred Brehm beschrieben hat und deren überdimensionierter, grau gefiederter Leib meistens sogar irgendwann anfängt, seitlich über das viel zu kleine Nest zu quellen. Wie wiederum Zoologen der Universität Cambridge herausgefunden haben, imitiert der Vogel in dieser Zeit mithilfe von besonders schnell hintereinander abgegebenen, lauten Piepsern das Piepsen einer ganzen Brut, und bei einer japanischen Kuckucksart wurden sogar gelbe Flecken auf den Flügelinnenseiten gefunden, mit denen die Tiere vortäuschen, es befänden sich auch dementsprechend viele offene Schnäbel im Nest. Der Trick funktioniert so gut, dass die Vogeleltern manchmal sogar versuchen, die gelben Gefiederflecken zu füttern. Die Küken des Gemeinen Kuckucks verursachen allein mit ihrem Gepiepse und ihrem weit aufgesperrten orangefarbenen Rachen einen so starken Fütterungsdrang bei erwachsenen Vögeln, dass manchmal sogar Vogelpaare aus benachbarten Nestern herbeikommen, um das Riesenbaby zu füttern. Auch wenn der Kuckuck nach etwa drei Wochen flügge wird, versorgen ihn die Zieheltern noch mehrere Wochen lang außerhalb des Nests weiter. Schon im Jahr darauf ist er dann geschlechtsreif und kann ihnen – wenn sie sehr viel Pech haben – selbst ein Kuckucksei ins Nest legen.

Bei Teich- und Sumpfrohrsängern, zwei Vogelarten, die besonders gerne von Kuckucken als Zieheltern benutzt werden, liegt die Wahrscheinlichkeit, dass sie ein Kuckuckskind untergejubelt bekommen, in West- und Mitteleuropa im Durchschnitt bei acht beziehungsweise bei sechs Prozent. In manchen Gegenden liegt der sogenannte Parasitierungsgrad sogar bei knapp 30 Prozent und in gewissen Sumpfgebieten Ungarns, wo der Gemeine Kuckuck sich auf Drosselrohrsänger als Wirtsart spezialisiert hat, sind ganze zwei Drittel der Nester dieser Vögel mit den Eiern des Parasiten befallen. In vielen haben sogar gleich zwei Kuckucksweibchen ihre Eier abgelegt – deren Küken einander allerdings ebenso wenig in dem Nest dulden wie die Küken ihrer Wirtseltern.

Damit sie die Eier der Brutparasiten leichter erkennen können, sind manche Vögel dazu übergegangen, Eier zu legen, die sich innerhalb eines Geleges möglichst wenig unterscheiden, von Gelege zu Gelege aber möglichst stark, was den Kuckucken erschweren soll, bei den jährlichen brutbiologischen Eierfärbewettbewerben mitzuhalten. Wie eine Studie an vor 200 Jahren auf der Karibikinsel Hispaniola eingeführten Webervögeln vermuten lässt, haben Singvögel gemusterte Eier überhaupt erst hervorgebracht, um sich gegen Kuckucke zur Wehr zu setzen. Auf der Insel, wo die Vögel anders als in ihrer afrikanischen Heimat nicht die Betrugsversuche des listigen Goldkuckucks fürchten müssen, wurde die Musterung der Eier im Laufe der Zeit immer blasser und undeutlicher – was im Umkehrschluss natürlich bedeutet, dass sie wahrscheinlich erst anfingen, Eier mit hohem Wiedererkennungswert zu legen, als an irgendeinem Punkt ihrer Entwicklungsgeschichte der Kuckuck anfing, ihnen seine unterzujubeln.

Selbst wenn Wirtsvögel das Kuckucksei in ihrem Nest erkennen, müssen sie es jedoch manchmal dulden. Sowohl bei den oben erwähnten Häherkuckucken als auch bei amerikanischen Braunkopf-Kuhstärlingen haben Biologen in diesem Zusammenhang Erpressungsstrategien beobachtet, für die selbst den nüchternen Wissenschaftlern keine andere Bezeichnung als »Mafiamethoden« einfiel. Schmissen die Wirtsvögel dieser Brutparasiten deren Eier aus dem Nest, nahmen die Schmarotzer Rache, indem sie die Gelege der Vögel zerstörten oder auffraßen, und brachten sie so dazu, beim nächsten Gelege das fremde Ei zu dulden. Es sind Fälle bekannt, bei denen sich wesentlich kleinere Singvögel erfolgreich gegen Kuckucke und anderer Brutparasiten wehrten und diese sogar töteten (manchmal sogar im wütenden Alleingang). Doch in der Regel haben sie gegen die körperlich überlegenen Nassauer keine Chance und erfahrene amerikanische Singammern laden aus diesem Grund Wirtseltern suchende Braunkopf-Kuhstärlinge sogar richtiggehend dazu ein, ein Ei in ihrem Nest abzulegen. Die Stärlingsküken dulden die Wirtsküken neben sich im Nest, sodass die Ammer durch ihre Ammentätigkeit zwar nur drei statt vier eigene Küken großzieht, sich damit gleichzeitig aber die Sicherheit erkauft, dass die Stärlingsmutter ihr Nest in Ruhe lässt.

Coelioxys coturnix:
Die krumme Tour
der Kuckucksbienen

Galten Vögel lange als Musterbeispiel für eheliche Treue, so stehen Bienen seit jeher für Tugenden wie Fleiß, Selbstaufopferung und Gemeinsinn. Ein Staat der Westlichen Honigbiene, *Apis mellifera*, besteht aus einer Königin und – zu seiner sommerlichen Hochzeit – etwa 50 000 Arbeiterinnen, die von der Nahrungsbeschaffung, der Brutfürsorge und der Bewachung des Stocks bis hin zur täglichen Fütterung und Säuberung der Herrscherin alle Aufgaben im Staat übernehmen, ohne sich selbst in ihrem jeweils etwa 40-tägigen, von ständiger Arbeit geprägten Leben auch nur einmal fortzupflanzen. Als Grund für die Bereitschaft zu einem so selbstlosen Dasein, das die Arbeiterinnen gegebenenfalls nur allzu bereitwillig im Kampf gegen einen Angreifer ganz opfern, werden normalerweise die besonderen Verwandtschaftsverhältnisse herangezogen, die innerhalb eines Bienenstaats herrschen. Wegen der speziellen Vermehrungsweise der Bienen, bei der die Weibchen normal, die Männchen jedoch per Jungfernzeugung entstehen und ihren dabei halbierten Chromosomensatz eins zu eins an ihre Töchter weitergeben, haben, so die Theorie, alle von der Königin hervorgebrachten und untereinander verschwisterten Arbeiterinnen mehr Gene miteinander gemeinsam als mit jedem potenziellen eigenen Nachwuchs, den sie in die Welt setzen könnten. Statt mittels Parthenogenese selbst männliche Nachkommen hervorzubringen, wozu sie durchaus in der Lage wären, helfen sie deswegen lieber mit vereinten Kräften der Königin, weiterhin Arbeiterinnen zu produzieren, und begehren auch dann nicht gegen ihren Frondienst auf, wenn das Nest sich teilt und eine ihrer Schwestern – durch den verstärkten Verzehr von Gelee Royale auf die edle Aufgabe vorbereitet – die Eierproduktion im Stock übernimmt.

So elegant sich auf diese Weise der Gemeinschaftssinn der Bienen erklären lässt, wie bei der Treue der Vögel haben auch hier die modernen Methoden der genetischen Verwandtschaftsanalyse für neue Erkenntnisse gesorgt. Die Rechnung der *kin selection* oder Sippenselektion, wie die oben dargelegte Theorie sich im Fachjargon nennt, geht im Fall der Bienen nur auf, wenn die Königin sich bei der Gründung ihres Bienenstaats mit nur *einem* Männchen paart, da nur dann alle ihre Töchter dessen gesamtes Genmaterial und ihr halbes gemeinsam haben, also zu 75 Prozent genetisch identisch sind (das heißt um 25 Prozent enger miteinander verwandt als mit einem möglichen Sohn). Wie DNA-Analysen allerdings ergaben, paart sich eine Bienenkönigin auf ihrem Hochzeitsflug mit bis zu 20 verschiedenen Männchen und benutzt auch alles dabei aufgenommene Sperma, um später ihre tägliche Ration von bis zu 2 000 Eiern zu legen, was den Verwandtschaftsgrad und damit die Solidarität unter ihren Töchtern natürlich erheblich herabsetzt. Wie weitere Erbgutuntersuchungen zeigten, herrscht unter den Schwestern im Bienenstaat auch tatsächlich viel weniger genetische Übereinstimmung als bisher angenommen und tragen die Arbeiterinnen durchaus gerne mittels eigener Zeugung zur weiteren genetischen Durchmischung des Volkes bei, wenn man sie denn lässt.

Was die Arbeiterinnen davon abhält, ist wohl weniger genetische Solidarität als ein chemischer Stoff, den die auf ihr Zeugungsmonopol pochende Königin absondert, sowie der Argwohn der anderen Arbeiterinnen. Genetisch unterschiedlich wie diese den neueren Untersuchungen zufolge sind, passen sie höllisch auf, dass keine ihrer Kolleginnen eigene Nachkommen hervorbringt, die nur halb so verwandt mit ihnen wären wie die Nachkommen der Königin, und dulden mit dieser Absicht gelegte Eier keine Sekunde lang im Nest. Statt bescheidenem Gemeinschaftsgeist herrscht unter den Bienenschwestern eine Atmosphäre der ständigen Missgunst, bei der keine der anderen auch nur ein klein bisschen mehr Mutterglück zubilligt, als ihr selbst vergönnt ist, und wer dem Stock sozusagen ein internes Kuckucksei unterjubeln will, muss sich nicht nur von der Kontrolldroge lösen, mit der die tyrannische Königin ihr Arbeitsheer unter der Knute hält, sondern seine Brut auch mit Zähnen und Klauen gegen den Neid der anderen Nestbewohnerinnen verteidigen.

Auch vom vielgerühmten Fleiß der Bienen ließen die DNA-Analysen nicht viel übrig. In einem Stock zeigen einzelne Arbeiterinnen mehr Eifer beim Nektarsammeln und andere weniger, das wusste man schon länger. Jetzt stellte man jedoch per genetischem Fingerabdruck fest, dass nicht nur die jeweils gemeinsam in einem Stock zusammenlebenden Bienen viel weniger eng miteinander verwandt waren als immer gedacht, sondern dass sich dort stets auch etliche Bienen aufhielten, die überhaupt nicht mit den anderen Bienen verwandt waren und aus einem ganz anderen Stock stammten. Was diese Bienen dort wollten, war auch schnell klar: Honig klauen. So konnten sie sich das mühsame Von-Blüte-zu-Blüte-Fliegen draußen in der brütenden Sommerhitze sparen und bei der Rückkehr in ihren eigenen Stock trotzdem eine gute Figur machen.

Besonders bei den Dunklen Erdhummeln, die wie alle Hummeln zur Familie der Bienen gehören und jeden Sommer kleine Staaten in verlassenen Mäuse- und Maulwurfsgängen aufbauen, dringen den Untersuchungen der Forscher zufolge fremde Arbeiterinnen aber auch noch aus einem anderen Grund ins Nest ein. Sie wollen Eier in dem Nest ablegen und ihre Brut von den dort lebenden Arbeiterinnen aufziehen lassen und sind dabei – offenbar weil sie weniger von der Chemokeule der Königin beeinflusst werden – sogar erfolgreicher als die zum Nest gehörenden Arbeiterinnen mit ihren eigenen, gegen die Hausregeln verstoßenden Eiern. Die Hummeln liefern damit einen Hinweis darauf, wie sich ganz auf solchen schmarotzerischen Brutparasitismus spezialisierte Bienenarten entwickelt haben könnten, denn auch diese gibt es unter den als so fleißig bekannten Insekten, und zwar nicht zu knapp: Von den etwa 20 000 Bienenspezies, die weltweit bekannt sind, gehören rund 3 700 zu den sogenannten Kuckucksbienen, die ihren Nachwuchs grundsätzlich auf Kosten anderer großziehen, also beinah 20 Prozent.

Allen Kuckucksbienen ist gemeinsam, dass sie keine der zum Pollensammeln nötigen Körbchen oder Härchen an den Hinterbeinen haben, die normale Bienen dort tragen, weil sie selbst ja keine Vorräte für ihre Brut sammeln, sondern diese in den Vorratskammern fremder Bienen ablegen. Auch ist ihre Haut dicker als bei Bienen üblich, damit sie einen besseren Schutz gegen die wütenden Stiche ihrer Opfer bietet, falls diese sie beim Herumschleichen in ihrem Nest erkennen.

Damit das nicht passiert, halten die Weibchen der Kuckuckshummeln, die ihre Eier vor allem in Nestern wie denen der oben erwähnten Erdhummeln ablegen, erst einmal ein paar Tage in den äußeren Abfallkammern des Nestes auf. So nehmen sie den charakteristischen Geruch des Nests an und fallen den Arbeiterinnen nicht auf, wenn sie später von Brutzelle zu Brutzelle krabbeln, um ihre Kuckuckseier darin abzulegen. Die Eier der echten Hummelkönigin – und natürlich auch jedes unrechtlich abgelegte Arbeiterei – entfernt die Kuckuckshummel aus den Zellen, indem sie sie einfach auffrisst.

Manche Arten von Kuckuckshummeln gehen noch rabiater vor. Sie verzichten auf die geruchliche Tarnung und stechen einfach jede Arbeiterin tot, die sich ihnen in den Weg stellt. Sind sie auf diese Weise schließlich zu der tief im Nest verborgenen Königskammer vorgedrungen, töten sie auch die Königin, schwingen sich zur neuen Königin des Staates auf und zwingen die übrig gebliebenen Arbeiterinnen, ihnen fortan genauso zu dienen wie vorher der rechtmäßigen Herrscherin.

Subtiler gehen wiederum die Kegelbienen ans Werk, die ihren Namen wegen ihres spitz zulaufenden Hinterleibs tragen und sich vor allem auf sogenannte Blattschneiderbienen als Wirte spezialisiert haben, mit denen sie – wie stets bei Kuckucksbienen und ihren Opfern – taxonomisch eng verwandt sind. Blattschneiderbienen leben einzelgängerisch und legen ihre Brut in Holzkäfergängen, Mauerritzen oder anderen gangartigen Hohlräumen ab, die sie mit aus Pflanzen ausgebissenen Blattschnipseln auskleiden und der Länge nach in einzelne Brutkammern unterteilen. Um jede Kammer mit einem so dicken Klumpen aus Blütenstaub und Nektar zu bestücken, dass sich aus dem darin abgelegten Ei bis zum nächsten Sommer eine fertige

Biene entwickeln kann, fliegen die Bienenweibchen etwa zwanzigmal pro Kammer zwischen dem Gang und in der Nähe stehenden Blumen hin und her, und genau einen dieser Flüge warten die Kegelbienen meist ab, um eins ihrer Eier unter der Tapete aus Blattschnipseln zu verstecken, mit der jede Kammer ausgekleidet ist. Noch listiger verhalten sich allerdings die Kegelbienen der Spezies *Coelioxys coturnix*. Sie passen für die Eiablage genau jenen Moment ab, in dem die Blattschneiderbiene mit den Vorratsflügen fertig ist, die Kammer noch einmal auf Fremdkörper und Parasiten überprüft und dann losfliegt, um eins der runden Blattstücke zu besorgen, mit denen sie jede Kammer abdichtet. Vor dem Abdichten überprüft die Biene die Kammer nicht noch einmal und so läuft das Kuckucksei dieser Kegelbienenspezies noch weniger Gefahr, von seinem Wirt entdeckt zu werden.

Die Kegelbienen achten bei der Ablage sogar genau darauf, in die hintersten Kammern nur weibliche Eier zu legen, in die oberen aber nur solche, aus denen Männchen schlüpfen. Da wie bei ihrem Wirt die Männchen früher mit ihrer Entwicklung fertig sind als die Weibchen, könnte es sonst passieren, dass die Männchen sich durch Zellen der weiblichen Larven nach draußen beißen und diese dabei töten. Die Larven des Wirts entgehen diesem grausamen Schicksal aber natürlich nicht. Um sie gleich nach dem Schlüpfen umzubringen, haben die jungen Larven große, sichelförmige Kieferscheren, mit denen sie im Zweifelsfall auch gegen alle anderen Parasiten in der Kammer vorgehen, miteingeschlossen ihre eigenen Geschwister.

Synodontis multipunctatus: Die schrecklichen Kinder der Kuckuckswelse

Die großen Seen im Südosten Afrikas sind für Evolutionsbiologen von besonderem Interesse, weil sich dort in entwicklungsgeschichtlich gesehen sehr kurzer Zeit extrem viele verschiedene Fischarten ausgebildet haben. Das Hauptaugenmerk der Biologen gilt dabei den Buntbarschen oder Cichliden, von denen es in jedem der Seen mehrere Hundert Arten gibt und die wegen ihres oft prächtig gefärbten Schuppenkleids auch bei Zierfischhaltern sehr beliebt sind. In den Seen besetzen die Buntbarsche jede nur vorstellbare ökologische Nische, ernähren sich mal, indem sie Algen von Felsen abgrasen, mal, indem sie Kleinkrebse und Insektenlarven vertilgen, stellen sich aber auch gegenseitig auf alle erdenklichen Weisen nach. Es gibt Buntbarsche, die sich darauf spezialisiert haben, anderen Buntbarschen die Schuppen vom Leib zu fressen, andere bestreiten ihren Broterwerb praktisch ausschließlich dadurch, dass sie ihren Artverwandten die Augen aus dem Gesicht beißen, und wieder andere haben sogar gelernt, sich tot zu stellen, um so ahnungslose Jungcichliden anzulocken und zu verspeisen.

Kaum verwunderlich, dass bei so vielen Gefahren die Buntbarsche ihren Laich nicht einfach ins Wasser abgeben und sich selbst überlassen, wie viele andere Fische, sondern auch für die Aufzucht ihrer Jungen eine besondere Methode entwickelt haben. Wie die Sandburgen bauenden Malawibuntbarsche, die im Kapitel »Liebesnester« beschrieben werden, sind viele von ihnen Maulbrüter und ziehen ihren Nachwuchs im Schutz ihres eigenen Mundraums auf. Zwar haben sich auch in diesem Fall natürlich rasend schnell bestimmte andere Buntbarscharten entwickelt, die darauf spezialisiert sind, selbst noch den auf diese Weise geschützten Fischjungen erfolgreich nachzustellen. Manche davon rempeln die maulbrütenden Fischeltern einfach an, um ihnen die Brut aus den Backen zu spülen, andere versuchen, ihnen mit einer Art Kuss des Todes die Fischbabys aus dem Mund zu saugen. Die heimtückischste Methode, an die Jungen der Maulbrüter heranzukommen, hat jedoch ironischerweise kein Buntbarsch, sondern ein ebenfalls in den Seen lebender Wels erfunden, denn er löscht die Brut der Maulbrüter aus, indem er ihnen wie ein trojanisches Pferd seine eigene unterjubelt.

Synodontis multipunctatus, der Kuckuckswels, ist ein 15 bis 30 Zentimeter großer Wels, der mit seiner beigefarbenen, gepunkteten Haut ein wenig an einen kleinen Katzenhai erinnert und zur Familie der Fiederbartwelse gehört, die ihren Namen wegen der fransigen Barteln tragen, die sie am Kinn haben. Mit diesen Barteln sucht der Kuckuckswels im flachen Uferbereich des Tanganjikasees, wo er ausschließlich vorkommt, den Sand nach Schnecken ab, die er nicht knackt, sondern mit dem Maul geschickt aus ihrem Gehäuse zuzelt. Wie alle Fiederbartwelse ist er für seine Fähigkeit bekannt, der Nahrungssuche auch mit dem Bauch nach oben, also auf dem Rücken schwimmend nachgehen zu können, was er allerdings nur gelegentlich macht, um zum Beispiel die Decken von Felshöhlen besser nach Fressbarem abtasten zu können. Eine weitere Besonderheit des Welses sind die seltsamen Quietschgeräusche, die er von sich gibt, wenn er sich bedroht fühlt, und die dadurch entstehen, dass er einen speziellen Knochen am Ansatz seiner Brustflossen an der dahinterliegenden Knochenplatte reibt. Als einzigartig unter den Fischen der Welt wird er jedoch betrachtet, weil er als einziger von ihnen wahren Brutparasitismus betreibt, das heißt wie der Kuckuck seine Jungen von einem anderen Fisch betreuen lässt, bis sie groß genug sind, um alleine zurechtzukommen.

Nicht alle Buntbarsche bauen sich für ihre Paarung eine riesige Sandburg, wie die eben bereits erwähnten Malawibuntbarsche. Doch viele drücken sich dazu wenigstens eine flache Mulde in den Sand oder räumen eine gewisse Fläche von sämtlichen Steinchen frei, die darauf liegen. Über dieser Fläche umkreisen sie sich dann wie die Malawibuntbarsche über ihrem Sandkegel, bis das Weibchen so weit ist, seinen Laich abzulegen, und das Männchen, diesen praktisch im gleichen Moment mit seinem Samen zu bedecken. Allerdings werden auch sie dabei nicht selten gestört: von konkurrierenden Männchen, von hungrigen Eierdieben oder aber von einem Paar Kuckuckswelse, das sich – keineswegs zufällig – ganz genau denselben Platz zum Ablaichen ausgesucht hat.

Die Kuckuckswelse drängen sich genau im richtigen Moment zwischen das laichende Paar und verhindern so, dass das Weibchen die befruchteten Eier mit dem Maul aufnehmen kann. Erst nachdem sie ebenfalls ihre Eier auf dem Laichplatz abgelegt und befruchtet haben, erlauben sie dem Mutterfisch, sein Gelege in den Schutz seines Mundraums zu befördern. Obwohl die Eier der Welse in der Regel eine andere Farbe haben und wesentlich kleiner sind als die der Buntbarsche, die sie stören, nimmt das Buntbarschweibchen meist sämtliche Eier vom Boden auf, die es finden kann. Selbst Steinchen, die ungefähr die Form eines Eis haben, nimmt die besorgte Mutter in ihre Obhut.

In ihrem Maul, wo die Mutter ihren Nachwuchs eigentlich vor all den anderen Mäulern des Tanganjikasees sicher wähnt, nimmt dann nach ein paar Tagen die Tragödie ihren Lauf. Dann schlüpfen in dem von dem Buntbarschweibchen immer wieder fürsorglich mit frischem Wasser durchspülten Mundraum die Buntbarschjungen – und werden einer nach dem anderen von den bereits vor ihnen geschlüpften Welsjungen verspeist. Unmittelbar nach dem Schlüpfen sind die Larven beider Fische nicht mehr als durchsichtige Kaulquappen mit schwarzen Punkten als Augen und einem großen gelben Dottersack im Bauch, der ihnen in den ersten Tagen ihres Lebens als Nahrungsvorrat dient. Haben die Welslarven diesen Vorrat jedoch aufgezehrt, beginnen sie, sich über die Buntbarschlarven herzumachen, die meist in beträchtlich höherer Zahl als sie selbst in dem Maul umherschwimmen. Anfangs ist der Größenunterschied zwischen ihnen und ihren Opfern dabei noch so gering, dass sie die Larven nur mit dem Kopf voran verschlingen können, weil sie anders den dicken Dottersack nicht in ihr Maul bekommen. Manchmal verbeißen sie sich auch einfach nur seitlich in die Wirtslarve und saugen sie langsam aus. Um seine erste Barschlarve zu verzehren, braucht ein Jungwels dementsprechend meist mehrere Stunden. Da er aufgrund seiner guten Ernährung allerdings rasch wächst, geht das bald jedoch schon weitaus schneller, bis er schließlich die letzten kleinen Nachzügler, die aus den Wirtseiern schlüpfen, jeweils mit einem einzigen plötzlichen Happs verschlucken kann.

Haben die räuberischen Welskinder die gesamte Brut ihrer Ziehmutter vertilgt, verlegen sie sich darauf, außerhalb des Mauls nach Muschelkrebsen und Insekten zu jagen, wozu das Buntbarschweibchen sie täglich für einige Stunden des Tages aus der Obhut seines Mundraums entlässt, so wie es es auch mit seinen echten Kindern getan hätte. Obwohl das Weibchen die Jungfische dabei aufmerksam im Auge behält, damit es sie notfalls schnell wieder in sein schützendes Maul saugen kann, und einige seiner vermeintlichen Jungen bereits mehr als zwei Zentimeter groß sein können, merkt der getäuschte Buntbarsch auch jetzt nichts von dem Betrug. Selbst wenn zwischen den kleinen Welsen noch ein paar kleine Buntbarsche herumschwimmen – was möglich ist, wenn diese es schaffen, ungefressen über die Schwelle von eineinhalb Zentimetern hinauszuwachsen –, fällt dem Weibchen kein Unterschied zwischen seinem echten und seinem falschen Nachwuchs auf. Und wenn es nach etwa einem Monat die Jungfische endgültig in die Freiheit entlässt, geht es vermutlich davon aus, es habe einen ganz normalen Satz kleiner Buntbarsche großgezogen.

Als habe die Evolution einen Sinn für ausgleichende Gerechtigkeit, gibt es in den großen Seen Ostafrikas allerdings auch einen Wels, der sich an der Brutpflege von Buntbarschen beteiligt. Dieser rund eineinhalb Meter große Stachelwels aus dem Malawisee, der bis zu drei Monate lang auf seine Jungen aufpasst und diese sogar manchmal ähnlich wie ein Vogel mit Nahrung versorgt, lässt es zu, dass Buntbarschweibchen, die gerade mal ein Zehntel seiner Größe haben, ihre Jungfische in seinem Kinderschwarm unterbringen und so quasi seinem Schutz unterstellen. Tatsächlich haben so die Jungen dieser Weibchen, die den Schwarm mit bewachen, größere Überlebenschancen. Vollkommen uneigennützig handelt allerdings auch der Wels nicht. Wie bei den Straußen im Kapitel »Schlimme Finger« dienen ihm die fremden Jungfische, die sich stets nur im äußeren Bereich des Schwarms aufhalten dürfen, als eine Art Puffer für seinen eigenen Nachwuchs. Auch funktioniert die artübergreifende Kinderkrippe nur tagsüber und nachts müssen die Buntbarschmütter ihren Nachwuchs wieder aus dem Mischschwarm abziehen. Dann geht der Wels nämlich auf die Jagd und erbeutet dabei bevorzugt Buntbarsche.

Danksagung

Ich habe dieses Buch geschrieben, weil ich selbst gerne solche Bücher lese: voller wunderlicher Geschöpfe und Geschichten, die sich allesamt die Natur »ausgedacht« hat. Der Natur entlockt habe diese Geschichten jedoch nicht ich selbst – das wäre bei so vielen Tieren und so vielen Schauplätzen ja auch unmöglich –, sondern die große Schar aus in Darwins Fußstapfen tretenden Forschern, von denen schon im Vorwort die Rede war. Ihnen gebührt auch mein erster und größter Dank. Wo möglich, habe ich mich bei ihnen selbst vergewissert, dass ich ihre Beobachtungen und Thesen richtig dargestellt habe; wo nicht, habe ich mich an auf ähnlichem Gebiet arbeitende Wissenschaftler gewendet, um die Fakten in den jeweiligen Abschnitten des Buches zu checken.

Das Erstaunliche und Schöne dabei war, wie bereitwillig mir jeder geholfen hat. Obwohl ich selbst keine Universität oder wissenschaftliche Institution im Rücken habe, also sozusagen als Privatmann an sie herangetreten bin, haben sich alle der folgenden Fachleute wie selbstverständlich die Zeit genommen, auf meine Fragen zu antworten, und mit allergrößter Geduld und Freundlichkeit meine Irrtümer korrigiert: Dr. Hansjörg Kunc von der Universität Belfast; Dr. Wolfgang Staeck von der Deutschen Cichliden-Gesellschaft; Professor Karl-Ernst Kaissling, emeritiertes Mitglied der Max-Planck-Gesellschaft und früher leitender Forscher am Institut für Verhaltensphysiologie in Seewiesen; Dr. Barbara Thaler-Knoflach von der Universität Innsbruck; Dr. Karin Riemann-Zürneck und Dr. Franz Riemann vom Alfred-Wegener-Institut für Polar- und Meeresforschung; Professor Michael Türkay, Dr. Friedhelm Krupp, Dr. Gerald Mayr und Dr. Damir Kovac vom Forschungsinstitut Senckenberg; Professor Klaudia Witte von der Universität Siegen; Professor Barbara König und Dr. Christoph Vorburger von der Universität Zürich; Ralf Sistermann vom Kleinsäuger-Fachmagazin *Rodentia*; Sven Baumung vom

NABU Hamburg; Dr. Jakob Hallermann von der Universität Hamburg; Professor Matthias Leippe und Dr. Uwe Piatkowski von der Universität Kiel; Dr. Martin Plath von der Universität Frankfurt; Professor Axel Meyer von der Universität Konstanz; Dr. David Thieltges von der Universität von Otago (Neuseeland); Professor Ulrich Sinsch von der Universität Koblenz; Dr. Frank Schroeder von der Cornell-Universität (USA); Professor Robert Patzner von der Universität Salzburg; Professor Boris Culik von der Firma F³; Dr. Oliver Krüger von der Universität Cambridge; Professor Klaus Hoffmann von der Universität Bayreuth; Professor Manfred Schartl von der Universität Würzburg; Professor Ute Knierim von der Universität Kassel; Professor Ernst-Gerhard Burmeister, Professor Klaus Schönitzer und Dr. Axel Hausmann von der Zoologischen Staatssammlung München; Dr. Stephan Koblmüller von der Universität Graz; Dr. Hans-Jürgen Hoffmann von der Universität Köln; Dr. Harald Kullmann von der Universität Münster; Dr. Bettina Wachter vom Leibniz-Institut für Zoo- und Wildtierforschung; Dr. Johannes Lückmann von der Arbeitsgemeinschaft Rheinischer Koleopterologen; Dr. Udo Gansloßer von der Ethologischen Gesellschaft; Professor Franz Bairlein vom Institut für Vogelforschung; Professor Norbert Lenz vom Staatlichen Museum für Naturkunde Karlsruhe; Professor Fritz Trillmich und Professor Klaus Reinhold von der Universität Bielefeld; Dr. Chadi Touma vom Max-Planck-Institut für Psychiatrie; Professor Hans Klingel von der Universität Braunschweig; Dr. Holger Hunger von der Schutzgemeinschaft Libellen in Baden-Württemberg; Professor Winfried Lampert vom Max-Planck-Institut für Evolutionsbiologie; Dr. Dirk Hincha vom Max-Planck-Institut für molekulare Pflanzenphysiologie; Professor Peter Kappeler von der Universität Göttingen; Dr. Barbara Fruth vom Max-Planck-Institut für Evolutionäre Anthropologie; Dr. Hans-Ulrich Peter von der Universität Jena; Professor Karl-Ludwig Schuchmann vom Zoologischen Forschungsmuseum Alexander Koenig; Professor Larry Wolf von der Universität von Florida; Dr. Ralf Dittrich von der Universität Gießen; Professor Eberhard Curio von der Universität Bochum; Professor Heinz Mehlhorn von der Universität Düsseldorf; Dr. Anna-Caroline Wöhr von der

Universität München; Professor Heike Pröhl von der Tierärztlichen Hochschule Hannover. All diesen Wissenschaftlern, Tierexperten und Naturkennern möchte ich herzlich für ihre Hilfe danken. An sämtlichen Fehlern, die sich trotzdem noch in dem Buch finden, bin ich selbst schuld.

Herzlich danken möchte ich auch Carmen Kölz und ihrem Team vom Eichborn Verlag für die stets so sympathische und unkomplizierte Betreuung. Großer Dank gebührt ebenfalls Holger Epp für sein gewissenhaftes und kluges Lektorat, welches das Buch deutlich lesbarer gemacht hat. Vielen Dank auch an meinen Agenten und guten Freund Wolfgang Seidel sowie schließlich an meine Freundin Katja für ihre Geduld an langen Schreibtischabenden.

Quellen

Unten sind die Quellen, auf die sich die Darstellungen des Buches stützen, nach Kapiteln und Tieren aufgeführt. Sie dienen natürlich auch als Literaturliste für jene Leser, die vielleicht Lust bekommen haben, sich mit dem einen oder anderen Sachverhalt näher vertraut zu machen. Gar nicht so wenige der wissenschaftlichen Artikel sind frei im Internet zugänglich; am einfachsten findet man sie, wenn man ein paar Worte des Titels bei *Google* oder *Google Scholar* eingibt. Um an die zitierten Handbücher und Nachschlagewerke heranzukommen, muss man in der Regel immer noch eine Bibliothek aufsuchen. Doch auch hier hat das Internet inzwischen einiges zu bieten.

Wie in den meisten anderen Bereichen des Lebens: Wer sich schnell und unkompliziert über etwas informieren will, geht auf die Webseite von *Wikipedia*, diesem allein in der deutschen Ausgabe beinah eine Million Artikel umfassenden Mitmachlexikon, dem den Worten eines Autors der *Frankfurter Allgemeinen Zeitung* selbst ein Prinzip zugrunde liegt, das eigentlich eher aus dem Tierreich bekannt ist, nämlich das der sogenannten Schwarmintelligenz. Auf die Intelligenz desjenigen Teils des Schwarms, der bei *Wikipedia* Artikel über Tiere schreibt, ist im Allgemeinen auch Verlass; wer die Informationen zu mehr gebrauchen will als zur Befriedigung des eigenen Wissensdursts, sollte sie jedoch unbedingt in herkömmlichen Nachschlagewerken gegenchecken. Ein großer Vorteil der Internet-Enzyklopädie sind die Verweise auf neueste wissenschaftliche Entwicklungen, die online natürlich viel leichter aktuell zu halten sind und in manchen Fällen – das war jedenfalls mein Eindruck – sogar von den Wissenschaftlern, die die neuen Entdeckungen gemacht haben, selbst verfasst werden.

Gerade was biologische und zoologische Sachverhalte angeht, gibt es im Internet allerdings auch zahlreiche andere Versuche, das Wissen der Welt an einem Ort zu bündeln. Der ehrgeizigste unter ihnen ist die von dem berühmten amerikanischen Ameisenforscher Edward Wilson mitangestoßene *Encyclopedia of Life*, in der im Laufe der nächsten zehn Jahre eine eigene wissenschaftliche Webseite für jedes der 1,8 Millionen bekannten Lebewesen der Erde erscheinen soll (Stand August 2009: 170 000 Einträge). Ähnliche, zum Teil damit verbundene und auch für den Laien interessante Informationssammlungen sind *Tree of Life, Animal Diversity Web* sowie die spezifischer ausgerichteten Seiten von *FishBase* (Fische), *CephBase* (Kopffüßer), *AmphibiaWeb* (Amphibien), *AntWeb* (Ameisen), *MarLin* (Meeresorganismen) und *The Internet Bird Collection* (Vögel); alle leider nur in englischer Sprache.

Vorwort

Browne, J.: *Charles Darwin: Die Entstehung der Arten*, Deutscher Taschenbuch Verlag, München 2007.
Darwin Correspondence Project (www.darwinproject.ac.uk): *Letter 1167 – Darwin, C. R. to Henslow, J. S., [1 Apr 1848]; Letter 1174 – Darwin, C. R. to Hooker, J. D., 10 May 1848; Letter 1252 – Darwin, C. R. to Lyell, Charles, [2 Sept 1849]*.
Desmond, A., Moore, J., Browne, J.: *Charles Darwin*, Oxford University Press, Oxford 2007.
Desmond, A., Moore, J.: *Darwin*, List Verlag, München/Leipzig 1992.
Fischer, E. P.: *Der kleine Darwin: Alles, was man über die Evolution wissen sollte*, Pantheon Verlag, München 2009.

1. Liebeslieder

Nachtigallen
»Die Nachtigall: Vogel des Jahres 1995«, *NABU.de* (www.nabu.de).
»Vögel zwitschern Handyklingeltöne«, *NABU.de* (www.nabu.de) vom 12.7.2005.
Andersen, H. C.: *Gesammelte Märchen*, Fischer Taschenbuch Verlag, Frankfurt am Main 2005.
Czichos, J.: »Je schöner der Gesang, desto intelligenter der Vogel«, *Wissenschaft.de* (www.wissenschaft.de) vom 23.11.2000.
Deutsches Wörterbuch von Jacob und Wilhelm Grimm, Band 7, Deutscher Taschenbuch Verlag, München 1984.
Duden: Das große Wörterbuch der deutschen Sprache, Band 6, Dudenverlag, Mannheim 1999.
Glutz von Blotzheim, U. N.: *Handbuch der Vögel Mitteleuropas: Das größte elektronische Nachschlagewerk zur Vogelwelt Mitteleuropas auf CD-ROM*, Band 11/I: *Passeriformes* (2.Teil), Vogelzug-Verlag, Wiesbaden 2004.

Keats, J.: *Ode an eine Nachtigall*, Projekt Gutenberg-DE (gutenberg.spiegel.de).

Knight, W.: »Urban nightingales are illegally loud«, *NewScientist.com* (www.newscientist.com) vom 5.5.2004.

Kunc, H. P., Amrhein, V., Naguib, M.: »Vocal interactions in common nightingales (*Luscinia megarhynchos*): males take it easy after pairing«, in: *Behavioral Ecology and Sociobiology* 61(4), 557–563, 2006.

Kunc, H. P., Amrhein, V., Naguib, M.: »Vocal interactions in nightingales, *Luscinia megarhynchos*: more aggressive males have higher pairing success«, in: *Animal Behaviour* 72(1), 25–30, 2006.

Meistersinger (CD mit Begleitheft), Schott Music & Media, Mainz 2000.

Ronner, E. E.: *Der Dichter und die Nachtigall: Die große Liebe des Märchendichters Hans Christian Andersen*, GS-Verlag, Bern 1990.

Singer, D.: *Unsere Singvögel: Alle Arten Mitteleuropas*, Kosmos-Verlag, Stuttgart 2008.

Thomas, R. J.: »The costs of singing in nightingales«, in: *Animal Behaviour* 63(5), 959–966, 2002.

Wember, V.: *Die Namen der Vögel Europas: Bedeutung der deutschen und wissenschaftlichen Namen*, Aula-Verlag, Wiebelsheim 2005.

Yong, E.: »City songbirds are changing their tune«, in: *New Scientist* 2649, 33–35, 2008.

Buckelwale

»Wale bellen und zirpen für Weibchen«, *Spiegel Online* (www.spiegel.de) vom 2.2.2006.

Bright, M.: *Whale Odyssey: A Humpback Whale's First Perilous Year*, JR Books, London 2008.

Cawardine, M., Hoyt, E., Fordyce, R. E., u. a.: *Delphine & Wale: Verstehen, Erkennen, Beobachten*, Gondrom-Verlag, Bindlach 2005.

Ellis, R.: *Singing Whales and Flying Squid: The Discovery of Marine Life*, Lyons Press, Guilford 2005.

Lehnen-Beyel, I.: »Sangeskunst mit Syntax«, *Wissenschaft.de* (www.wissenschaft.de) vom 23.3.2006.

Mercado, E., Frazer, L. N.: »Humpback whale song or humpback whale sonar? A reply to Au et al.«, in: *IEEE Journal of Oceanic Engineering* 26(3), 406–415, 2001.

Noad, M. J., Cato, D. H., Bryden, M. M., u. a.: »Cultural revolution in whale songs«, in: *Nature* 408(6812), 537, 2000.

Pain, S.: »Chart topper«, *NewScientist.com* (www.newscientist.com) vom 29.11.2000.

Pain, S.: »Culture Shock«, *NewScientist.com* (www.newscientist.com) vom 24.3.2001.

Smith, J. N., Goldizen, A. W., Dunlop, R. A., u. a.: »Songs of male humpback whales, *Megaptera novaeanglia*, are involved in intersexual interactions«, in: *Animal Behaviour* 76(2), 467–477, 2008.

Suzuki, R., Buck, J. R., Tyack, P. L.: »Information entropy of humpback whale songs«, in: *Journal of the Acoustical Society of America* 119(3), 1849–1866, 2006.

Mäuse

»Singing Mouse«, *Time* vom 28.12.1936, gefunden im Online-Archiv des Magazins auf *Time.com* (www.time.com).

Gray, P. M., Krause, B., Atema, J., u. a.: »The music of nature and the nature of music«, in: *Science* 291(5501), 52–54, 2001.

Holy, T. E., Zhongsheng, G.: »Ultrasonic songs of male mice«, in: *PloS Biology* 3(12): e386 (Online-Zeitschrift), 2005.

Hooper, R.: »Romantic rodents give secret serenades«, *NewScientist.com* (www.newscientist.com) vom 1.11.2005.

Mrasek, V.: »Mäuse zwitschern für Sex«, *Spiegel Online* (www.spiegel.de) vom 1.11.2005.

Sample, I.: »Why male mice feel urge to break out into song«, *Guardian.co.uk* (www.guardian.co.uk) vom 1.11.2005.

Schallenberg, C.: »Piepsen für die Liebste«, *Wissenschaft.de* (www.wissenschaft.de) vom 1.11.2005.

Stöcklhuber, B.: »Forscher: Vögel, Wale und Menschen haben gemeinsame musikalische Wurzeln«, *Wissenschaft.de* (www.wissenschaft.de) vom 19.1.2001.

2. Liebesdüfte

Grauschaben

Boraiko, A. A.: »The indomitable cockroach«, in: *National Geographic* 159, 130–142, 1981.

Donner, S.: »Kakerlaken-Weibchen geraten in Torschluss-Panik«, *Wissenschaft.de* (www.wissenschaft.de) vom 28.7.2001.

Haworth, A.: »Why being a teenage mum could be good for you!«, *EurekAlert!* (www.eurekalert.org) vom 16.6.2005.

Ludwig, M.: *Unglaubliche Geschichten aus dem Tierreich*, BLV-Verlag, München 2008.

Moore, A. J., Gowaty, P. A., Moore, P. J.: »Females avoid manipulative males and live longer«, in: *Journal of Evolutionary Biology*, 16(3), 523–230, 2009.

Moore, A. J., Gowaty, P. A., Wallin, W. G., u. a.: »Sexual conflict and the evolution of female mate choice and male social dominance«, in: *Proceedings of the Royal Society B* 268, 517–523, 2001.

Pfaff, C.: »Liebesleben bei Kakerlaken – Weicheier bevorzugt«, *Wissenschaft.de* (www.wissenschaft.de) vom 11.3.2001.

Seidenspinner

»Die spinnen, die Chinesen«, *Stern.de* (www.stern.de) vom 5.6.2007.

Clay, K.: »Bombyx mori«, *Animal Diversity Web* (http://animaldiversity.ummz.umich.edu).

Gutiérrez, A., Marco, S. (Hrsg.): *Biologically Inspired Signal Processing*, Springer-Verlag, Berlin/Heidelberg 2009.

Karlson, P.: *Adolf Butenandt: Biochemiker, Hormonforscher, Wissenschaftspolitiker*, Wissenschaftliche Verlagsgesellschaft, Stuttgart 1990.

Landmann, W., Kuijpers, M., Leegsma, G. (Hrsg.): *The Complete Encyclopedia of Butterflies*, Grange Books, Kent 2001.

Lewis, T.: *The Lives of a Cell*, Penguin Books, New York 1978.

Ludwig, M., Gebhardt, H.: *Küsse, Kämpfe, Kapriolen: Sex im Tierreich*, BLV-Verlag, München 2007.

Messerli, B. E. (Hrsg.): *Seide: zur Geschichte eines edlen Gewebes*, Textilwerkstatt-Verlag, Hannover 1986.

Miersch, M.: *Das bizarre Sexualleben der Tiere: Ein populäres Lexikon von Aal bis Zebra*, Eichborn Verlag, Frankfurt am Main 1999.

Patlak, J.: »Insect pheromones: chemicals of communication«, *Beyond Discovery* (www.beyonddiscovery.org) vom Januar 2003.

Timmermann, I.: *Die Seide Chinas: Eine Kulturgeschichte am seidenen Faden*, Diederichs-Verlag, Köln 1986.

Vane-Wright, D.: *Butterflies*, Natural History Museum London, 2003.

Goldhamster

»Lockstoff macht Frauen attraktiver«, *Spiegel Online* (www.spiegel.de) vom 24.3.2002.

Agosta, W. C.: *Dialog der Düfte*, Spektrum Verlag, Heidelberg 1992.

Alderton, D.: *Rodents of the World*, Blandford Books, London 1996.

Bergamin, F.: »Männerschweiß macht Frauen froh«, *Wissenschaft.de* (www.wissenschaft.de) vom 7.2.2007.

Cohen, P.: »Pheromone triples women's sexual success«, *NewScientist.com* (www.newscientist.com) vom 20.3.2002.

Gattermann, R.: »70 Jahre Goldhamster in menschlicher Obhut – wie groß sind die Unterschiede zu seinen wildlebenden Verwandten?«, in: *Tierlaboratorium* 23, 86–99, 2000.

Grolle, J.: »Geheimbotschaft im Schweiß«, in: *Der Spiegel* 37, 204, 2006.

Ludwig, M., Gebhardt, H.: *Küsse, Kämpfe, Kapriolen: Sex im Tierreich*, BLV-Verlag, München 2007.

Pause, B. M.: »Are androgen steroids acting as pheromones in humans?«, in: *Physiology & Behavior* 83(1), 21–29, 2004.

Petrulis, A., Johnston, R. E.: »A reevaluation of dimethyl disulfide as a sex attractant in golden hamsters«, in: *Physiology & Behavior* 57(4), 779–784, 1995.

Pines, M.: »A secret sense in the human nose: pheromones and mammals«, *Howard Hughes Medical Institute* (www.hhmi.org), 2008.

Schäfer, S.: »Der Duft der Lust«, *Sueddeutsche.de* (www.sueddeutsche.de) vom 14.9.2006.

Singer, A. G., Macrides, F., Clancy, A. N., u. a.: »Purification and analysis of a proteinaceous aphrodisiac pheromone from hamster vaginal discharge«, in: *The Journal of Biological Chemistry* 261(28),13323–13326, 1986.

Verhoef-Verhallen, E.: *Kaninchen- und Nagetiere-Enzyklopädie*, Karl Müller Verlag, Erlangen 1999.

Wawriznek, A.: »Forscher: Farbsehen löste bei Vorfahren des Menschen Pheromone ab«, *Wissenschaft.de* (www.wissenschaft.de) vom 17.6.2003.

Williams, C.: »The secret signals in human sweat«, *NewScientist.com* (www.newscientist.com) vom 3.12.2008.

Yang, Z., Schank, J.: »Women do not synchronize their menstrual cycles«, in: *Human Nature* 17(4), 434–447, 2006.

3. Liebestränke

Diebspinnen

»Alkohol: Liebestrank oder Lustkiller?«, *Fitforfun.de* (www.fitforfun.de) vom 30.1.2009.

Foelix, R.: *Biologie der Spinnen*, Thieme Verlag, Stuttgart 1992.

Heimer, S.: *Spinnen: Faszinierende Wesen auf acht Beinen*, Landbuch-Verlag, Hannover 1997.

Judson, O.: *Die raffinierten Sexpraktiken der Tiere: Fundierte Antworten auf die brennendsten Fragen*, Heyne Verlag, München 2006.

Kew-Kim, C., Bremner, A., Earle, C., u. a.: »Alcohol consumption and male erectile dysfunction: an unfounded reputation for risk?«, in: *Journal of Sexual Medicine*, Online-Vorabveröffentlichung vom 8.1.2009.

Knoflach, B.: »Kopulation und Begattungszeichen bei der Diebspinne *Argyrodes argyrodes*«, in: *Entomologica Austriaca* 13, 130–132, 2006.

Legendre, R.: »Quelques remarques sur le comportement des *Argyrodes* malgaches«, in: *Annales des Sciences Naturelles/Zoologie* 2, 507–512, 1960.

Lopez, A., Emerit, M.: »Données complémentaires sur la glande clypéale des *Argyrodes*«, in: *Revue Arachnologique* 2(4), 143–153, 1979.

Müller-Ebeling, C., Rätsch, C.: *Isoldens Liebestrank: Aphrodisiaka in Geschichte und Gegenwart*, Knaur Verlag, München 1989.

Feuerkäfer

Cerutti, H.: »Von Tieren – der potente Käfer«, NZZ *Folio* 05/05 (www.nzzfolio.ch).

Eisner, T., Smedley, S. R., Young, D. K., u. a.: »Chemical basis of courtship in a beetle (*Neopyrochroa flabellata*): cantharidin as ›nuptial gift‹«, in: *Proceedings of the National Academy of Sciences* 93, 6499–6503, 1996.

Eisner, T., Smedley, S. R., Young, D. K., u. a.: »Chemical basis of courtship in a beetle (*Neopyrochroa flabellata*): cantharidin as precopulatory ›enticing‹ agent«, in: *Proceedings of the National Academy of Sciences* 93, 6494–6498, 1996.

Harde, K. W., Severa, F.: *Der Kosmos-Käferführer: Die Käfer Mitteleuropas*, Kosmos Verlag, Stuttgart 2006.

Lückmann, J., Niehuis, M.: *Die Ölkäfer in Rheinland-Pfalz und im Saarland: Verbreitung, Phänologie, Ökologie, Situation und Schutz*, Gesellschaft für Ornithologie und Naturschutz in Rheinland-Pfalz, Beiheft 40, Mainz 2009.

Segelken, R.: »Enticed by a chemical tease, female beetles are rewarded with a nuptial gift to protect the next generation«, *Cornell Science News* (www.news.cornell. edu) vom 24.6.1996.

Bachsalamander

Andersson, M.: *Sexual Selection*, Princeton University Press, Princeton 1994.

Kerney, R.: »*Desmognathus aeneus*«, *AmphibiaWeb* (http://amphibiaweb.org), 11.1.2003.

Miersch, M.: *Das bizarre Sexualleben der Tiere: Ein populäres Lexikon von Aal bis Zebra*, Eichborn Verlag, Frankfurt am Main 1999.

Petranka, J. W.: *Salamanders of the United States and Canada*, Smithsonian Institution Press, Washington/London 1998.

Promislow, D. E. L.: »Courtship behavior of a plethodontid salamander, *Desmognathus aeneus*«, in: *Journal of Herpetology* 21(4), 298–306, 1987.

Wells, K. D.: *The Ecology and Behavior of Amphibians*, University of Chicago Press, Chicago 2007.

4. Treue Seelen

Albatrosse

Annat, M.: »An introduction to Bird Island«, *British Antarctic Survey* (www.antarctica. ac.uk), August 2000.

De Roy, T., Jones, M., Fitter, J.: *Albatross: their World, their Ways*, Christopher Helm, London 2008.

Lindsey, T.: *Albatrosses*, CSIRO Publishing, Collingwood 2008.

Pickering, S. P. C., Berrow, S. D.: »Courtship behaviour of the wandering albatross *Diomedea exulans* at Bird Island, South Georgia«, in: *Marine Ornithology* 29, 29–37, 2001.

Pickering, S. P. C.: »Attendance patterns and behaviour in relation to experience and pair-bond formation in the wandering albatross *Diomedea exulans* at South Georgia«, in: *Ibis* 131, 183–195, 1989.

Tickell, W. L. N.: *Albatrosses*, Pica Press, Robertsbridge 2000.

Tiefsee-Anglerfische

Bonadonna, F., Bajzak, C., Benhamou, S., u. a.: »Orientation in the wandering albatross: interfering perception does not affect orientation performance«, in: *Proceedings of the Royal Society B* 272(1562), 489–495, 2005.

Pietsch, T. W.: »Dimorphism, parasitism and sex: reproductive strategies among deepsea ceratioid anglerfishes«, in: *Copeia* 4, 781–793, 1976.

Pietsch, T. W.: »Dimorphism, parasitism, and sex revisited: modes of reproduction among deep-sea ceratioid anglerfishes«, in: *Ichthyological Research* 52, 207–236, 2005.

Randall, D. J., Farrell, A. P. (Hrsg.): *Deep-Sea Fishes*, Academic Press, San Diego/London 1997.

Präriewühlmäuse

Carter, C. S., Getz, L. L.: »Monogamie bei der Präriewühlmaus«, in: *Spektrum der Wissenschaft* 8, 62–67, 1993.

Judson, O.: *Die raffinierten Sexpraktiken der Tiere: Fundierte Antworten auf die brennendsten Fragen*, Heyne Verlag, München 2006.

Lehnen-Beyel, I.: »Wirkt wie eine Droge: Wühlmaus-Ehe«, *Wissenschaft.de* (www.wissenschaft.de) vom 22.1.2004.

Lengfellner, K.: »Gentherapie gegen Untreue: Ein einzelnes Gen macht aus Hallodris treue Ehemänner«, *Wissenschaft.de* (www.wissenschaft.de) vom 17.6.2004.

Solomon, N. G., Keane, B., Knoch, L. R., u. a.: »Multiple paternity in socially monogamous prairie voles (*Microtus ochrogaster*), in: *Canadian Journal of Zoology* 82(10), 1667–1671, 2004.

Szalavitz, M.: »›Cuddle chemical‹ could treat mental illness«, *NewScientist.com* (www.newscientist.com) vom 14.5.2008.

Vince, G.: »Dopamine blockers lead faithful voles astray«, *NewScientist.com* (www.newscientist.com) vom 4.12.2005.

5. Schlimme Finger

Strauße

Bertram, B. C. R.: *The Ostrich Communal Nesting System*, Princeton University Press, Princeton 1992.

Davies, S. J. J. F.: *Bird Families of the World, Volume IX: Ratites and Tinamous*, Oxford University Press, Oxford 2002.

Del Hoyo, J., Elliott, A., Sargatal, J.: *Handbook of the Birds of the World, Volume I: Ostrich to Ducks*, Lynx Edicions, Barcelona 1992.

Perrins, C. (Hrsg.): *Die BLV-Enzyklopädie: Vögel der Welt*, BLV-Verlag, München 2004.

Bonobos

»Bonobo: Der unbekannte Menschenaffe«, PDF-Download des WWF (www.wwf.de) vom November 2004.

»Bonobos: ›Hippie-Schimpansen‹ in Gefahr«, *Stern.de* (www.stern.de) vom 9.4.2006.

Boesch, C., Hohmann, G., Marchant, L. F. (Hrsg.): *Behavioural Diversity in Chimpanzees and Bonobos*, Cambrigde University Press, Cambridge 2002.

De Waal, F. B. M., Lanting, F.: *Bonobos: Die zärtlichen Menschenaffen*, Birkhäuser Verlag, Basel/Boston/Berlin 1998.

De Waal, F. B. M.: »Bonobo sex and society«, in: *Scientific American* 272(3), 82–88, 1995.

Dolhinow, P., Fuentes, A. (Hrsg.): *The Nonhuman Primates*, Mayfield Publishing, Mountain View 1999.

Geissmann, T.: *Vergleichende Primatologie*, Springer-Verlag, Berlin/Heidelberg 2003.

Graham-Rowe, D.: »End of the road for wild bonobos«, *NewScientist.com* (www.newscientist.com) vom 11.12.2004.

Hohmann, G., Fruth, B.: »Intra- and inter-sexual aggression by bonobos in the context of mating«, in: *Behaviour* 140(11–12), 1389–1413, 2003.

Kaplan, M.: »Why bonobos make love, not war«, *NewScientist.com* (www.newscientist.com) vom 30.11.2006.

Lehnen-Beyel, I.: »Eine Familie, zwei Gesellschaftsformen, *Spiegel Online* (www.spiegel.de) vom 25.3.2008.

Miersch, M.: *Das bizarre Sexualleben der Tiere: Ein populäres Lexikon von Aal bis Zebra*, Eichborn Verlag, Frankfurt am Main 1999.

Sommer, V., Vasey, P. L. (Hrsg.): *Homosexual Behaviour in Animals: An Evolutionary Perspective*, Cambridge University Press, Cambridge 2006.

Surbeck, M., Hohmann, G.: »Primate hunting by bonobos at LuiKotale, Salonga National Park«, in: *Current Biology* 18(19), R906–907, 2008.

Breitfuß-Beutelmäuse

Bradley, A. J., McDonald, I. R., Lee, A. K.: »Stress and mortality in a small marsupial (*Antechinus stuartii*, Macleay)«, in: *General and Comparative Endocrinology* 40, 188–200, 1980.

Jones, M., Dickman, C., Archer, M. (Hrsg.): *Predators with Pouches: The Biology of Carnivorous Marsupials*, CSIRO Publishing, Victoria 2003.

Naylor, R., Richardson, S. J., McAllan, B. M.: »Boom and bust: a review of the marsupial genus *Antechinus*«, in: *Journal of Comparative Physiology B* 178, 545–562, 2008.

Nowak, R. M.: *Walker's Marsupials of the World*, Johns Hopkins University Press, Baltimore 2005.

Young, E.: »Mate like crazy and let the sperm fight it out«, *NewScientist.com* (www.newscientist.com) vom 1.11.2006.

6. Ewige Jungfrauen

Blattläuse

»Natürliche Feinde erhalten genetische Diversität«, *Medical Tribune Online* (www.medical-tribune.ch) vom 10.9.2007.

Bellmann, H., Honomichl, K.: *Biologie und Ökologie der Insekten*, Spektrum Akademischer Verlag, München 2007.

Capinera, J. L.: »Green peach aphid«, University of Florida Institute of Food and Agricultural Sciences/Department of Entomology and Nematology (http://entnem.ufl.edu), Oktober 2005.

Cohen, P.: »The two are becoming one«, *NewScientist.com* (www.newscientist.com) vom 9.9.2000.

Herzog, J., Müller, C. B., Vorburger, C.: »Strong parasitoid-mediated selection in experimental populations of aphids«, in: *Biology Letters* 3, 667–669, 2007.

Lindörfer, Klaus: *Großes Schach-Lexikon: Geschichte, Theorie und Spielpraxis von A-Z*, Orbis-Verlag, München 1991.

Ludwig, M., Gebhardt, H.: *Küsse, Kämpfe, Kapriolen: Sex im Tierreich*, BLV-Verlag, München 2007.

Vorburger, C., Lancaster, M., Sunnucks, P.: »Environmentally related patterns of reproductive modes in the aphid *Myzus persicae* and the predominance of two ›superclones‹ in Victoria, Australia«, in: *Molecular Biology* 12, 3493–3504, 2003.

Wassermann, K.: »Sex ist gut, bloss wozu?«, Online-Magazin der Universität Zürich (http://archiv.unipublic.uzh.ch/magazin) vom 23.6.2004.

Rädertierchen

»Eighty million years without sex«, *BBC News* (http://news.bbc.co.uk) vom 12.10.2007.

Donner, J.: *Rädertiere*, Kosmos-Verlag, Stuttgart 1973.

Fischer, L.: »Meister im Genklau«, *Spektrum der Wissenschaft* (www.spektrum.de) vom 29.5.2008.

Gladyshev, E. A., Meselson, M., Arkhipova, I. R.: »Massive horizontal gene transfer in bdelloid rotifers«, in: *Science* 320, 1210–1213, 2008.

Gladyshev, E. A.: »No sex, but plenty of gene transfer«, *e! Science News* (http://esciencenews.com) vom 29.5.2008.

Judson, O.: *Die raffinierten Sexpraktiken der Tiere: Fundierte Antworten auf die brennendsten Fragen*, Heyne Verlag, München 2006.

Judson, O.: »The weird sisters«, *NewYorkTimes.com* (http://judson.blog.nytimes.com) vom 3.5.2008.

Pouchkina-Stantcheva, N. N., McGee, B. M., Boschetti, C., u. a.: »Functional divergence of former alleles in an ancient asexual invertebrate«, in: *Science* 318, 268–271, 2007.

Seeanemonen

Ayre, D. J., Grosberg, R. K.: »Behind anemone lines: factors affecting division of labour in the social cnidarian *Anthopleura elegantissima*«, in: *Animal Behaviour* 70, 97–110, 2005.

Forsyth, A.: *Die Sexualität in der Natur: Vom Egoismus der Gene und ihren unfeinen Strategien*, Kindler Verlag, München 1987.

Francis, L.: »Cloning and aggression among sea anemones (*Coelenterata: Actiniaria*) of the rocky shore«, in: *Biological Bulletin* 174, 241–253, 1988.

Francis, L.: »Contrast between solitary and clonal lifestyles in the sea anemone *Anthopleura elegantissima*«, in: *American Zoologist* 19(3), 669–681, 1979.

Francis, L.: »Intraspecific aggression and its effect on the distribution of *Anthopleura elegantissima* and some related sea anemones«, in: *Biological Bulletin* 144, 73–92, 1973.

Francis, L.: »Social organization within clones of the sea anemone *Anthopleura elegantissima*«, in: *Biological Bulletin* 150, 361–376, 1976.

Geller, J. B., Fitzgerald, L. J., King, C. E.: »Fission in sea anemones: integrative studies of life cycle evolution«, in: *Integrative and Comparative Biology* 45, 615–622, 2005.

Miersch, M.: *Das bizarre Sexualleben der Tiere: Ein populäres Lexikon von Aal bis Zebra*, Eichborn Verlag, Frankfurt am Main 1999.

Shick, J. M.: *A Functional Biology of Sea Anemones*, Chapman & Hall, London/ New York/Tokyo 1991.

Smith, B. L., Potts, D. C.: »Clonal and solitary anemones (*Anthopleura*) of western North America: population genetics and systematics«, in: *Marine Biology* 94, 537–546, 1987.

7. Angeber

Gelbkinnanolis

Bradt, S.: »Jamaican lizards mark their territory with shows of strength at dusk and dawn«, *HarvardScience* (www.harvardscience.harvard.edu) vom 27.8.2008.

Brahic, C.: »Lizards stop blending in to bag a mate«, *NewScientist.com* (www.newscientist.com) vom 22.2.2007.

Ord, T. J., Stamps, J. A.: »Alert signals enhance animal communication in ›noisy‹ environments«, in: *Proceedings of the National Academy of Sciences* 105(48), 18830–18835, 2008.

Robson, D.: »Macho robot helps explain lizards' odd behaviour«, *NewScientist.com* (www.newscientist.com) vom 24.11.2008.

Guppys

Brown, C., Burgess, F., Braithwaite, V. A.: »Heritable and experiential effects on boldness in a tropical poeciliid«, in: *Behavioural Ecology and Sociobiology* 62, 237–243, 2007.

Dugatkin, L. A., Godin, J.-G. J.: »Wie Weibchen Partner wählen«, in: *Spektrum der Wissenschaft*, Dossier 5: *Sexualität in der Tierwelt*, 16–19, 2005.

Godin, J.-G. J., Davis, S. A.: »Who dares, benefits: predator approach behaviour in the guppy (*Poecilia reticulata*) deters predator pursuit«, in: *Proceedings of the Royal Society B* 259(1335), 193–200, 1995.

Godin, J.-G. J., Dugatkin, L. A.: »Female mating preference for bold males in the guppy, *Poecilia reticulata*«, in: *Proceedings of the National Academy of Sciences* 93, 10262–10267, 1996.

Houde, A. E.: *Sex, Color and Mate Choice in Guppies*, Princeton University Press, Princeton 1997.

Magurran, A. E.: *Evolutionary Ecology: The Trinidadian Guppy*, Oxford University Press, Oxford 2005.

Petzold, H.-G.: *Der Guppy: Poecilia (Lebistes) reticulata*, Ziemsen Verlag, Wittenberg 1990.

Perugiakärpflinge

De Smet, K.: »Macho makes for a sorry sex life«, *NewScientist.com* (www.newscientist.com) vom 20.11.1993.

Erbelding-Denk, C., Schröder, J. H., Schartl, M.: »Male polymorphism in *Limia perugiae* (*Pisces: Poeciliidae*)«, in: *Behavior Genetics* 24(1), 1994.

Miersch, M.: *Das bizarre Sexualleben der Tiere: Ein populäres Lexikon von Aal bis Zebra*, Eichborn Verlag, Frankfurt am Main 1999.

Schartl, M., Erbelding-Denk, C., Hölter, S., u. a.: »Reproductive failure of dominant
males in the poeciliid fish *Limia perugiae* determined by DNA fingerprinting«,
in: *Proceedings of the National Academy of Sciences* 90, 7064–7068, 1993.

8. Akrobaten

Spritzsalmler

»*Copella arnoldi*: splash tetra«, *SeriouslyFish* (www.seriouslyfish.com), 2007.
Elias, J.: »Der Spritzsalmler, *Copella arnoldi* (Regan, 1912)«, in: *Die Aquarien- und
Terrarien-Zeitschrift* 31, 123–127, 1978.
Ludwig, M., Gebhardt, H.: *Küsse, Kämpfe, Kapriolen: Sex im Tierreich*, BLV-Verlag,
München 2007.
Schapitz, W.: »Der Spritzsalmler, *Copeina arnoldi* Regan«, in: *Die Aquarien- und
Terrarien-Zeitschrift* 12, 5–9, 1959.
Staeck, W.: *Salmler aus Südamerika: Lebensräume und Pflege im Aquarium*, Dähne
Verlag, Ettlingen 2008.

Mauersegler

Bäckman, J., Alerstam, T.: »Confronting the winds: orientation and flight behaviour of
roosting swifts, *Apus apus*«, in: *Proceedings of the Royal Society of London B* 268,
1081–1087, 2001.
Chantler, P.: *Swifts: A Guide to the Swifts and Treeswifts of the World*, Yale University
Press, New Haven 2000.
Dewald, U.: »Schlafende Mauersegler pendeln über ihrem Revier hin und her«,
Wissenschaft.de (www.wissenschaft.de) vom 2.4.2002.
Drösser, C.: »Luftnummer«, in: *Die Zeit* 29, 12.7.2007, abgerufen über *Zeit Online*
(www.zeit.de).
Glutz von Blotzheim, U. N.: *Handbuch der Vögel Mitteleuropas: Das größte elektronische
Nachschlagewerk zur Vogelwelt Mitteleuropas auf CD-ROM*, Band 9: *Columbifor-
mes-Piciformes*, Vogelzug-Verlag, Wiesbaden 2004.
Gory, G.: »Mauersegler – Leben im Flug«, in: *Spektrum der Wissenschaft* 4/2005, 28–32.
Harrison, K. u. G.: *Birds Do It, Too: The Amazing Sex Life of Birds*, Willow Creek Press,
Minocqua 1997.
Lindlar, A. (Hrsg.), Baumung, S.: *Der Mauersegler: Vogel des Jahres 2003*, Broschüre des
NABU-Bundesverbands Deutschland, Bonn 2002.
Ludwig, M.: *Unglaubliche Geschichten aus dem Tierreich*, BLV-Verlag, München
2008.
Weitnauer, E.: »*Mein Vogel*«: *Aus dem Leben des Mauerseglers Apus apus*, Basselland-
schaftlicher Natur- u. Vogelschutzverband, Liestal 1994.

Schwalbenschwänze

Arikawa, K., Eguchi, E., Yoshida, A., u. a.: »Multiple extraocular photoreceptive areas on
genitalia of butterfly *Papilio xuthus*«, in: *Nature* 288, 700–702, 1980.
Arikawa, K.: »Hindsight of butterflies«, in: *BioScience* 51(3), 219–225, 2001.
Arikawa, K.: »Valva-opening response induced by the light stimulation of the genital
photoreceptors of male butterflies«, in: *Naturwissenschaften* 80, 326–328, 1993.
Miersch, M.: *Das bizarre Sexualleben der Tiere: Ein populäres Lexikon von Aal bis Zebra*,
Eichborn Verlag, Frankfurt am Main 1999.

Powell, D.: »Butterflies use penis to gauge sex competition«, *NewScientist.com*
(www.newscientist.com) vom 13.1.2009.

Solensky, M. J., Oberhauser, K. S.: »Male monarch butterflies, *Danaus plexippus*, adjust
ejaculates in response to intensity of sperm competition«, in: *Animal Behaviour* 77(2), 465–472, 2009.

SPD-Fraktion im Bundestag: »Antrag auf Verbot von Luftbetankungsübungen über
dem Gebiet der Bundesrepublik Deutschland im Frieden«, gestellt am 28.11.1989,
Dokumentations- und Informationssystem für Parlamentarische Vorgänge (DIP)
(http://dip21.bundestag.de), Drucksache 11/5905.

9. Achtfüßer

Gemeine Kraken

Boyle, P. R. (Hrsg.): *Cephalopod Life Cycles, Volume I: Species Accounts*, Academic Press,
London 1983.

Hanlon, R. T., Messenger, J. B.: *Cephalopod Behaviour*, Cambridge University Press,
Cambridge 1996.

Kayes, R. J.: »The daily activity pattern of *Octopus vulgaris* in a natural habitat«, in:
Marine Behavior and Physiology 2, 337–343, 1974.

Köster, R.: *Eigennamen im deutschen Wortschatz: ein Lexikon*, De Gruyter Verlag, Berlin
2003.

Leuschner, L., Herrlich, H.: *Fortpflanzung bei Tieren*, Klett Verlag, Stuttgart 2000.

Nixon, M., Young, J. Z.: *The Brains and Lives of Cephalopods*, Oxford University Press,
Oxford 2003.

Norman, M. D.: *Tintenfischführer: Kraken, Argonauten, Sepien, Kalmare, Nautiliden*,
Jahr Verlag, Hamburg 2000.

Vines, G.: »Strong arm of the law embraces British octopuses«, *NewScientist*
(www.newscientist.com) vom 2.10.1993.

Wodinsky, J.: »Copulation rate and copulation in *Octopus vulgaris*«, in: *Marine Biology*
20, 154–164, 1973.

Papierbootkraken

Hanlon, R. T., Messenger, J. B.: *Cephalopod Behaviour*, Cambridge University Press,
Cambridge 1996.

Judson, O.: *Die raffinierten Sexpraktiken der Tiere: Fundierte Antworten auf die
brennendsten Fragen*, Heyne Verlag, München 2006.

Mangold, K. M., Vecchione, M., Young, R. E.: »Paper nautilus«, *Tree of Life Project*
(www.tolweb.org), 16.10.2008.

Nixon, M., Young, J. Z.: *The Brains and Lives of Cephalopods*, Oxford University Press,
Oxford 2003.

Norman, M. D.: *Tintenfischführer: Kraken, Argonauten, Sepien, Kalmare, Nautiliden*,
Jahr Verlag, Hamburg 2000.

Ruthmann, A.: *Sexualität und Evolution*, Shaker Verlag, Aachen 2004.

Sparks, J.: *The Battle of the Sexes in the Animal World: The Natural History of Sex*, BBC
Worldwide, London 1999.

Young, J. Z.: »Observations on *Argonauta* and especially its method of feeding«, in:
Proceedings of the Royal Society of London 133, 471–479, 1959/1960.

Löcherkraken

Hanlon, R. T., Messenger, J. B.: *Cephalopod Behaviour*, Cambridge University Press, Cambridge 1996.

Heeger, T., Piatkowski, U., Möller, H.: »Predation on jellyfish by the cephalopod *Argonauta argo*«, in: *Marine Ecology Progress Series* 88, 293–296, 1992.

Jones, E. C.: »*Tremoctopus violaceus* uses Physalia tentacles as weapons«, in: *Science* 139(3556), 764–766, 1963.

Mangold, K. M., Vecchione, M., Young, R. E.: »Blanket octopus«, *Tree of Life Project* (www.tolweb.org), 16.10.2008.

Nixon, M., Young, J. Z.: *The Brains and Lives of Cephalopods*, Oxford University Press, Oxford 2003.

Norman, M. D., Paul, D., Finn, J., u. a.: »First encounter with a live male blanket octopus: the world's most sexually size-dimorphic large animal«, in: *New Zealand Journal of Marine and Freshwater Research* 36, 733–736, 2002.

Norman, M. D.: *Tintenfischführer: Kraken, Argonauten, Sepien, Kalmare, Nautiliden*, Jahr Verlag, Hamburg 2000.

Paetsch, M.: »Löcherkraken haben die mickrigsten Männchen«, *Spiegel Online* (www.spiegel.de) vom 3.2.2003.

Pickrell, J.: »›Walnut-size‹ male octopus seen alive for the first time«, *National Geographic News* (http://news.nationalgeographic.com) vom 12.2.2003.

10. Liebesgeschenke

Skorpionsfliegen

»Just like penguins and other primates, people trade sex for resources«, *ScienceDaily* (www.sciencedaily.com) vom 15.4.2008.

Bellmann, H., Holomichl, K.: *Biologie und Ökologie der Insekten*, Spektrum Akademischer Verlag, München 2007.

Byers, G. W., Thornhill, R.: »Biology of the *Mecoptera*«, in: *Annual Review of Entomology* 28, 203–228, 1983.

Forsyth, A.: *Die Sexualität in der Natur: Vom Egoismus der Gene und ihren unfeinen Strategien*, Kindler Verlag, München 1987.

Kock, D., Engels, S., Fritsche, C., u. a.: »Sexual coercion in *Panorpa* scorpionflies? – The function of the notal organ reconsidered«, in: *Behavioral Ecology* 20(3), 639–643, 2009.

Kruger, D. J.: »Young adults attempt exchanges in reproductively relevant currencies«, in: *Evolutionary Psychology* 6(1), 204–212, 2008.

Sauer, K. P., Lubjuhn, T., Sindern, J., u. a.: »Mating system and sexual selection in the scorpionfly *Panorpa vulgaris* (*Mecoptera*: *Panorpidae*)«, in: *Naturwissenschaften* 85, 219–228, 1998.

Thornhill, R.: »Adaptive female-mimicking behavior in a scorpionfly«, in: *Science* 205(4404), 412–414, 1979.

Thornhill, R.: »Scorpionflies as kleptoparasites of web-building spiders«, in: *Nature* 258, 709–711, 1975.

Trauersteinschmätzer

Glutz von Blotzheim, U. N.: *Handbuch der Vögel Mitteleuropas: Das größte elektronische Nachschlagewerk zur Vogelwelt Mitteleuropas auf CD-ROM*, Band 11/I: *Passeriformes* (2.Teil), Vogelzug-Verlag, Wiesbaden 2004.

Ludwig, M., Gebhardt, H.: *Küsse, Kämpfe, Kapriolen: Sex im Tierreich*, BLV-Verlag, München 2007.

Møller, A. P., Linden, M., Soler, J. J., u. a.: »Morphological adaptations to an extreme sexual display, stone-carrying in the black wheatear, *Oenanthe leucura*«, in: *Behavioral Ecology* 6(4), 368–375, 1995.

Moreno, J., Soler, M., Møller, A. P., u. a.: »The function of stone carrying in the black wheatear, *Oenanthe leucura*«, in: *Animal Behaviour* 47, 1297–1309, 1994.

Soler, M., Martin-Vivaldi, M., Marín, J. M., u. a.: »Weight lifting and health status in the black wheatear«, in: *Behavioral Ecology* 10(3), 281–286, 1999.

Soler, M., Soler, J. J., Møller, A. P., u. a.: »The functional significance of sexual display: stone carrying in the black wheatear«, in: *Animal Behaviour* 51, 247–254, 1996.

Wember, V.: *Die Namen der Vögel Europas: Bedeutung der deutschen und wissenschaftlichen Namen*, Aula-Verlag, Wiebelsheim 2005.

Wasserläufer

»Wasserläufer schlemmen beim Sex«, *Spiegel Online* (www.spiegel.de) vom 24.7.2003.

Arnqvist, G., Jones, T. M., Elgar, M. A.: »Reversal of sex roles in nuptial feeding«, in: *Nature* 424, 387.

Arnqvist, G., Jones, T. M., Elgar, M. A.: »Sex-role reversed nuptial feeding reduces male kleptoparasitism of females in Zeus bugs (*Heteroptera*; *Veliidae*)«, in: *Biology Letters* 2, 491–493, 2006.

Arnqvist, G., Jones, T. M., Elgar, M. A.: »The extraordinary mating system of Zeus bugs (*Heteroptera*: *Veliidae*: *Phoreticovelia sp.*)«, in: *Australian Journal of Zoology* 55, 131–137, 2007.

Cerutti, H.: »Von Tieren – ein Geschenk für die Angebetete«, *NZZ Folio* 01/04 (www.nzzfolio.ch).

Judson, O.: *Die raffinierten Sexpraktiken der Tiere: Fundierte Antworten auf die brennendsten Fragen*, Heyne Verlag, München 2006.

Ledford, H.: »Female insects tolerate bugging boyfriends«, *BioEd Online* (www.BioEdOnline.org) vom 4.10.2006.

11. Liebesnester

Hüttengärtner

Borgia, G.: »Bower destruction and sexual competition in the satin bowerbird (*Ptilonorhynchus violaceus*)«, in: *Behavioral Ecology and Sociobiology* 18, 91–100, 1985.

Borgia, G.: »Sexual selection in bowerbirds«, in: *Scientific American* 254, 92–101, 1986.

Borgia, G.: »Why do bowerbirds build bowers?«, in: *American Scientist* 83, 542–547, 1995.

Czichos, J.: »Schlaue Laubenvögel sind bei der Balz erfolgreicher«, *Wissenschaft.de* (www.wissenschaft.de) vom 18.4.2001.

Diamond, J.: »Animal art: variation in bower decorating style among male bowerbirds *Amblyornis inornatus*«, in: *Proceedings of the National Academy of Sciences* 83, 3042–3046, 1986.

Frith, C. B., Frith, D.: *Bowerbirds: Nature, Art, History*, Frith & Frith, Malanda 2008.

Judson, O.: *Die raffinierten Sexpraktiken der Tiere: Fundierte Antworten auf die brennendsten Fragen*, Heyne Verlag, München 2006.

Madden, J. R.: »Do bowerbirds exhibit cultures?«, in: *Animal Cognition* 11, 1–12, 2008.

Madden, J. R.: »Sex, bowers and brains«, in: *Proceedings of the Royal Society of London B* 268, 833–838, 2001.

Rowland, P.: *Bowerbirds*, CSIRO Publishing, Collingwood 2008.

Sparks, J.: *The Battle of the Sexes in the Animal World: The Natural History of Sex*, BBC Worldwide, London 1999.

Malawibuntbarsche

Eppelin, D.: »Wenn die Profis Sandburgen bauen«, *GEOlino.de* (www.geo.de).

Judson, O.: *Die raffinierten Sexpraktiken der Tiere: Fundierte Antworten auf die brennendsten Fragen*, Heyne Verlag, München 2006.

McKaye, K. R., Louda, S. M., Stauffer, J. R.: »Bower size and male reproductive success in a cichlid fish lek«, in: *The American Naturalist* 135, 597–613, 1990.

McKaye, K. R.: »Ecology and breeding behavior of a cichlid fish, *Cyrtocara eucinostomus*, on a large lek in Lake Malawi, Africa«, in: *Environmental Biology of Fishes* 8(2), 81–96, 1983.

Thermometerhühner

Cerutti, H.: »Von Tieren – das Thermometerhuhn«, *NZZ Folio* 08/01 (www.nzzfolio.ch).

Frith, H. J.: »Breeding of the mallee fowl, *Leipoa ocellata* Gould (*Megapodiidae)*«, in: *CSIRO Wildlife Research* 4(1), 31–60, 1959.

Frith, H. J.: »Experiments on the control of temperature in the mound of the mallee fowl, *Leipoa ocellata* Gould (*Megapodiidae)*«, in: *CSIRO Wildlife Research* 2(2), 101–110, 1957.

Frith, H. J.: *The Mallee Fowl: The Bird that Builds an Incubator*, Angus & Robertson, Sydney 1962.

Jones, D. N., Dekker, R. W. R. J., Roselaar, C. S.: *The Megapodes: Megapodiidae*, Oxford University Press, Oxford 1995.

Marchant, S., Higgins, P. J. (Hrsg.): *Handbook of Australian, New Zealand & Antarctic Birds*, Band 2: *Raptors to Lapwings*, Oxford University Press, Melbourne 1993.

12. Liebesdienste

Schimpansen

»Affen tauschen Futter gegen Fleischeslust«, *Spiegel Online* (www.spiegel.de) vom 8.4.2009.

»Auch Affen bezahlen für Sex«, *Handelsblatt.com* (www.handelsblatt.com) vom 3.1.2008.

Gomes, C. M., Boesch, C.: »Wild chimpanzees exchange meat for sex on a long-term basis«, in: *PLoS ONE* (www.plosone.org) 4(4), e5516, 2009.

Gumert, M. D.: »Payment for sex in a macaque mating market«, in: *Animal Behaviour* 74, 1655–1667, 2007.

Mahr, K.: »Do monkeys pay for sex?«, *Time.com* (www.time.com) vom 7.1.2008.

Granatkolibris

Harrison, K. u. G.: *Birds Do It, Too: The Amazing Sex Life of Birds*, Willow Creek Press, Minocqua 1997.

Kappeler, M.: »Granatkolibri: *Eulampis jugularis*«, in: *WWF Conservation Stamp Collection*, Groth AG, Unterägi 2007.

Lipske, M., Barrat, J.: »Feeding preferences drive body differences in male and female hummingbirds«, in: *Inside Smithsonian Research* 4, 8–9, 2004.

Poley, D.: *Kolibris: Trochilidae*, Westarp-Wissenschaftsverlag, Magdeburg 1994.

Schuchmann, K.-L., Schuchmann-Wegert, G.: »Notes on the displays and mounting behaviour in the purple-throated carib hummingbird *(Eulampis jugularis)*«, in: *Bonner Zoologische Beiträge* 35(4), 327–334, 1984.

Sulloway, F. J.: »Darwin and his finches: the evolution of a legend«, in: *Journal of History and Biology* 15(1), 1–53, 1982.

Temeles, E. J., Kress, W. J.: »Adaptation in a plant-hummingbird association«, in: *Science* 300, 630–633, 2003.

Temeles, E. J., Pan, I. L., Brennan, J. L., u. a.: »Evidence for ecological causation of sexual dimorphism in a hummingbird«, in: *Science* 289, 441–443, 2000.

Wolf, L. L.: »›Prostitution‹ behavior in a tropical hummingbird«, in: *The Condor* 77, 140–144, 1975.

Adéliepinguine

Culik, B. M., Wilson, R. P.: *Die Welt der Pinguine: Überlebenskünstler in Eis und Meer*, BLV-Verlag, München 1993.

Davis, L. S. (Hrsg.): *Penguin Biology*, Academic Press, San Diego 1990.

Davis, L. S.: *Penguin: A Season in the Life of the Adélie Penguin*, Pavilion Books, London 1993.

Hunter, F. M., Davis, L. S.: »Female Adélie penguins acquire nest material from extrapair males after engaging in extrapair copulations«, in: *The Auk* 115(2), 526–528, 1998.

McKee, M.: »Mating in a material world«, in: *National Wildlife Magazine* 43(2), 30–34, 2005.

13. Transvestiten

Riesensepien

»Getarnter Tuntenfisch«, *Die Zeit* (www.zeit.de) vom 15.7.2004 (Nr. 30).

»Giant cuttlefish: *Sepia apama*«, *BBC Science & Nature Wildfacts* (www.bbc.co.uk).

»*Sepia apama*: the giant Australian cuttlefish«, *Marine Biology* (www.marinebiology. adelaide.edu.au).

Gross, M. R., Charnov, E. L.: »Alternative male life histories in bluegill sunfish«, in: *Proceedings of the National Academy of Sciences* 77(11), 6937–6940, 1980.

Hall, K. C., Hanlon, R. T.: »Principal features of the mating system of a large spawning aggregation of the giant Australian cuttlefish *Sepia apama* (*Mollusca: Cephalopoda*)«, in: *Marine Biology* 140, 533–545, 2002.

Hanlon, R. T., Messenger, J. B.: *Cephalopod Behaviour*, Cambridge University Press, Cambridge 1996.

Hanlon, R. T., Naud, M.-J., Shaw, P. W., u. a.: »Transient sexual mimicry leads to fertilization«, in: *Nature* 433, 212, 2005.

Marks, K.: »Catch cuttlefish, drain off the ink, then fillet. Serves five (dolphins)«, *The Independent* (www.independent.co.uk) vom 31.1.2009.

Naud, M.-J., Hanlon, R. T., Hall, K. C., u. a.: »Behavioural and genetic assessment of reproductive success in a spawning aggregation of the Australian giant cuttlefish, *Sepia apama*«, in: *Animal Behaviour* 67(6), 1043–1050, 2004.

Norman, M. D., Finn, J., Tregenza, T.: »Female impersonation as an alternative reproductive strategy in giant cuttlefish«, in: *Proceedings of the Royal Society of London B* 266, 1347–1349, 1999.

Norman, M. D.: *Tintenfischführer: Kraken, Argonauten, Sepien, Kalmare, Nautiliden*, Jahr Verlag, Hamburg 2000.

Schulte von Drach, M. C.: »Triumph der Transvestiten«, *Sueddeutsche.de* (www.sueddeutsche.de) vom 18.9.2009.

Seitenfleckleguane

»Kuriose Brautwerbung unter Eidechsen«, *Welt Online* (www.welt.de) vom 6.10.2007.

Boller, A.: »Altruisten tragen Blau«, *Wissenschaft.de* (www.wissenschaft.de) vom 3.5.2006.

Choi, C. Q.: »Lizard love triangle exposed«, *LiveScience* (www.livescience.com) vom 3.10.2007.

Crother, B. I. (Hrsg.): *Scientific and Standard English Names of Amphibians and Reptiles of North America north of Mexico*, Society for the Study of Amphibians and Reptiles, Salt Lake City 2008.

Knight, J.: »Sex games«, *NewScientist.com* (www.newscientist.com) vom 5.11.2000.

Mattison, C.: *Encyclopedia of North American Reptiles and Amphibians*, Thunder Bay Press, San Diego 2005.

Sinervo, B., Clobert, J.: »Morphs, dispersal behavior, genetic similarity, and the evolution of cooperation«, in: *Science* 300, 1949–1951, 2003.

Sinervo, B., Lively, C. M.: »The rock-paper-scissors game and the evolution of alternative mating strategies«, in: *Nature* 380, 240–243, 1996.

Sparks, J.: *The Battle of the Sexes in the Animal World: The Natural History of Sex*, BBC Worldwide, London 1999.

Stirn, A.: »Schere, Stein, Sex«, *Spiegel Online* (www.spiegel.de) vom 6.12.2000.

Zamudio, K. R., Sinervo, B.: »Polygyny, mate-guarding, and posthumous fertilization as alternative male mating strategies«, in: *Proceedings of the National Academy of Sciences* 97(26), 14427–14432, 2000.

Tüpfelhyänen

»Pushy hyenas are made in the womb«, *NewScientist.com* (www.newscientist.com) vom 28.4.2006.

East, M. L., Hofer, H., Wickler, W.: »The erect ›penis‹ is a flag of submission in a female-dominated society: greetings in Serengeti spotted hyenas«, in: *Behavioral Ecology and Sociobiology* 33, 355–370, 1993.

East, M. L., Hofer, H.: »The peniform clitoris of female spotted hyaenas«, in: *Trends in Ecology & Evolution* 12(10), 401–402, 1997.

Frank, L. G., Weidele, M. L., Glickman, S. E.: »Masculinization costs in hyaenas«, in: *Nature* 377, 584–585, 1995.

Frank, L. G.: »Evolution of genital masculinization: why do female hyaenas have such a large ›penis‹?«, in: *Trends in Ecology & Evolution* 12(2), 58–62, 1997.

Goymann, W., East, M. L., Hofer, H.: »Androgens and the role of female ›hyperaggressiveness‹ in spotted hyenas (Crocuta crocuta)«, in: Hormones and Behavior 39, 83–92, 2001.

Höner, O. P., Wachter, B., East, M. L., u. a.: »Female mate-choice drives the evolution of male-biased dispersal in a social mammal«, in: Nature 448, 798–801, 2007.

Holekamp, K. E.: »Spotted hyenas«, in: Current Biology 16(22), 944–945, 2006.

Judson, O.: Die raffinierten Sexpraktiken der Tiere: Fundierte Antworten auf die brennendsten Fragen, Heyne Verlag, München 2006.

Miersch, M.: Das bizarre Sexualleben der Tiere: Ein populäres Lexikon von Aal bis Zebra, Eichborn Verlag, Frankfurt am Main 1999.

Muller, M. N., Wrangham, R.: »Sexual mimicry in hyenas«, in: The Quarterly Review of Biology 77(1), 3–16, 2002.

Wachter, B., Höner, O. P., East, M. L., u. a.: »Low aggression levels and unbiased sex ratios in a prey-rich environment: no evidence of siblicide in Ngorongoro spotted hyenas (Crocuta crocuta) «, in: Behavioral Ecology and Sociobiology 52, 348–356, 2002.

14. Transsexuelle

Clownfische
Becker, T.: »Vielsagendes Zähneklappern«, Wissenschaft.de (www.wissenschaft.de) vom 18.5.2007.

Buston, P. M., Garcia, M. B.: »An extraordinary life span estimate for the clown anemonefish Amphiprion percula«, in: Journal of Fish Biology 70(6), 1710–1719, 2007.

Buston, P. M.: »Forcible eviction and prevention of recruitment in the clown anemonefish«, in: Behavioral Ecology 14(4), 576–582, 2003.

Buston, P. M.: »Size and growth modification in clownfish«, in: Nature 424, 145–146, 2003.

Buston, P. M.: »Territory inheritance in clownfish«, in: Proceedings of the Royal Society of London B (Suppl.) 271, 252–254, 2004.

Dixson, D. L., Jones, G. P., Munday, P. L., u. a.: »Coral reef fish smell leaves to find island homes«, in: Proceedings of the Royal Society of London B 275, 2831–2839, 2008.

Fautin, D. G., Allen, G. R.: Field Guide to Anemonefishes and their Host Sea Anemones, Western Australian Museum, Perth 1992.

Patzner, R.: »Clownfische und Seeanemonen – eine wunderbare Symbiose«, (noch nicht veröffentlichter Artikel).

Randall, J. E., Allen, G. R., Steene, R. C.: Fishes of the Great Barrier Reef and Coral Sea, University of Hawaii Press, Honolulu 1997.

Taylor, R.: »Baby Nemo finds no place like home«, Reuters.com (www.reuters.com) vom 3.5.2007.

Vince, G.: »Clownfish turn transsexual to get on in life«, NewScientist.com (www.newscientist.com) vom 10.7.2003.

Witthuhn, B.: »Clownfische wachsen mit dem freien Wohnraum«, Wissenschaft.de (www.wissenschaft.de) vom 11.7.2007.

Hühner
»Federvieh bringt Hühnerstall durcheinander«, Rhein-Zeitung online (http://rhein-zeitung.de) vom 4.8.2006.

»Geschlechtsumwandlung auf dem Hühnerhof«, *BR-online* (www.br-online.de) vom
8.10.2008.

»Henne verwandelt sich in Hahn«, *Welt Online* (www.welt.de) vom 24.5.2007.

»The sex-swap chicken called Georgina that turned into a cockerel named George«,
Mail Online (www.dailymail.co.uk) vom 23.10.2008.

Bigland, C. H., Graesser, F. E.: »Case report of sex reversal in a chicken«, in: *Canadian
Journal of Comparative Medicine and Veterinary Science* 19(2), 50–52, 1955.

Harrison, K. u. G.: *Birds Do It, Too: The Amazing Sex Life of Birds*, Willow Creek Press,
Minocqua 1997.

Jacob, J., Mather, F. B.: »Sex reversal in chickens«, *Factsheet PS-53*, Institute of Food and
Agricultural Sciences, University of Florida, November 2000.

King, A. S., McLelland, J.: *Anatomie der Vögel: Grundzüge und vergleichende Aspekte*,
Ulmer Verlag, Stuttgart 1978.

Pantoffelschnecken

Collin, R.: »Sex, size, and position: a test of models predicting size at sex change in the
protandrous gastropod *Crepidula fornicata*«, in: *The American Naturalist* 146(6),
815–831, 1995.

Dupont, L., Richard, J., Paulet, Y.-M.: »Gregariousness and protandry promote
reproductive insurance in the invasive gastropod *Crepidula fornicata*: evidence
from assignment of larval paternity«, in: *Molecular Ecology* 15, 3009–3021, 2006.

Gollasch, S., Minchin, D., Rosenthal, H., u. a. (Hrsg.): *Exotics Across the Ocean. Case
histories on introduced species: their general biology, distribution, range expansion
and impact*, Logos Verlag, Berlin 1999.

Hoagland, K. E.: »Protandry and the evolution of environmentally-mediated sex
change: a study of the mollusca«, in: *Malacologia* 17(2), 365–391, 1978.

Proestou, D. A., Goldsmith, M. R., Twombly, S.: »Patterns of male reproductive success
in *Crepidula fornicata* provide new insight for sex allocation and optimal sex
change«, in: *Biological Bulletin* 214, 194–202, 2008.

Sparks, J.: *The Battle of the Sexes in the Animal World: The Natural History of Sex*, BBC
Worldwide, London 1999.

Thieltges, D. W.: »Erfolgreiche Einwanderin aus Übersee: Die Amerikanische Pantoffel-
schnecke *Crepidula fornicata* im Wattenmeer«, in: *Natur und Museum* 133,
110–114, 2003.

Thieltges, D. W.: »Impact of an invader: epizootic American slipper limpet *Crepidula
fornicata* reduces survival and growth in European mussels«, in: *Marine Ecology*
(Progress Series) 286, 13–19, 2005.

15. Trittbrettfahrer

Ochsenfrösche

Cardini, F.: *Specializations of the feeding response of the bullfrog*, Rana catesbeiana, *for the
capture of prey submerged in water*, Magisterarbeit an der University of
Massachusetts (Amherst), 1974.

Howard, R. D.: »Alternative mating behaviors of young male bullfrogs«, in: *American
Zoologist* 24, 397–406, 1984.

Howard, R. D.: »The evolution of mating strategies in bullfrogs, *Rana catesbeiana*«, in:
Evolution 32(4), 850–871, 1978.

Mattison, C.: *Encyclopedia of North American Reptiles and Amphibians*, Thunder Bay Press, San Diego 2005.

Morelle, R.: »Bullfrog linked to fungus spread«, *BBC News* (http://news.bbc.co.uk) vom 24.4.2006.

Ryan, M. J.: »The reproductive behavior of the bullfrog (*Rana catesbeiana*)«, in: *Copeia* 1980(1), 108–114, 1980.

Wright, A. H. und A. A.: *Handbook of Frogs and Toads of the United States and Canada*, Comstock Publishing, Ithaca 1995.

Pfeilschwanzkrebse

Brockmann, H. J., Colson, T., Potts, W.: »Sperm competition in horseshoe crabs (*Limulus polyphemus*), in: *Behavioral Ecology and Sociobiology* 35, 153–160, 1994.

Brockmann, H. J., Nguyen, C., Potts, W.: »Paternity in horseshoe crabs when spawning in multiple male groups«, in: *Animal Behaviour* 60, 837–849, 2000.

Brockmann, H. J., Penn, D.: »Male mating tactics in the horseshoe crab, *Limulus polyphemus*«, in: *Animal Behaviour* 44, 653–665, 1992.

Duffy, E. E., Penn, D. J., Botton, M. L., u. a.: »Eye and clasper damage influence male mating tactics in the horseshoe crab, *Limulus polyphemus*«, in: *Journal of Ethology* 24, 67–74, 2006.

Hassler, C., Brockmann, H. J.: »Evidence for use of chemical cues by male horseshoe crabs when locating nesting females (*Limulus polyphemus*)«, in: *Journal of Chemical Ecology* 27(11), 2319–2335, 2001.

Norris, S.: »Oldest horseshoe crab fossils found in Canada«, *National Geographic News* (http://news.nationalgeographic.com) vom 31.1.2008.

Shuster, C. N., Barlow, R. B., Brockmann, H. J.: *The American Horseshoe Crab*, Harvard University Press, Cambridge 2003.

Blumenwanzen

Carayon, J.: »Insemination traumatique heterosexuelle et homosexuelle chez *Xylocoris maculipennis*«, in: *Comptes Rendus de l'Academie des Sciences D* 278, 2803–2806, 1974.

Haubruge, E., Arnaud, L., Mignon, J., u. a.: »Fertilization by proxy: rival sperm removal and translocation in a beetle«, in: *Proceedings of the Royal Society of London B* 266, 1183–1187, 1999.

Holmes, B.: »How gay sex can produce offspring«, *NewScientist.com* (www.newscientist.com) vom 20.10.2008.

Judson, O.: *Die raffinierten Sexpraktiken der Tiere: Fundierte Antworten auf die brennendsten Fragen*, Heyne Verlag, München 2006.

Levan, K. E., Fedina, T. Y., Lewis, S. M.: »Testing multiple hypotheses for the mainte-nance of male homosexual copulatory behaviour in flour beetles«, in: *Journal of Evolutionary Biology* 22, 60–70, 2009.

Richards, S., Gibbs, R. A., Weinstock, G. M., u. a.: »The genome of the model beetle and pest *Tribolium castaneum*«, in: *Nature* 452, 949–955, 2008.

Tigreros, N., South, A., Fedina, T. Y., u. a.: »Does fertilization by proxy occur in *Tribolium* beetles? A replicated study of a novel mechanism of sperm transfer«, in: *Animal Behaviour* 77, 55–557, 2009.

Villiers, A.: *Atlas des hémiptères: généralités, hétéroptères, homoptères, thysanoptères*, Boubée, Paris 1977.

Wachmann, E.: *Wanzen: beobachten – kennenlernen*, Neumann-Neudamm, Melsungen 1989.

Walker, M.: »Seedy World«, *NewScientist.com* (www.newscientist.com) vom 10.4.1999.

16. Heiratsschwindler

Mexiko-Mollys

Alatalo, R. V., Lundberg, A.: »Polyterritorial polygyny in the pied flycatcher *Fidecula hypoleuca*: evidence for the deception hypothesis«, in: *Annales Zoologici fennici* 21, 217–228, 1984.

Clayton, N. S., Dally, J. M., Emery, N. J.: »Social cognition by food-caching corvids: the western scrub-jay as a natural psychologist«, in: *Philosophical Transactions of the Royal Society B* 362, 507–522, 2007.

Dugatkin, L. A.: »Sexual selection and imitation: females copy the mate choice of others«, in: *American Naturalist* 139(6), 1384–1389, 1992.

Fountain, H.: »Seeking mate, male fish throws rivals off scent«, *NewYorkTimes.com* (www.nytimes.com) vom 5.8.2008.

Jones, B. C., DeBruine, L. M., Little, A. C., u. a.: »Social transmission of face preferences among humans«, in: *Proceedings of the Royal Society of London B* 274, 899–903, 2007.

MacKenzie, D.: »Beauty is in the eye of your friends«, *NewScientist.com* (www.newscientist.com) vom 17.1.2007.

Moller, A. P.: »False alarm calls as a means of resource usurpation in the great tit *Parus major*«, in: *Ethology* 79, 25–30, 1988.

Ophir, A. G., Galef, B. G.: »Female Japanese quail affiliate with live males that they have seen mate on video«, in: *Animal Behaviour* 66, 369–375, 2003.

Osborne, T.: »Randy male fish try to dupe the competition«, *NewScientist.com* (www.newscientist.com) vom 31.7.2008.

Plath, M., Blum, D., Schlupp, I., u. a.: »Audience effect alters mating preferences in a livebearing fish, the Atlantic molly, *Poecilia mexicana*«, in: *Animal Behaviour* 75, 21–29, 2008.

Plath, M., Richter, S., Tiedemann, R., u. a.: »Male fish deceive competitors about mating preferences«, in: *Current Biology* 18, 1138–1141, 2008.

Reynolds, J. D., Jones, J. C.: »Female preference for preferred males is reversed under low oxygen conditions in the common goby (*Pomatoschistus microps*)«, in: *Behavioral Ecology* 10(2), 149–154, 1999.

Schlupp, I., Marler, C., Ryan, M. J.: »Benefit to male sailfin mollies of mating with heterospecific females«, in: *Science* 263, 373–374, 1994.

Schlupp, I., Ryan, M. J.: »Male sailfin mollies (*Poecilia latipinna*) copy the mate choice of other males«, in: *Behavioral Ecology* 8, 104–107, 1997.

Steele, M. A., Halkin, S. L., Smallwood, P. D.: »Cache protection strategies of a scatter-hoarding rodent: do tree squirrels engage in behavioural deception?«, in: *Animal Behaviour* 75(2), 705–714, 2008.

Swaddle, J. P., Cathey, M. G., Correll, M., u. a.: »Socially transmitted mate preference in a monogamous bird: a non-genetic mechanism of sexual selection«, in: *Proceedings of the Royal Society of London B* 272, 1053–1058, 2005.

Thomanek, U.: »Der Lügenfisch und das Mauerblümchen«, *Wissenschaft.de* (www.wissenschaft.de) vom 1.8.2008.

Glühwürmchen

Choe, J. C., Crespi, B. J. (Hrsg.): *The Evolution of Mating Systems in Insects and Arachnids*, Cambridge University Press, Cambridge 1997.

Eisner, T., Goetz, M. A., Hill, D. A., u. a.: »Firefly ›femmes fatales‹ acquire defensive steroids (lucibufagins) from their firefly prey«, in: *Proceedings of the National Academy of Sciences* 94, 9723–9728, 1997.

Gronquist, M., Schroeder, F. C., Ghiradella, H., u. a.: »Shunning the night to elude the hunter: diurnal fireflies and the ›femmes fatales‹«, in: *Chemoecology* 16, 39–43, 2006.

Klausnitzer, B.: *Wunderwelt der Käfer*, Spektrum Akademischer Verlag, Heidelberg 2002.

Lloyd, J. E.: »Aggressive mimicry in *Photuris* fireflies: signal repertoires by femmes fatales«, in: *Science* 187, 452–453, 1975.

Lloyd, J. E.: »Aggressive mimicry in *Photuris*: firefly femmes fatales«, in: *Science* 149, 653–654, 1965.

Lloyd, J. E.: »Male *Photuris* fireflies mimic sexual signals of their females' prey«, in: *Science* 210, 669–671, 1980.

Mitchell, R. W., Thompson, N. S. (Hrsg.): *Deception: Perspectives on Human and Nonhuman Deceit*, State University of New York Press, Albany 1986.

Tyler, J.: *The Glow-worm*, Lakeside Printing, London 2002.

Ölkäfer

Bush-Pirkle, M.: »›Spanish fly‹ beetles use sex and subterfuge to infiltrate bee's nests«, Pressemitteilung der San Francisco State University (www.sfsu.edu) vom 5.5.2000.

Hafernik, J., Saul-Gershenz, L.: »Beetle larvae cooperate to mimic bees«, in: *Nature* 406, 35–36, 2000.

Hohmann, C.: »Per Anhalter ins Nest«, in: *Spektrum der Wissenschaft* 8, 16, 2000.

Ludwig, M.: *Unglaubliche Geschichten aus dem Tierreich*, BLV-Verlag, München 2008.

Saul-Gershenz, L. S., Millar, J. G.: »Phoretic nest parasites use sexual deception to obtain transport to their host's nest«, in: *Proceedings of the National Academy of Sciences* 103(38), 14039–14044, 2006.

Villemant, C.: »Les Coléoptères Méloïdés: cleptoparasites de nids d'abeilles solitaires«, in: *Insectes* 121, 7–10, 2001.

17. Samenräuber

Prachtlibellen

Bellmann, H.: *Der Kosmos-Libellenführer*, Kosmos Verlag, Stuttgart 2007.

Corbet, P. S., Brooks, S. J.: *Dragonflies*, Harper Collins, London 2008.

Córdoba-Aguilar, A., Uhía, E., Rivera, A. C.: »Sperm competition in Odonata (*Insecta*): the evolution of female sperm storage and rivals' sperm displacement«, in: *Journal of Zoology* 261, 381–398, 2003.

Córdoba-Aguilar, A.: »Male copulatory sensory stimulation induces female ejection of rival sperm in a damselfly«, in: *Proceedings of the Royal Society of London B* 266, 779–784, 1999.

Käslin, R.: »Das größte Messer der Welt stammt aus der Schweiz: Das Schweizer Offiziersmesser ins Guinness-Buch der Rekorde aufgenommen«, Pressemitteilung der Firma Wenger (www.wenger.ch) vom August 2007.

Silsby, J.: *Dragonflies of the World*, The Natural History Museum/CSIRO Publishing, Plymouth/Washington 2001.

Smith, R. L. (Hrsg.): *Sperm Competition and the Evolution of Animal Mating Systems*, Academic Press, Orlando 1984.

Sternberg, K. (Hrsg.): *Die Libellen Baden-Württembergs*, Band 1: Kleinlibellen (*Zygoptera*), Ulmer Verlag, Stuttgart 1999.

Waage, J. K.: »Dual function of the damselfly penis: sperm removal and transfer«, in: *Science* 203, 916–918, 1979.

Baumgrillen

Choe, J. C., Crespi, B. J. (Hrsg.): *The Evolution of Mating Systems in Insects and Arachnids*, Cambridge University Press, Cambridge 1997.

Ono, T., Hayakawa, F., Matsuura, Y., u. a.: »Reproductive biology and function of multiple mating in the mating system of a tree cricket, *Truljalia hibinonis* (*Orthoptera*: *Podoscritinae*)«, in: *Journal of Insect Behavior* 8(6), 813–824, 1995.

Ono, T., Siva-Jothy, M. T., Kato, A.: »Removal and subsequent ingestion of rivals' semen during copulation in a tree cricket«, in: *Physiological Entomology* 14, 195–202, 1989.

Teichmolche

Glandt, D.: *Heimische Amphibien: bestimmen, beobachten, schützen*, Aula-Verlag, Wiebelsheim 2008.

Halliday, T., Adler, K. (Hrsg.): *The New Encyclopedia of Reptiles and Amphibians*, Oxford University Press, Oxford 2002.

Thiesmeier, B., Grossenbacher, K. (Hrsg.): *Handbuch der Reptilien und Amphibien Europas*, Band 4/IIB, Aula-Verlag, Wiesbaden 2004.

Verrell, P. A.: »Limited male mating capacity in the smooth newt, *Triturus vulgaris vulgaris* (*Amphibia*), in: *Journal of Comparative Psychology* 100(3), 291–295, 1986.

Verrell, P., McCabe, N.: »Field observations of the sexual behaviour of the smooth newt, *Triturus vulgaris vulgaris* (*Amphibia*: *Salamandridae*)«, in: *Journal of Zoology* 214(3), 533–545, 1988.

Waights, V.: »Female sexual interference in the smooth newt, *Triturus vulgaris vulgaris*«, in: *Ethology* 102, 736–747, 1996.

18. Kuckuckskinder

Kuckucke

»Anspruch auf Einwilligung in eine genetische Untersuchung zur Klärung der leiblichen Abstammung«, Paragraph 1598a des Bürgerlichen Gesetzbuches, abgerufen unter *dejure.org* (http//:dejure.org) am 26.6.2009.

»Heimlicher Vaterschaftstest darf im gerichtlichen Verfahren nicht verwertet werden – Gesetzgeber muss aber Verfahren allein zur Feststellung der Vaterschaft bereitstellen«, Pressemitteilung des Bundesverfassungsgerichts (www.bundesverfassungsgericht.de) vom 13.2.2007.

»Zahl der Geburten in Deutschland steigt an«, *Spiegel Online* (www.spiegel.de) vom 15.2.2009.

Bellis, M. A., Hughes, K., Hughes, S., u. a.: »Measuring paternal discrepancy and its public health consequences«, in: *Journal of Epidemiology and Community Health* 59, 749–754, 2005.

Berndt, C.: »Wahre Vaterfreuden«, *Sueddeutsche.de* (www.sueddeutsche.de) vom 29.9.2005.

Davies, N. B., Kilner, R. M., Noble, D. G.: »Nestling cuckoos, *Cuculus canorus*, exploit hosts with begging calls that mimic a brood«, in: *Proceedings of the Royal Society of London B* 265, 673–678, 1998.

Davies, N. B.: *Cuckoos, Cowbirds and other Cheats*, Poyser, London 2000.

Glutz von Blotzheim, U. N.: *Handbuch der Vögel Mitteleuropas: Das größte elektronische Nachschlagewerk zur Vogelwelt Mitteleuropas auf CD-ROM*, Band 9: *Columbi-formes-Piciformes*, Vogelzug-Verlag, Wiesbaden 2004.

Hoover, J. P., Robinson, S. K.: »Retaliatory mafia behavior by a parasitic cowbird favors host acceptance of parasitic eggs«, in: *Proceedings of the National Academy of Sciences* 104(11), 4479–4483, 2007.

Jüttner, J.: »›Getäuschte Männer können endlich ihren Schadenersatz geltend machen‹«, *Spiegel Online* (www.spiegel.de) vom 17.4.2008.

Krüger, O.: »Cuckoos, cowbirds and hosts: adaptations, trade-offs and constraints«, in: *Philosophical Transactions of the Royal Society B* 362, 1873–1886, 2007.

Lahti, D. C.: »Evolution of bird eggs in the absence of cuckoo parasitism«, in: *Proceedings of the National Academy of Sciences* 102(50), 18057–18062, 2005.

Leuschner, L., Herrlich, H.: *Fortpflanzung bei Tieren*, Klett Verlag, Stuttgart 2000.

Lotem, A.: »Learning to recognize nestlings is maladaptive for cuckoo *Cuculus canorus* hosts«, in: *Nature* 362, 743–744, 1993.

Marcus, A.: »Faux hawk: why do cuckoos mimic raptors?«, *ScientificAmerican.com* (www.scientificamerican.com) vom 15.7.2008.

Miersch, M.: *Das bizarre Sexualleben der Tiere: Ein populäres Lexikon von Aal bis Zebra*, Eichborn Verlag, Frankfurt am Main 1999.

Payne, R. B.: *The Cuckoos*, Oxford University Press, Oxford 2005.

Schulze-Hagen, K.: »Parasitierung und Brutverluste durch den Kuckuck (*Cuculus canorus*) bei Teich- und Sumpfrohrsängern (*Acrocephalus scirpaceus, A. palustris*) in Mittel- und Westeuropa«, in: *Journal of Ornithology* 133(3), 237–249, 1992.

Soler, J. J., Soler, M., Møller, A. P., u. a.: »Does the great spotted cuckoo choose magpie hosts according to their parenting ability?«, in: *Behavioral Ecology and Sociobiology* 36, 201–206, 1995.

Soler, J. J., Sorci, G., Soler, M., u. a.: »Change in host rejection behavior mediated by the predatory behavior of its brood parasite«, in: *Behavioral Ecology* 10(3), 275–280, 1999.

Tanaka, K. D., Ueda, K.: »Horsfield's hawk-cuckoo nestlings simulate multiple gapes for begging«, in: *Science* 308, 653, 2005.

Kuckucksbienen

Beekman, M., Oldroyd, B. P.: »When workers disunite: intraspecific parasitism by eusocial bees«, in: *Annual Review of Entomology* 53, 19–37, 2008.

Eckenfels, B.: »Kuckuckseier im Hummelnest«, *Wissenschaft.de* (www.wissenschaft.de) vom 29.7.2004.

Leuschner, L., Herrlich, H.: *Fortpflanzung bei Tieren*, Klett Verlag, Stuttgart 2000.

Lopez-Vaamonde, C., Koning, J. W., Brown, R. M., u. a.: »Social parasitism by male-producing reproductive workers in a eusocial insect«, in: *Nature* 430, 557–560, 2004.

Michener, C. D.: *The Bees of the World*, Johns Hopkins University Press, Baltimore/London 2000.

O'Toole, C., Raw, A.: *Bees of the World*, Facts On File, New York 2004.

Rozen, J. G., Kamel, S. M.: »Hospicidal behavior of the cleptoparasitic bee *Coelioxys* (*Allocoelioxys*) *coturnix*, including descriptions of its larval instars (*Hymenoptera: Megachilidae*)«, in: *American Museum Novitates* 3636, 1–15, 2008.

Scott, V. L., Kelley, S. T., Strickler, K.: »Reproductive biology of two *Coelioxys* cleptoparasites in relation to their *Megachile* hosts (*Hymenoptera: Megachilidae*)«, in: *Annals of the Entomological Society of America* 93(4), 941–948, 2000.

Kuckuckswelse

Leuschner, L., Herrlich, H.: *Fortpflanzung bei Tieren*, Klett Verlag, Stuttgart 2000.

McKaye, K.: »Cichlid-catfish mutualistic defense of young in Lake Malawi, Africa«, in: *Oecologia* 66, 355–363, 1985.

McKaye, K.: »Trophic eggs and parental foraging for young by the catfish *Bagrus meridionalis* of Lake Malawi, Africa«, in: *Oecologia* 69, 367–369, 1986.

Sato, T.: »A brood parasitic catfish of mouthbrooding cichlid fishes in Lake Tanganyika«, in: *Nature* 323, 58–59, 1986.

Schrader, E.: »Untersuchungen zum Brutparasitismus von Fiederbartwelsen«, in: *Die Aquarien- und Terrarien-Zeitschrift* 46 (7/8), 426–434/493–495, 1993.

Seegers, L.: *Die Welse Afrikas: Ein Handbuch für die Bestimmung und Pflege*, Aqualog Verlag, Rodgau 2008.

Wisenden, B. D.: »Alloparental care in fishes«, in: *Reviews in Fish Biology and Fisheries* 9, 45–70, 1999.

Quellen

»Lexikon des Lebens hat bereits 170 000 Einträge«, *Spiegel Online* (www.spiegel.de) vom 24.8.2009.

»Riesenansturm legt Enzyklopädie des Lebens lahm«, *Spiegel Online* (www.spiegel.de) vom 27.2.2008.

Shafy, S.: »Wilson, was hast du geraucht?«, *Spiegel Online* (www.spiegel.de) vom 6.5.2008.

Thiel, T.: »Wissen im kleinen Zirkel«, *FAZ.net* (www.faz.net) vom 10.8.2009.

Register

301